本書讚譽

Ash 參與過數以千計的產品開發，與數百位創業者並肩工作過，Ash 在本書中所談的方法，是我看過的書中，少數有真實反映出我 40 年創業、創新和新產品創建職涯中所見的。大部分作者只談論一個過程和一些工具，但是，「愛上問題，而不是解決方案」這句簡單的話，是經驗和深厚專業知識的陳述。這本書是初次創業者的一個很好的起點，也是經驗豐富創業者的指南和提醒。我不僅推薦這本書，我還每年重讀它一次，以使我能保持踏實。謝謝你 Ash。

— *Bob Moesta*，《Demand-side Sales 101》的作者
和 The Re-Wired Group 的主席和 CEO

Running Lean 是一部傑作，簡單又有深度 。

— *Zach Nies*，Techstars 的執行董事

如果你正在尋找創業家推出新產品的指南，就是它了。

— *Mike Belsito*，product collective 的創業者之一、
INDUSTRY: The Product Conference 的組織者

對連續創業家和初次創業者來說，本書的新版比舊版更具可操作性也更有價值。

— *Sean Ellis*，《Hacking Growth》的作者

10 週年紀念版在舊版的基礎上新增了重要新見解和更新，以及更多的全新學習、見解和技術。

— *George Watt*，Portage CyberTech 的產品和交付執行副總、
《Lean Entrepreneurship》的作者

從因熱情從事的副業（DIY 飛行模擬器），到一個成長中的直升機模擬器公司，本書幫助我們能有系統地建構出我們的企業模式。

— *Fabi Riesen*，VRM-Switzerland（VRMotion Ltd.）的 CEO

我們利用本書在我們的組織中建立了一個基層的內部創業者運動，藉由見解來驅動、基於證據的決策，來加速為我們的客戶創造價值。

— *Marco De Polo*，Roche 的全球成長加速與創新主管

閱讀這本書幫助我專注於建構對的產品而不是正確地建構產品，挽救了我的生命。

— *Thomas Botton*，Liip 的企業設計主管

本書是我最常用來贈與創業家的書的其中一本。

— *Ryan Martens*，Scaled Agile 的董事會成員
和前 Rally Software 的 CTO

Ash 傑出作品的優勢在於他作為創業家的個人經驗，以及他對創新和創業領域思想領袖提出的精實創業概念的廣泛研究和調適。

— *Barry G. Bisson*，加拿大新布藍茲維大學
名譽退休教授和 Propel ICT 的退休前 CEO

很難想像本書正紀念它出版 10 週年了。它對今天的產品開發者仍很重要。

— *Jin Zhang*，Meta 的工程主管

這是一本關於如何更能做出人們想要產品的書，能迅速地和有效率的測試你的想法，以使企業成功。

— *David Romero*，先進製造教授和
墨西哥蒙特雷科技大學技術創業的兼任教授

本書為尋求可行商業模式的創業者，提供很多有效技巧。

— *Chris Curran*，Texas A&M 的創業精神教授
和 PwC 退休孵化器的 CTO

創業家在完成一個商業計劃後，情感上會被綁在他們的計劃中，而無法基於他們接收到的新建議來行動。本書幫助其改變了那種心態。

— *Craig Elias*，Chiu School of Business 的駐點創業家

毫無疑問，本書是我最常向新創推薦的一本書。這個新版本經 Ash 多年來連續測試和微調後，變得更好了。

— *Anuj Adhiya*，《Growth Hacking for Dummies》的作者

第三版

精實執行

精實創業指南

THIRD EDITION

Running Lean

*Iterate from Plan A
to a Plan That Works*

Ash Maurya 著

王薌君 譯

給 *Natalia* 和 *Ian*，你們讓我深刻體悟到
我們之間最稀缺的資源——時間。

目錄

推薦序

「實踐勝過理論。」十多年前，當我第一次在 Ash Maurya 的部落格上讀到這些話時，我就知道他將成為當時剛剛起步的精實創業運動的寶貴新生力軍。在早期，我們最需要的是能夠將精實創業原則付諸實踐並與他人分享的人。Ash 是該任務的關鍵人物，從那以後的幾年裡，他將自己的知識傳授給了世界各地的團隊、教練和各種利害關係人。在很大程度上，是因為有像他這樣的人，精實創業運動才得以用我從未想過的方式發展與進化。作為精實系列的前幾本書，本書長期以來一直是精實成長的重要組成。現在它也進化了。

這個經過修訂和擴展的新版本，反應出 Ash 對精實創業可以做什麼的思考，變得更深入和更具包容性。這也表明他一直致力於幫助創業家找到將他們的熱情，轉化為永續業務的方法。他不是僅做一些小更動，而是測試了他在之前版本中的內容，完善它，然後將回饋加到新版本中。他將這種新方法稱為「持續創新框架」，它反應了精實創業運動現在所處的位置，而不是十年前的。他選擇的框架名稱表明，為了在一個越來越不確定的世界中生存和發展，創新並不是創業家獲得成功而做的一次性事情。而是一種進行中的狀態。除此之外，正如 Ash 所說，曾經被視為用來建構軟體的方法，現在被廣泛認為是建構「任何能夠為客戶提供價值的東西」的最佳方法。

然而，它仍然始於我多年前在 Ash 的部落格上讀到的基本理念：實踐。十年後，他在幫助讀者更快地達到產品／市場契合方面有很多分享。第三版的本書是一本適用於各類創業家的重要手冊，隨著該方法被廣泛採用，依據其實踐方式的演變，進行了更新。我們依然生活在一個創業時代。現在塑造我們生活境況的許多公司，都曾經是小型新創公司，它們的成功是在成長後仍保持創業根基的結果。有的則是調整了上世紀提供良好服務的做法，以滿足本世紀的需要。我們需要更多這兩種類型的公司，來確保我們未來的繁榮。他們的存在仰賴於擁有蓬勃發展所需的知識和工具。

與新產品一樣，成功的公司需要持續的、有紀律的進行實驗（在科學意義上），以發現新的盈利成長來源。對於最小的新創公司和最成熟的組織來說都是如此。本書提供了一個藍圖，透過三個階段：設計、驗證和成長，定義了公司的創建和成長規模。其簡單、具行動性的範本，成為有用的工具，讓處於各個發展階段的新創都可以使用，幫助其建構出突破性的、顛覆性的新產品和組織。

自從我第一次在僅有幾十人閱讀的部落格文章中寫下「精實創業」一詞以來，已經快 15 年了。從那時起，這些想法已經發展成為一場運動，受到世界各地成千上萬致力於確保新產品和新創公司成功的企業家的擁護。當閱讀本書時，我希望你能將這些想法付諸實踐，並加入我們的社群。感謝你參與我們這場持續進行中的宏大實驗。

— *Eric Ries*，
February 20, 2022

自序

時光飛逝。自上一版出版以來已經過了 10 年。從那時起,我花了數千小時訓練和指導全球數百個產品團隊、教練和利害關係人。我的目標是進一步測試和完善我在書中針對不同產品和行業所制定的系統化步驟流程。

在此過程中,我發展出補充的企業模型建立工具(客戶工廠藍圖、客戶力畫布和牽引力路線圖)、更好的驗證策略以及更實用的技術,綜合了來自各種方法論和框架的概念,包括精實創業、設計思考、企業模型設計、待完成工作、系統思考、行為設計等。

我發現要在極端不確定的條件下實現突破性創新,你不應該將自己侷限於這些框架中的一個,而應該使用所有的框架。雖然它們都有重疊的部分,但每個都有特別的超能力使它脫穎而出。我將這些超能力框架整合成一個新框架(即持續創新框架),將在本書中介紹。

在本書的 10 週年紀念版中,你會找到:

- 更多有效的壓力測試技巧,以讓你的早期商業模式成型

- 從修訂後的問題發現訪談基礎,用於發掘真正值得解決的客戶問題

- 一個久經考驗的流程,好讓你「知道客戶想要什麼產品」,而不只是「希望客戶想要你的產品」

本書是 10 年嚴格測試、數百個產品個案研究和數千次迭代後的產物。我很高興與你們分享。

生命非常短暫，沒時間去建構那些沒人要的東西。

—*Ash*
December 21, 2021

致謝

推出一本書與推出任何其他產品沒有什麼不同。我使用書中描述的同樣地「持續創新」流程寫了這本書。

如果沒有足夠信任我的從業者和教練，大方跟我分享他們獨特的新創／產品挑戰，這本書是不可能完成的。他們堅定不移地致力於對「持續創新框架」的早期迭代進行壓力測試，這是將其編入系統流程的關鍵。

你們都是本書的共同創造者。

引言

兩個創業家的故事

我要告訴你兩個創業家的故事。讓我們稱他們為史蒂夫和賴瑞。兩位都畢業於相同大學且成績優異，畢業後都在一家高科技新創公司工作，並迅速成長為重要角色。

幾年後，他們兩個都冒出要創業的想法，決定辭去工作，開始冒險旅程。雖然我給他們起了名字，但我想強調的是，他們之所以相似，不是因為他們的年齡、性別或地理位置，而是他們都是基於一個「好主意」並決定付諸行動。

現在，是什麼讓他們在一年後狀態如此不同（圖 I-1）。

史蒂夫
- 還在建構它的產品
- 未有產品收益
- 獨自工作

賴瑞
- 客戶成長中
- 收益成長中
- 團隊成長中

圖 I-1　史蒂夫和賴瑞在一年後的狀態非常不同

一年後，史蒂夫還在建構他的產品。他沒有得到任何產品收益，且依靠兼職工作來資助他的產品開發。而且他獨自工作。另一方面，賴瑞擁有不斷增長的客戶數、不斷增長的收益和不斷壯大的團隊。他們怎麼會有如此差異？

要回答這個問題，讓我們回到過去。

一年前……

史蒂夫坐在桌子前發呆。早些時候，他的主管告訴他，說他們的母公司（在最近的一次收購之後）將在幾個月內關閉他們的子公司辦公室。史蒂夫可以選擇搬到總部或接受資遣。

史蒂夫把這視為一種契機。他一直計劃在時機成熟時創辦自己的公司。大學畢業後，他有意識地決定加入一家有前途的新創公司，以便在自己冒險前獲得一些第一手經驗。雖然這家新創一開始在做一些不怎麼樣的產品，但他們最終確實設法被收購了。史蒂夫非常自豪能成為核心團隊的一員。

「這個時間點可能是好時機。」他想著。他決定晚上好好想一想。史蒂夫估計，如果他控制好開支，資遣費和他的儲蓄可以提供他一年的時間去做出某個產品。他也確實有一個擴增實境／虛擬實境（AR/VR）的構想在腦海中盤旋了幾個月了……

隔天，他決定要冒險並接受資遣。

離開，開始競逐

史蒂夫抓緊時間開始工作。他預計如果他保持專注、全時投入工作並不受干擾的情況下，他應該能夠在三個月內推出他產品的第一個版本（圖I-2）。

圖 I-2　想像史蒂夫在車庫

他想以「對的方式」做事，因此像工匠一樣，他一絲不苟地開始設計和建構他的產品。

但一些小事情所花費的時間比預期的要長，這些小延遲加總起來，本來幾週很快地變成幾個月。

六個月後

史蒂夫開始緊張起來。這個產品不符合他的標準，他修正了他預估發布的日期，延期至少三個月，甚至可能是六個月。

到時候他就沒錢了。他意識到他需要幫助。

史蒂夫聯繫了他的一些摯友並試圖找他們一起工作，提供慷慨的股權來交換。但他們看不見他看見的未來，也很難證明離開他們安全、高薪的工作是合理的（圖 I-3）。

圖 I-3　沒有人看見史蒂夫所看見的未來

史蒂夫將這次挫折歸因於他朋友「缺乏遠見」，因此更加堅定地想找方法來完成他的產品。

他決定要能達成推銷並募資。

他先聯繫了他之前公司的創辦人蘇珊，她很樂意與史蒂夫會面。蘇珊喜歡他的產品構想，並主動將史蒂夫介紹給一些投資者。

她給他這樣的建議：「確保你有制定好一個萬無一失的商業計畫書。」

史蒂夫以前從未寫過商業計畫書。所以他下載了一些範本並挑選出一個他喜歡的。開始寫了以後，他發現有很多問題他不知如何回答，但他還是盡最大努力完成計劃。

特別是財務預測表單鼓舞了他。他越去調整數字，他就越相信自己正在做一件大事。不過，他決定向下調整一些數字，故意低估他創造出的美好模型（如果太好，人們可能不相信他！）。

他知道很多地方都頗具風險，所以他花了較多時間來發展他的電梯簡報（elevator pitch），概述了他的產品路線圖，並修潤了他的 10 頁簡報。

幾週後，他聯繫了蘇珊，蘇珊幫他安排了六場投資者會面。史蒂夫在前幾場會面中非常緊張，但他認為進行得很順利。在幾次練習後他開始感到更自在，後幾場會議就感覺好多了。

他沒有立即得到「好，我投資」的回覆。但至少他也沒有遭到徹底拒絕。他稍後向蘇珊說了結果，蘇珊不得不打破他的美夢：「對不起，史蒂夫，但『對我們來說你還太早了』和『讓我們六個月後再連絡』，是『我們不感興趣，但我們不好意思直接地說不！』的另一種說法」（圖 I-4）。

很不錯的想法，但這對我們來說太早了

圖 I-4　投資者精於有禮貌說「不」的藝術

進退兩難

史蒂夫處於經典的進退維谷中。完成產品後他才能讓人們看到他的願景，但投資者不給他資源好完成他的產品（圖 I-5 ）。

他要怎麼做？

史蒂夫深信他的產品，並決心建構出它。

他退回到他的車庫（隱喻），並決定用兼職工作自籌資金來實現他的想法。

圖 I-5　史蒂夫進退兩難中

進展很慢，但至少他在晚上和周末仍致力於他的產品，推進他的構想。

現在，讓我們回到賴瑞。他也是在一年前產生驚人的好主意，但與史蒂夫不同的是，他並沒有先從建構第一個版本或先從投資者下手的方法開始。那是因為建構優先或投資者優先的方法是落後的。

一種牽引力優先的方法，是進步的新方法

賴瑞意識到建構或者投資者優先的方法，適用於過去對建構產品仍非常困難且相當昂貴的時候，但世界已經變了。

過去，投資者重視知識產權並只資助那些能證明他們可以做出東西的團隊。但現在已經不是這樣了。

此外，由於過去建構產品的成本通常高得令人望而卻步，因此設法籌集到資金的團隊過去常常比其他團隊擁有明顯的優勢，因為他們可以比競爭者更快地進入市場且學習得更快。即使他們第一次把產品方向完全弄錯，他們仍然可以設法修正路線回到正軌，因為少有競爭者能緊隨其後。

但這世界已相當的不同……（圖 I-6）

我們正經歷一場全球創業復興。今天，建構產品比以往任何時候都更便宜、更容易，這意味著全世界有越來越多的人不斷進行「創業」。雖然新創活動的爆炸式增長 對我們所有人來說都是一個難以置信的機會，但它也伴隨著烏雲籠罩：更多的產品，意味著投資者和客戶都有更多的選擇，這使得脫穎而出變得更困難。

舊世界
- 很難建構產品
- 沒有太多競爭者
- 客戶沒有太多選擇

新世界
- 很容易建構產品
- 很多競爭者
- 客戶有很多選擇

圖 I-6　我們生活在一個新世界

今天的投資者看重的不是知識產權，而是**牽引力**（*traction*）。牽引力不是指第一個進入市場，而是第一個被市場採用（*adoption*）。

牽引力證明了，除了你自己、你的團隊和你媽媽之外的人（即顧客）會在乎你的構想。更重要的是，牽引力是可行商業模式的證據。

提示

今天的投資者不會投資可運行的解決方案：他們投資可運行的商業模式。

但是，如果沒有可運行的產品，你如何展示牽引力呢？我們又回到進退維谷了嗎？不全如此，因為賴瑞知道今天的客戶經常被大量的產品選擇轟炸。當客戶遇到不成熟的產品時，他們不會變成測試人員並給你回饋；他們直接離開。

沒有客戶回饋，很容易落入「建構陷阱」，此時似乎總是離一個殺手級功能很遠，但始終難以捉摸突破。你最終花費了不必要的時間、金錢和精力建構出沒人想要的東西，直到你用光資源。

賴瑞在這次新創之前所做的產品，曾經歷過太多次這種建構陷阱，因此他這次決定直接進階並從更好的基礎開始。一個基本的心態轉換，是先從問題開始，接著才是解決方案。

── 筆記 ────────────

顧客不關心你的解決方案；他們只關心他們的問題。

他知道，如果他的產品沒有為他的客戶解決一個夠大的問題，再多的技術、專利或贈品，都無法挽救他的商業模式。

這導致賴瑞有了一些領悟：

心態 #1

商業模式就是產品

心態 #2

愛上問題，而不是愛上你的解決方案

心態 #3

牽引力是你的目標

賴瑞花了半個下午的時間，使用他信任的一個導師向他推薦的一頁式範本（精實畫布，Lean Canvas），把他的想法勾勒出商業模式設計草圖。

然後，他使用快速粗略計算，來測試他的商業模式的可成功性，並依此建構牽引力路線圖，突顯他的關鍵里程碑。這有助於他制定由下而上的上市驗證策略（圖 I-7）。

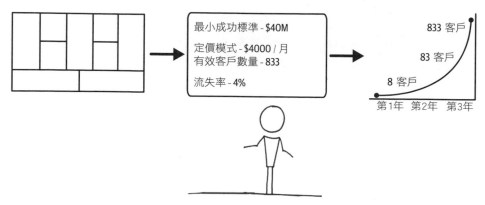

圖 I-7　賴瑞對他的想法做了一些快速的商業模式

賴瑞和史蒂夫兩者的驗證策略之關鍵差異在於，賴瑞優先測試他商業模式中風險最大的部分，而不是最簡單的部分。

賴瑞正確地認知到，在新世界中，對大多數產品來說風險最大的部分已經發生了變化，客戶和市場風險超過了技術風險。

今天，具挑戰的問題不是「我們能不能建構它？」而是「我們應不應該建構它？」

這就是為什麼他決定採取牽引力優先的方法，而不是建構優先或投資者優先的方法。

心態 #4

在對的時間，做對的行動

而這違反了直覺：你不需要一個可運作產品來發現值得解決的問題，甚至吸引你的第一批付費客戶。

與一年後仍在完善和打磨產品的史蒂夫不同，賴瑞設法在不到八週的時間內定義了他的最小可行產品（minimum viable product，MVP），而且客戶來源管道也不斷增加。

―― 筆記 ―――

最小可行產品（MVP）是一種最小的解決方案，可創造、交付、並獲取客戶價值。

用這種方法，賴瑞不用花費不必要的時間、金錢和努力，建構出「客戶會購買的產品」，而不是建構出他希望「客戶會購買的產品」。

―― 筆記 ―――

史蒂夫遵循的是「建構-Demo-銷售」劇本，而賴瑞遵循的是「Demo-銷售-建構」劇本。

這使賴瑞的構想有了堅實的基礎，他在接下來的四個星期，建構出他的解決方案的第一個版本，它不是瞄準每個人，而是瞄準他理想的早期採用者。一旦他的 MVP 準備就緒，他不會進行大規模的行銷發布，而是會向 10 個早期採用者試發布他的產品，並從第一天開始向他們收費。

他的創業邏輯是從小處著手、大膽承諾且言出必行。他對自己說：「如果我不能為我精心挑選的前 10 位客戶提供價值，我憑什麼認為我能夠為成千上萬自行試用該產品的客戶做到這一點？」

心態 #5

分階段處理最有風險的假設。

從小處著手的一個很好的「副作用」是，賴瑞有能力提供個人化的客戶體驗。這讓他迴避了 MVP 的一些缺點，但仍然物超所值，同時又最大限度地向客戶學習。

他的第一批客戶被賴瑞對細節的關注和對他們需求的積極應對所震撼。
他設法將所有人都轉換為真正的粉絲,同時不斷完善他的 MVP。

心態 #6

限制是種禮物。

雖然賴瑞精通各種事務,但他意識到只有自己無法擴大業務規模。所以
他投入三分之一的時間訴說自己的願景以找尋共同創辦者。他不尋找與
他相似的人,而是尋找與他有互補技能的人。他知道:

- 好的構想是稀有且很難找到的。

- 好的構想可能來自各種地方。

- 要找到好的構想,需要很多的構想。

賴瑞已經擁有滿意的付費客戶(早期牽引力)和不斷增長的客戶來源管
道,這一事實使他能夠吸引和招募他的夢幻團隊。

有許多團隊採用個別擊破(分而治之)的方法測試他們的商業模式,即
他們根據每個團隊成員的強項,來分配他們的焦點。例如,駭客類型通
常聚焦於產品,騙子類型通常聚焦於客戶。這使團隊分散在許多不同的
優先順序上,並且不是最理想的。

相反地,賴瑞讓他們共同關注商業模式中最大的風險而不是最簡單的,
來充分發揮團隊的潛力。由於商業模式中的風險不斷變化,他建立了一
個 90 天的定期週期,以保持緊迫感並讓他的團隊對外負責。

心態 #7

讓自己對外負責。

每個 90 天週期分成 3 個關鍵活動:

建立模型

　　每個 90 天的週期開始，賴瑞的團隊會更新和回顧商業模式（使用精實畫布和牽引力路線圖）。這有助於團隊不斷地圍繞一組共同的目標、假設、和限制。

排序

　　然後團隊共同排序出風險最大的假設，並提出一些可能的驗證策略（作戰計畫）來克服這些風險。

測試

　　由於一開始很難知道哪些作戰計畫會奏效，因此團隊不是只投入少數大賭注，而是使用快速迭代實驗，對多個最有希望的作戰計畫投入了許多小賭注。從這些實驗中獲得的經驗，有助於賴瑞的團隊識別出最佳作戰計畫並加倍投入（圖 I-8 ）。

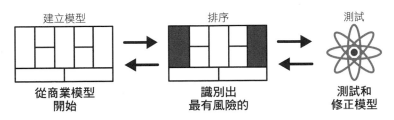

圖 I-8　建立模型 - 排序 - 測試的週期

心態 #8

投入許多小賭注

心態 #9

以證據為本做決策

每個 90 天的週期都以「週期回顧會議」作結尾，會議中團隊回顧他們做了什麼、學到什麼，並計劃下一步。

這個建立模型 - 排序 - 測試的飛輪，讓團隊有系統性地搜尋出一個可重複的和可規模化的商業模式。這旅程無法直達成功。會有曲折，會有死路，也會有回頭路。但由於賴瑞的團隊行動迅速並不斷學習，因此能一路上不斷修正，避免掉入巨大失敗中。

心態 #10
突破需要意外的成果

到了年底，賴瑞的客戶區隔在成長，他的收益在成長，他的團隊也是如此。他的商業模式有望實現產品 / 市場契合的狀態。

成功與否取決於思維，而不是技能

史蒂夫和賴瑞之間的區別不是技能，而是思維方式不同。

史蒂夫像藝術家一樣工作，主要是出於他自己對產品（解決方案）的熱愛。

你能夠輕易用軟體開發者、設計師、創意者、創客、作家、作者、駭客、發明家⋯⋯等來代替藝術家。

史蒂夫採用建構優先的方法，這在當今世界是非常危險的。

另一方面，賴瑞的運作方式就像一個創新者。

—— 筆記 ——

創新者將創新轉成可運行的商業模式。

他認識到我們生活在一個規則已經改變的新世界。今天，僅僅建構客戶所說的他們想要的東西已經不夠了，因為當你建構出時，你會了解到他們真正想要的是完全不同的東西。

—— 提示 ——

在這個新世界中，確保你所建構的是客戶想要產品的唯一方法，是持續吸引他們。

此時的賭注更高

在進入障礙巨大且競爭者很少的時代，建構產品的舊方法曾經行之有效。即使你的產品完全錯誤，你也有時間修正路線回到正軌。

但到了今天，推出新產品比以往任何時候都更便宜、更快，這意味著競爭比以前多得多，既有來自老牌企業，也有來自世界各地新成立的公司。

在舊世界，未能交付客戶想要的，會導致專案的失敗。但在新世界中，未能交付客戶想要的，會導致整個商業模式的失敗。

這是因為今天的客戶比以前有更多的選擇。如果他們不能從你的產品中得到他們想要的東西，他們就會轉向其他產品。

另一方面，當今最成功的公司知道，好的構想是稀有且難以找到的，而最好的方法是快速測試各式各樣的構想。

雖然這種新工作方式的早期採用者是 Airbnb 和 Dropbox 等高科技新創公司，但多年來持續創新越來越多應用在許多不同的領域，甚至是在大公司。美國一些最有價值的公司，像是 Google、Netflix、Amazon 和 Facebook 都在實踐這種持續創新的文化。

學習的速度是新的不公平優勢

不斷快速學習的公司在競爭中勝出，並開始建構客戶真正想要的東西。

這是**持續創新**的精髓，也是賴瑞採用的方法。當你在極端不確定的條件下要快速地前進時，你無法承受花費很長時間來分析、規劃和執行你的想法。你需要一種更容易迭代的方法，其包含連續地建立模型、排序和測試。

在這新的世界成功，需要新的思維

太多人在「**持續創新**」失敗，因為他們從錯誤的地方開始，在挑選戰略前沒有先內化他們背後的潛在心態。

───── 筆記 ─────

心態，定義出我們如何感知這世界。

如果你相信我們確實生活在一個新世界中，那麼就會很自然地知道新世界需要新的思維方式。以下是為**持續創新框架**中三項活動提供動力的 10 種心態：

1. 建立模型
   - 心態 #1：商業模式就是產品。
   - 心態 #2：愛上問題，而不是愛上你的解決方案。
   - 心態 #3：牽引力是你的目標。

2. 排序
   - 心態 #4：在對的時間，做對的行動。
   - 心態 #5：分階段處理最有風險的假設。
   - 心態 #6：限制是一種禮物。
   - 心態 #7：讓自己對外負責。

3. 測試
   - 心態 #8：投入許多小賭注。
   - 心態 #9：以證據為本做決策。
   - 心態 #10：突破需要意外的成果。

後面我們將一個個細說各個心態。

你不能光用等待來看一個想法是否成熟

自從史蒂夫辭掉他的全薪工作，自己出去冒險已經有 18 個月多了。雖然他的積蓄在 6 個月前就花光了，但他已經找到了一個舒適的狀態，兼職顧問來繼續他的產品開發。

他已經接受了這樣一個事實，即實現他的願景需要時間，但他並不著急。畢竟，羅馬不是一天建成的。

在一個週二早晨，在前往客戶現場開會之前，史蒂夫正排隊點咖啡。他收到一位老朋友的簡訊：「你看到 Virtuoso X 剛剛推出的產品了嗎？它跟你的構想一樣，史蒂夫！！！」

史蒂夫點擊連結，瀏覽了網頁，腦中一片空白。

Virtuoso X 的產品確實跟他過去一年半一直努力做的非常相似。他們剛剛被 TechCrunch 報導，並宣布了一項大型募資活動。

他開始感到胃部不適，離開了咖啡店。他在車上延後了與客戶的會面時間，然後轉身返回了自己家裡的辦公室。

他花了一整天鑽研 Virtuoso X 的網站，試用他們的 app，並線上搜尋任何有關他們的內容。幾個小時後，他得出結論，雖然想法確實相似，但 Virtuoso X 對產品的實現與他的完全不同。

史蒂夫鬆了一口氣，因為他相信他的解決方案更好。但這種寬慰是短暫的，因為新的焦慮席捲了他：「如果我太晚推出或永遠無法推出，更好的解決方案有什麼好的？」

他需要讓一切恢復正軌。

或許現在他能夠得到他開發者朋友們（之前不理解他的遠見）的支持？或者也許現在他可以更輕鬆地從投資者那裡籌到資金？

一百萬個想法開始在他腦海中飛馳。他應該從哪裡開始？

他決定向瑪莉尋求建議。

瑪莉是史蒂夫之前在新創公司的直屬主管。和他一樣，在該新創公司被收購關閉後，她也接受了資遣。他在幾個月後碰見她，得知她和以前的合作夥伴開了一間新公司。從各方面來看，他們似乎做得很好。他們已經擁有 30 多名員工、付費客戶和創投的投資。

他發給她一封電子郵件，簡要概述了他的情況，並詢問午餐能否會面。

他馬上收到回覆：「我們明天中午約在常去的塔可餅餐廳吧。」

史蒂夫學到最小可行產品

史蒂夫在中午前到了餐廳，找了一張靠後方且安靜的桌子。當他坐下來時，他注意到一條短訊：「抱歉，會晚 10 分鐘到，今天是交付日。請幫我點跟以前一樣的。」

他趁此時整理一下自己的想法，並在日記中草擬了一個大方向的計畫：

1. 確保種子資金。

2. 聘請三位開發人員。

3. 在三個月內把平台做完並推出 ！

就在此時，瑪莉走了進來。

「史蒂夫，抱歉來晚了。我們這週要進行大規模展示，整個上午我們都在解決幾個製作問題。我本來要重新安排其他時間，但你的電子郵件感覺很緊急。怎麼回事？」

史蒂夫拿出手機，在桌子上懸停了一下，然後請讓瑪莉看。瑪莉臉上閃過困惑的表情，她伸出手，好像要抓桌子上的什麼東西，但她的手什麼都沒抓到。她放聲大笑。

「這是我見過最真的擴增實境 app。旁邊的可樂罐和玻璃杯裡的冰是如此誘人。這讓我感到口渴。」

「我很高興妳也這麼想。我開發了一個方法，能在擴增實境或虛擬實境 app 裡，將真實物件成像為 3D 模型，而且不用寫程式或使用複雜的建模

軟體。你只需要用手機相機拍幾張物件的照片，幾分鐘內成像引擎就會建好 3D 模型。我在等妳的同時生成了這些模型。

「真棒。你的專案叫什麼名字？」

「Altverse——因為我最大願景是創造一個替代的虛擬世界，和我們現在居住的世界一樣豐富。」

瑪莉請史蒂夫繼續說。

史蒂夫接著說了他過去一年所做的事情，也描述了 Virtuoso X 的發布和他接下來大方向的前進計畫。

瑪莉耐心地聽著，然後問了他一個簡單的問題：「你願意在接下來的六個月裡向投資者推銷（pitching）或向客戶推銷？」

看到史蒂夫的臉充滿困惑，她繼續解釋，在沒有牽引力的情況下募資，最好的情況下，通常需要六個月的時間且要全心做這件事：「而且在那段時間你的產品不會有很大進展。因此，根據你的估計，你可能需要 9 個月的時間才能推出。」

「我無法等九個月！」史蒂夫脫口而出：「Virtuoso X 已經推出且取得先行者優勢。到那個時候，他們將會佔有整個市場！」

瑪莉又說：「我知道這聽起來像是陳詞濫調，但有競爭是好事。競爭幫助你驗證了市場，而且多數先行者有很大的缺點，而不是優勢。Facebook、Apple、Microsoft、Toyota 等都不是先行者。他們都是快速的追隨者。」

史蒂夫沒有被說服，但還是點了點頭。

「好吧……但我還是需要在九個月內推出一些東西。」

「嗯，這我同意。你的確需要。」

「但為了達成那個目標，我需要更多的開發人員。而我現在沒錢聘請更多的開發人員……」

瑪麗打斷他：「你需要做出一個客戶想要的 MVP。」

「MVP ？」

「一個最小可行產品。」

「是不是像 beta 測試版本？」

「有點像……但又不全然是。一個最小可行產品，是你可以建構最小解決方案，可以為你的客戶提供可貨幣化的價值。我知道你有一個宏大的平台願景，但客戶不關心平台。至少，一開始不是。他們關心能解決他們眼前問題的解決方案。你需要找到能夠解決客戶大問題的最小解決方案，並做出來。為此，你真的要先縮小你理想的早期採用者範圍，不要太廣。當你試圖要賣給每個人，最後你什麼人都觸及不到。」

就在這時，瑪莉的手機響了，她看了手機螢幕一眼：「抱歉，我需要回辦公室了。我現在能給你的最好建議，是你去找出 MVP。如今的投資者並不資助構想或產品開發，而是資助牽引力。而你需要客戶以展示你的牽引力。」

史蒂夫插話：「有多少牽引力才足夠？」

「如果你能展示出牽引力，就會讓你脫穎而出。這就是我們在與投資者交談之前所要做的。只要有五個付費客戶就能夠給我們影響力，並徹底改變了我們募資的能力。今天，我們的客戶數量是原來的十倍，但如果沒有最初的五位客戶，我們的推銷（pitch）只會是一堆承諾。在你定出 MVP 後我們再約吧。」

史蒂夫感謝瑪莉抽出時間跟他會面，她把最後一口午餐吃完，離開了餐廳。

別從 MVP 開始

自從史蒂夫與瑪莉會面後已經過了三個星期。他再次與她會面，跟她報告最新情況。

「我聽妳的建議，仔細研究了 MVP。因為我之前已經建構出產品的很大一部分，所以我能夠在一周內推出我的 MVP……但我認為它沒有用。」

他停頓了一下，又繼續說：「每天都有很多使用者註冊，很棒，但是還沒有人升級成付費，而且留存率很低，大多數使用者在第一天之後就再也不回來了。我一直在運行各種 A/B 測試，甚至進行了幾次調整。我的結論是我的 MVP 不夠好。這產品仍然缺少幾個核心功能。雖然我認為我已經找到了殺手級功能，正計劃趕快把它們建構出來……」

瑪莉打斷了他：「讓我們停一下。這些使用者是誰？他們從哪裡來？」

「我在幾個線上社群發布了我的產品，像是 Product Hunt 和 Hacker News。那個公告產生了一些效果。一些流量仍然來自那裡。其餘來自線上廣告。我設定了每天 25 美元的小預算打廣告。」

「好。但這些使用者是誰？你有他們談過嗎？」

史蒂夫看起來有點驚訝：「和他們談過？沒有，但我一直在使用分析工具來衡量他們所做的一切。這就是我知道留存率真的很低的方法。」

「我懂了。我們在 MVP 推出後犯了一個類似的錯誤。我們停止與我們的客戶交談，僅依靠指標來指引我們。指標的問題在於它們只能告訴你出了什麼問題，但不能告訴你為什麼。我們一直在猜測問題出在哪裡，但我們所做的一切都沒有奏效。只有當我們再次與客戶交談，我們才能真正理解為什麼東西不起作用，並扭轉局面。你必須繼續與你的使用者交談，史蒂夫。」

史蒂夫清了清喉嚨：「繼續與我的使用者交談？我從來沒有跟使用者交談過。」

現在輪到瑪莉一臉困惑了：「嗯？那麼，你是如何定義出 MVP 的？」

「嗯，我已經做好平台的很大一部分，所以我能很快推出一個小的參考 app 以展示它的能力。妳說我需要推出某些東西。MVP 不就是要趕快推出第一個版本，來啟動學習週期……然後用快速實驗來迭代和完善產品？」

瑪莉嘆了一口氣：「對不起，史蒂夫，我應該要告訴你 *MVP* 這個字，有各種定義和方法。是的，很多人都用你說的那種方法。公平地說，比起

花費一年時間建構出完整產品卻發現做太多，或者更糟的是建構出沒人想要的東西，你說的方法仍然是不錯的。」

瑪莉注意到史蒂夫在聽到最後一段話時一陣臉紅。她選擇忽略這一點繼續說道：「但是基於你的猜測輕易地投注在某個解決方案，無論它多麼小，突如其來就稱它是 MVP，不能保證有較好結果。」

「精實創業（Lean Startup）的建構 - 量測 - 學習迴圈（Build-Measure-Learn loop）不能幫助迭代並完善 MVP ？」史蒂夫問。

「從理論上講，是可以，但很多團隊都會卡住。把建構 - 量測 - 學習迴圈視為一個快速的想法驗證器。如果你提出一個相當好的想法**並**能想辦法吸引早期的採用者，它可以就像你所說的不斷迭代並完善 MVP。但如果你從一個不好的想法開始，你所學到的只是你的想法很糟。然後你就卡住了。」

「為什麼會這樣？」史蒂夫問。

「因為今天的客戶有很多選擇。如果你的 MVP 不能引起他們的共鳴，他們不會轉成測試者並耐心地提供你有關如何改進產品的回饋。他們只會離開，就像你的低留存使用者。然後你就只能自己猜測哪裡有問題，而開始啟動搜尋殺手級功能（總會讓你覺得快找到它了）。有時你會很幸運，但更多的時候你會發現自己在原地打轉， 一直嘗試不同的想法，始終無法突破。建構陷阱隨之而來。」

史蒂夫睜大了眼睛，因為瑪莉正巧說出了他的情況。

然後他問了她一個關鍵的問題：「如果成功取決於初始想法的品質，要如何從一個夠好的想法開始？」

「這是對的問題，史蒂夫。你在做出解決方案之前，要先關注於問題。今天的挑戰不是建構更多功能，而是要去發掘要建構什麼。」

史蒂夫臉上露出迷惑的表情，所以瑪莉補充道：「這樣想吧……從解決方案開始就像是你先打造鑰匙但門還不知道在哪裡。當然，你可以快速製作一把漂亮的鑰匙，但隨後你會花大量時間尋找合適的門去打開。你可能會很幸運或蠻力闖入，但你最終到達的地方通常不是你預期的地方。」

她等史蒂夫點頭後繼續說：「如果你反過來從門下手，或從值得解決的問題開始，打造鑰匙就會變得容易許多。你建構的是能打開你想要去的地方的門的鑰匙。」

「有什麼流程可以做到這些嗎？」史蒂夫詢問。

「有的。這就是我之前希望你在研究 MVP 時能找到的。在我們新創中，我們並不是從建構 MVP 開始，而是從提議（offer）開始。我們先在精實畫布上（一種快速構想建模工具）勾勒出幾個我們大概的想法。這幫助我們識別並鎖定幾個有未來性的客戶 - 問題 - 解決方案。然後我們安排了大約 20 位客戶訪談，來驗證我們的客戶和問題假設。一旦我們做好這些，定義出解決方案就很容易了。但即使如此，我們還不急著建構出 MVP。我們會先做一個樣本（Demo），組出一個提議，然後提供給之前訪談中的可能買家（prospects）。只有當我們確認有足夠客戶會買入我們所提供的提議，我們才開始建構 MVP。我們最終建造出的，常常跟我們原本所想的有很大不同。」

瑪莉拿出她的手機並找出「問題 / 解決方案契合」概念的插圖，並給史蒂夫看（圖 I-9）。

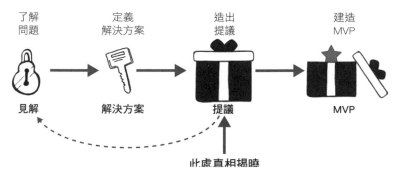

圖 I-9　問題 / 解決方案契合的流程

「喔，這就是妳上次說的要去「定義」一個 MVP 的意思？」

「沒錯。若要大幅提高成功機率，你要先花一段必要時間定義出 MVP，然後用提議驗證它，再去建構 MVP。以前的傳統是建構 - Demo - 銷售（Build-Demo-Sell），但現在是 Demo - 銷售 - 建構（Demo-Sell-Build）的方法。」

「這整個過程要花多久時間？這感覺需要很多步驟。」

「從一張草圖到問題／解決方案契合，我們大概會花 90 天，此時要確保有五位付費客戶。是的，比起匆促建構 MVP，這方法的步驟較多，但如果你遵循這個流程並保持紀律，你最終會得到「黑手黨提議」（mafia offer）。」

「黑手黨提議？」

「沒錯，它指的是你的客戶無法拒絕的提案。你知道，從電影《教父》衍生來的。與電影中不同的是，你不用威逼你的客戶，而是向他們展示非常吸引人而無法拒絕的提案。在最後八週時，我們最終吸引了五位付費客戶，反倒是他們敦促我們盡快給他們 MVP。」

「嗯⋯⋯這個方法與我之前使用的產品開發方法非常不同，但我開始明白它的邏輯了。但我已經推出了我的產品並擁有了使用者。我還能套用這個流程嗎？還是我得從頭來？」

「你當然可以套用這個流程到你既有的產品上，如果你願意並放開心胸嘗試新方法。同你所說的，這個方法很不同，而不同通常會讓人感覺不舒服。對我們來說最大的障礙就是拋棄舊的產品開發習慣，然後在整個團隊中運用新的思維方式。好消息是學習和結果會來得很快，所以你不必只依靠信念。」

「我還有超多如何做好它的戰術性問題。你要如何找到使用者跟你對話？要跟多少人對話？你要跟他們說什麼？妳已經給我很多時間了，但妳還能再多指導我一點嗎？」

「當然沒問題，史蒂夫。跟其他流程一樣，這個流程也有很多沙坑和陷阱。最大的一個是我們自己的偏見或我們對解決方案的熱愛，及所謂的**創新者偏見**。我們會有意地、甚至是無意地選擇只關注我們設想好的解決方案。轉換成以問題優先的思維方式，聽起來很簡單，但並不容易。」

「可以告訴我是否有任何工具或資源嗎？」史蒂夫問。

瑪莉微笑。「當然。我會發給你一個資源與工具清單，還有我們使用過、且還在用來培訓我們團隊的實際客戶訪談腳本。發掘值得解決的問題，

不僅限於 MVP 階段⋯⋯它也是接下來一切的關鍵。我想再次警告你，一開始會覺得有點奇怪，甚至不舒服。關鍵是要有耐心並遵循這個流程，結果就會自然會到來。」

「關於這個，我已經花了 18 個月用我的方法做，並證明它不管用。我樂於嘗試，不，是測試其他方法。」

瑪莉再次微笑：「太好了！我們下次見面再談。」

創業是一種系統化方法

在開車回辦公室的路上，史蒂夫忍不住在腦海中回想他與瑪莉的談話。

真的有可能僅透過與客戶訪談，就能建構出客戶想要的東西（瑪莉所說的「黑手黨提案」）嗎？

當他回到辦公室時，發現瑪莉已經寄來一封電子郵件了。如她承諾的，她發給他一個很完整的資源清單和大方向路線圖（圖 I-10）。

史蒂夫很快在路線圖上看出了**產品/市場契合**，但還有很多術語對他來說都很陌生。

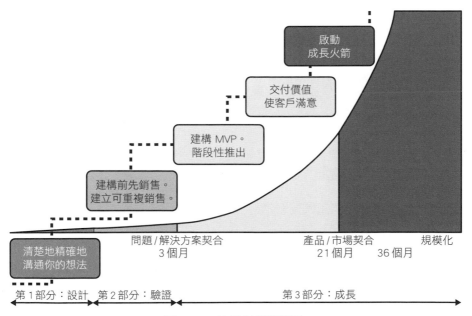

圖 I-10 持續創新路線圖

他讀了瑪莉的電子郵件：

史蒂夫你好，

正如所承諾的，這是持續創新框架和我們用的步驟指南的連結。

有很多東西要讀，所以請有耐心。

持續創新框架使用的是 90 天的建立模型 - 排序 - 測試週期，所以一定要從頭開始，從建立模型開始。然後繼續完成其他階段。

最後，請記住，學習任何新事物通常都需要拋棄舊習慣。請嚴謹地應用和測試這個框架。

如果你遇到困難，你知道在哪裡可以找到我。

瑪莉

史蒂夫開始進行運用，幾週後，他學習到：

- 如何解構他的想法，成為一個商業模式
- 如何測試他的想法是否值得繼續追求
- 如何在一個商業模式中找到並排序最有風險的假設
- 如何使用小的和快速實驗，來壓力測試最有風險的假設
- 如何利用客戶訪談，從客戶身上學習
- 如何在沒有做出產品的情況下達到牽引力
- 如何說服顧客（向客戶推銷）讓他們買單
- 如何在極度不確定的情況下去運作和做出決定

經過了幾個月，史蒂夫已經有付費客戶、不斷增長的收益和不斷壯大的團隊，讓他的產品能走上正軌。

這本書就是要告訴你如何做到這一切。

關於我

你好，我的名字是 Ash Maurya，我是 LEANSTACK 的創業者，也是廣泛使用的商業建模工具精實畫布的創建者。我也曾經是史蒂夫。我也曾有一個很棒的想法。這個想法太好，除了我親近的朋友外，其他人都不知道，而且我要求他們發誓保密。

我花了一年的時間悄悄地建構我的「大想法」。而且，像史蒂夫一樣，我也很努力想讓其他人看到我所見到的。

我花了大約七年的時間，才把我自己從史蒂夫轉型成賴瑞，而且再也不回首。這是我個人的箴言：「生命太短，沒時間建構沒人想要的東西。」

多年來從我出書和所發表工具所獲得的成功和關注，都歸功於這種思考和處理產品的新方式。

LEANSTACK 的創立，是為了幫助下一代創業家能避免同樣的錯誤。 從現在開始，不是兩個創業家的故事，只有一個創業家的故事：史蒂夫。

史蒂夫（不是賴瑞），是我們故事中的英雄。

本書編排

新創公司最重要的里程碑之一，是實現產品／市場契合（即產品牽引力開始快速增長時，曲棍球桿曲線的反曲點）。當然，現實是 80% 的產品從未到達那裡。

在極度不確定的條件下運行是成功率低的主要原因，也是產品／市場契合之前的旅程，通常被描述為漫無目的漫遊的原因（圖 I-11）。

你的計畫 A

可行的計畫

圖 I-11　漫無目的漫遊

但不一定是這樣。沒錯，產品的早期階段充滿了極端的不確定，但它們
不見得是雜亂無章的。有了對的心態和思維過程，就可以像迷宮一樣有
系統地穿越早期階段（圖 I-12）。

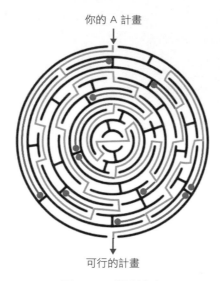

圖 I-12　想法迷宮

目標是在資源耗盡之前，找出可行商業模式來走出迷宮。是的，會有轉
彎、曲折、死路、回頭路，但這個過程是有系統的，不像漫無目的漫遊
那樣糾結雜亂。

這本書概述了這樣一個循序漸進的系統過程，讓想法從最初火花的產生
到產品／市場契合，將這旅程分為三個部分。

第一部分：設計

將想法付諸實踐的一個關鍵心態是關注你的商業模式，而不是你的解決
方案。商業模式是你新創公司的真正產品。與任何產品一樣，第一步是
設計。

第一部分說明了解構你的初始願景（或計畫 A）成為商業模式的過程。然後，我將告訴你如何對你的商業模式設計進行壓力測試，以避免落入早期產品困境的常見陷阱。最後，你會知道如何清楚地、簡明扼要地表達你的想法給別人，讓他們看到你所看到的。

第二部分：驗證

從商業模式藍圖開始是使其清晰和聚焦的關鍵，要知道所有模式都是真實中的抽象，本身不是真實。換句話說，它們必須用證據來驗證，不能當成一種信仰。

第二部分告訴你如何使用 90 天週期，有階段性地迭代測試你的商業模式。並從第一個驗證階段（即問題 / 解決方案契合）開始。你會知道如何使用「Demo - 銷售 - 建構」流程來測試你的產品需求，並在建構你的產品前確保已有付費客戶。

第三部分：成長

達到問題 / 解決方案契合，可以讓你建構出客戶確定會購買的產品，而不是希望客戶會購買的產品。下一步則是推出你的產品（MVP）並迭代，直到你達到產品 / 市場契合。

第三部分告訴你如何加快產品發布速度和學習，又能同時不斷關注風險最大的地方。你會知道如何小規模進行階段性發布，來測試你的商業模式，並在追求成長前建立可重複性，而不是向所有人發布你的產品。

這本書是否適合你？

本書所述的原則可用於新創或大公司要推出新產品時用。雖然戰術上可能有所不同，但原則是通用的。

在整本書中，我將使用「創業家（entrepreneur）」一詞來代指任何負責將大膽新產品付諸實踐的人。

本書適合：

- 有抱負且連續的創業家
- 公司內的創新者和內部創業者
- 產品經理
- 想要進階並打造下一代重要產品的創客和有遠見者

適合服務還是實體產品？

在這本書，產品指的是任何可交付價值給客戶的事物。可以是數位產品、實體產品或是一個服務。所以是的，本書中的所有概念都可以很輕易地應用於任何類型的產品。

實踐勝於理論

本書中所有內容都基於我自己的產品和過去十年中我建議和指導過的數以千計的其他產品團隊的第一手經驗學習和實驗。

我鼓勵你嚴謹地測試和調適這些原則。

沒有框架能夠保證成功。但一個好的框架可以提供一個回饋迴圈，以便在面對極端不確定性時，做出更好的基於證據的決策。

這是本書的承諾。

讓我們開始吧。

第一部分

設計

我們生存在一個有無與倫比創新機會的年代。由於網路、雲端運算和開源軟體的出現,建構產品的成本是有史以來最低的。然而,建立成功新創的機率並沒有太大提高:**大多數新產品仍然失敗。**

更有趣的事實是,在那些成功的新創中,有三分之二在過程中徹底改變了他們的計畫。因此,新創成功與否,並不在於從更好的初始計畫(或稱計畫 A)開始,而是在資源耗盡之前找到一個可行的計畫。

直到現在,要找出更好的計畫 B 或 C 或 Z,很大程度上取決於勇氣、直覺和運氣。還沒有一個系統性流程來對計畫 A 進行嚴格的壓力測試。這就是本書的意義所在。本書介紹了一個系統性流程,在資源耗盡之前,將計畫 A 迭代為可行的計畫。

願景中有「我」

> 所有人都會做夢:但有兩類。那些在他們塵封的心靈深處、在晚上作夢的人,在清醒後發現一切都是虛幻:但在白天做夢的人是危險的,他會睜著眼睛,把它實現出來。
>
> — *T.E. Lawrence*,《阿拉伯的勞倫斯》

媒體喜歡報導有遠見者成功的故事,他們看到了未來,並制定了一條路線,推出「破天荒」新產品。在有遠見者的產品推出過程中,似乎永遠不會太快或太慢。

雖然這些故事都很偉大,但每一個有遠見者的故事的背後,通常都隱藏著多年的努力、實驗和學習。即使是賈伯斯(Steve Jobs)在發表會上描述為「劃時代裝置」的 iPad,也經歷了數年的研發,過程中經歷了三代軟體和五代硬體的變化。

這些故事實際發生的狀況,從來沒有我們看到的那麼簡單。首先,從來沒有單一的客戶採用曲線,而是有各種狀況,不同客戶採用解決方案的速度皆有不同。你基於你所了解的客戶以及他們想要(或將來想要)的來推出。很可能你會發現自己不在走向目標的曲線上。因此,你進行迭代,直到與最佳曲線相交(即實現了產品/市場契合),而這可能不是你原來的路線(又名轉向,*pivot*)。

與完美命中目標且有遠見者的產品推出不同,你可能從客戶採用曲線的左側(太早)或右側(太晚)開始,而且還要在迭代(現金)用完之前,知道曲線前進方向並最終與其相交。

一切都從一個想法火花開始

每個人都會在最意想不到的時候(洗澡時、開車時等)突然產生某些想法。大多數人會忽略它們,但創業家會選擇採取行動。

主要的挑戰之一,是一開始所有的想法似乎都很棒。我過去對我的想法採取行動時,經歷過太早、太晚和完全偏離目標的過程,我相信比直接採取行動更重要的,是有一個流程來快速區分好想法和壞想法。

雖然熱情和決心是推動願景發揮其全部潛力所必需的,但如果不加以控制,它們也可能變成教條,使旅程只基於一種信念。

—— 筆記 ——

聰明的人會合理化所有事物,創業家在這方面特別有天賦。

大多創業家都起始於一個強烈的初始願景和一個計畫 A 以實現該願景。不幸的是,大多數計畫 A 都沒成功。

雖然需要強烈願景來創造口號和意義，但你應該努力基於事實來支持該願景，而不是基於信仰。重要的是去接受你的初始願景，多半建立在未經測試的假設（或猜測）之上。

別寫商業計畫；而是用精實畫布來取代

若要讓你的想法更清晰，第一步就是要解構你的想法，轉成一組清晰的假設。傳統上，我們用商業計畫來做這件事。

你曾寫過商業計畫嗎？你享受寫的過程嗎？我曾向世界各地數以千計的創客、創業家和創新者提出這兩個問題，結果發現：他們之中只有30%曾經寫過商業計畫，只有不到 2% 的人喜歡這個過程。

我再問投資者（和利害關係人）一個不同的問題：「你會看完全部的商業計畫？」比 2% 更少的人會這樣做，他們更喜歡 1 頁執行摘要（executive summary）、10 頁簡報總覽（10-page slide-deck）或 30 秒電梯簡報（elevator pitch）。

為什麼我們還是強迫人們花費幾星期時間寫一份 *40 頁*的文件，沒有人會看又很少更新？

傳統商業計畫的問題是：

要花太多時間去寫

為了讓你的想法通過，你經常被要求寫一份 30 頁的商業計畫、5 年的財務預測和 18 個月的產品路線圖。這很容易占用你數週甚至數月的時間。

充其量只是一種最好的猜測

創業者和創新者之所以選擇放棄繁瑣的商業計劃，並不是因為他們懶惰。相反地，這是因為在任何新專案的初期，許多假設都是不可知的。

—— 筆記 ——

在產品的初期，你不知道你不知道什麼。

當你在極度不確定的條件下快速工作時，正如**持續創新**所要求的那樣，你不能依賴靜態計畫，你需要的是動態模型。**精實畫布**（圖 I-1）就是一種動態模型。

問題 列出你客戶的三大問題	解決方案 列出每個問題的可能解決方案	獨特價值主張 單一、清晰、引人注目的陳述，能夠將不知情的訪客變成感興趣的潛在客戶	不公平優勢 無法輕易複製或購買的東西	客戶區隔 列出你的目標客戶和使用者
現存替代 列出這些問題目前的解決方式	關鍵指標 列出能說明你的業務做得好不好的關鍵數字	大方向概念 列出你的 x for y 類比，例如 Youtube 相當於影片版 Flickr	管道 列出你接觸客戶的途徑	早期採用者 列出你理想客戶的特質
成本結構 列出你的固定和變動成本			收益流 列出你收益的來源	

精實畫布從商業模型畫布修改而來，CC BY-SA 3.0 授權

圖 I-1　精實畫布

精實畫布是我從 Alex Osterwalder 的商業模式畫布（*https://runlean.ly/lc-vs-bmc*）修改而來，且這是在**持續創新**框架中使用的第一個模型。

精實畫布用一頁式商業模式，取代了冗長乏味的商業計畫書。只需 20 分鐘就能創建出來且真的有人會看。

如果你曾為了投資者而寫過商業計畫書或製作過簡報總覽，你會馬上辨識出畫布上大部分的構成。我們將在第 1 章中更詳細地介紹這些欄位。我想要你知道的關鍵，第一個是**持續創新**的心態。

心態　#1

你的商業模式就是你的產品

我特意讓解決方案欄位，佔不到整個畫布的九分之一。這是因為，作為創業家，我們最熱衷於解決方案，且對此相當擅長，但是，正如我們在本書的介紹一節中所看到的：

- 你的解決方案，雖然重要，但通常不是最有風險的，而你應該優先關注風險最大的地方。

- 投資者不關心你的解決方案；他們關心的是牽引力（客戶參與）。

- 客戶不關心你的解決方案；他們關心的是他們自己的問題。

因此，你的工作，不僅是建構最佳解決方案，而是**負責整個商業模式並使所有部分都契合**。

意識到商業模式為一種產品，是一種賦權。這不僅讓你負責自己的商業模式，也讓你應用熟悉的產品開發技術到建立你的公司。

商業模型設計的劇本

建構產品的第一步是從設計藍圖或草圖開始。同樣地，建立商業的第一步是從商業模式設計開始。商業模式設計藍圖幫助你將你的想法分解為一組關鍵假設（寫在一頁精實畫布上）。然後，你排序出風險最大的假設，並制定階段性驗證策略，將你的想法變為現實（見圖 I-2 ）。

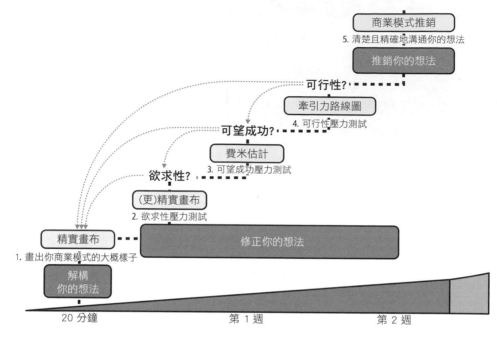

圖 I-2　商業模式設計劇本

在本書的第一部分,你會學到如何:

- 解構你的想法,寫在精實畫布上(第 1 章)

- 壓力測試你的想法的欲求性(第 2 章)

- 壓力測試你的想法的可望成功性(第 3 章)

- 壓力測試你的想法的可行性(第 4 章)

- 清楚且精確地溝通你的想法(第 5 章)

解構你的想法，
寫在精實畫布上

當進行一個複雜專案時，就像蓋一間房子，你不會直接開始蓋牆壁。你會從建築計畫或藍圖開始，即使只是草圖。

蓋房子和推出一個想法沒什麼不同。

在本章，你將知道如何使用一頁式精實畫布（圖 1-1）將你的想法分解為一組關鍵假設。

精實畫布能夠用來描述一個商業模型、一個產品發布、甚至單個功能發布，很多人都用它來做商務規劃和產品管理工具。

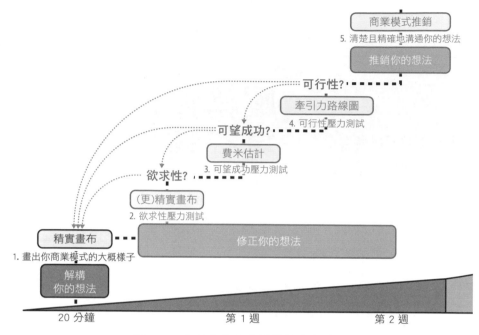

圖 1-1　在精實畫布上解構你的想法

草繪出你第一個精實畫布

> 商業模式描述出你如何創造、交付、和從客戶那獲取價值（得到
> 報酬）。
>
> — *Saul Kaplan*

在這節，我會說明如何將你的想法寫在精實畫布上的步驟。結果將是一
段描述，說明你計劃如何創造、交付和從客戶那裡獲取價值。請記得以
下準則：

一口氣在畫布上完成

雖然在白板上無休止地修改迭代很方便，但你的初始畫布應該快速填
寫好，最好在 20 分鐘內完成。不像是商業計畫，精實畫布的目標不
是要達到完美，而是記錄下一瞬間（快照）。

避免群體迷思

如果你是團隊的一員，請避免將創建精實畫布作為小組練習。相反地，讓每個團隊成員先創建自己的快照。然後小組聚在一起，將你們的畫布協調成單一個精實畫布。這不僅會鼓勵更獨立的觀點並避免群體迷思，還會節省你的時間。

知道欄位可以留白

如果你不確定某個特定的欄位，可以將其留空。我們將在後續部分中更詳細地介紹畫布上的欄位。

擁抱一頁的限制

如果你不能在一頁紙上描述你的想法，它可能太複雜而無法解釋。在單頁上說明你的想法，不是要你用較小的字體，而是較少的字數。在一個段落中描述某事比僅用一個句子描述要容易得多。尊重空間限制，一頁畫布是個將商業模式提煉出精隨的好方法。

思考當下

商業計畫過於努力去預測未來，這是不可能的。相反地，用「把事情做完」的態度來寫你的畫布。根據你目前的階段和你現在所知道的，你接下來需要測試哪些假設來推動你的產品向前發展？

記住寫畫布沒有正確順序

填寫精實畫布就像拼拼圖一樣。沒有正確的起點或特定的順序可循，所以從任何地方開始都可以，從你認為自己最了解的欄位開始，然後再繼續建構畫布的其餘部分。如果你仍然不確定如何進行，請參考圖 1-2 中順序的範例。

接下來，我們來看圖 1-2 裡的細節。

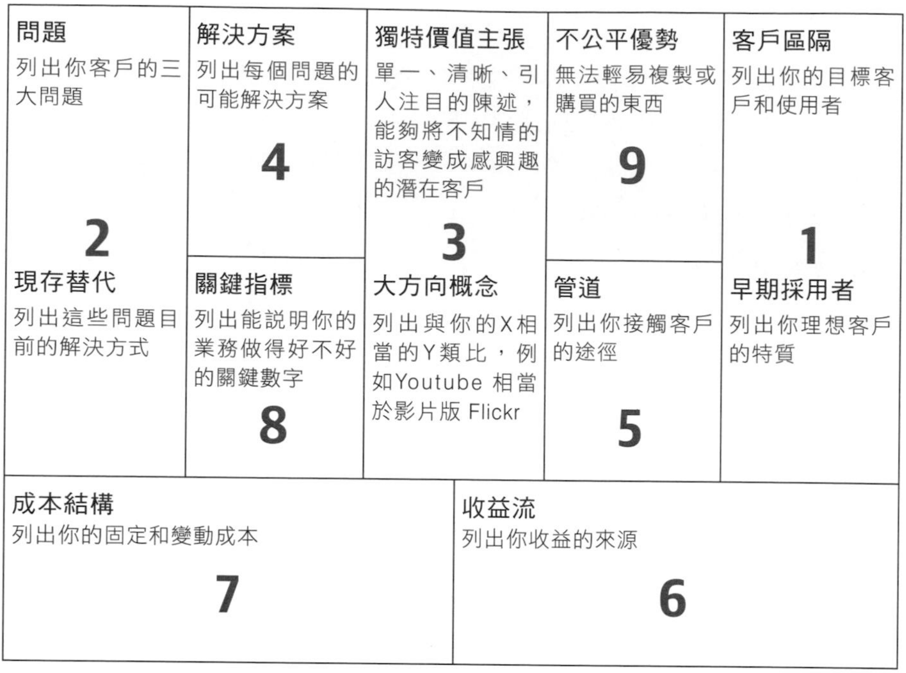

問題 列出你客戶的三大問題 **2**	解決方案 列出每個問題的可能解決方案 **4**	獨特價值主張 單一、清晰、引人注目的陳述，能夠將不知情的訪客變成感興趣的潛在客戶 **3**	不公平優勢 無法輕易複製或購買的東西 **9**	客戶區隔 列出你的目標客戶和使用者 **1**
現存替代 列出這些問題目前的解決方式	關鍵指標 列出能說明你的業務做得好不好的關鍵數字 **8**	大方向概念 列出與你的X相當的Y類比，例如Youtube相當於影片版Flickr	管道 列出你接觸客戶的途徑 **5**	早期採用者 列出你理想客戶的特質
成本結構 列出你的固定和變動成本 **7**			收益流 列出你收益的來源 **6**	

精實畫布從商業模型畫布修改而來，經 CC BY-SA 3.0 授權

圖 1-2　精實畫布的填寫順序範例

客戶區隔（Customer Segments）

由於持續創新框架在很大程度上是由客戶驅動的，因此精實畫布的客戶區隔欄位通常很自然會變成起點。

區分客戶和使用者

如果的商業模型中有多個角色，首先識別出你的客戶。

提示

客戶是會付錢買你產品的人。而使用者不會。

然後識別出會與這些客戶互動的其他角色（使用者、有影響力者等）。

例子：

- 在部落格平台，客戶是部落格作者，而使用者是讀者。
- 在搜尋引擎，客戶是廣告商，而使用者是使用搜尋的人們。

建立多重觀點

從你商業模式中每個角色的觀點來查看你的想法會有幫助。每個角色都可能有不同的問題、觸及的管道和價值主張。例如：與搜尋引擎合作的廣告商，可能正努力提高對其產品的認知度，而使用搜尋的人們實際上是在尋找特定問題的答案。我建議在同一個畫布寫出這些觀點，但使用不同顏色或標籤來識別每個角色的觀點。

了解早期採用者

作為一名創業家，你需要同時溝通巨大市場機會，同時保持對早期採用者的高度關注。

—— 提示 ——

你的目標是定義出早期採用者，而不是主流客戶。

你的客戶區隔清單應該要能代表跟你構想有關的整體潛在市場（TAM），而你的早期採用者代表你 TAM 中的特定子集合。這是你理想的起始客戶區隔（又稱你的理想客戶側寫）。

問題

問題（不是解決方案）為創新創造了空間。問題欄位中要列出具體問題或你將用產品解決的問題。

列出最大問題或前三大問題

雖然你可能會腦力激盪出許多可能問題，排序出你認為客戶最關心的一到三個問題。

列出既有的替代方案

記錄下你認為你的早期採用者目前如何解決這些問題。除非你正解決一個全新的問題（但不太可能），否則解決方案可能已經存在。這些解決方案可能不是來自明顯的競爭者。

史蒂夫處理客戶區隔 / 問題象限

在史蒂夫動手寫他的第一個精實畫布之前，他翻出了一年前寫下的初始願景聲明：

> 創造一個替代的虛擬世界（元宇宙），像真實世界一樣廣闊和豐富，並使其普遍可用且有用。

他很想在客戶區隔欄位寫下「每個人」，但他想起瑪莉反對定義出過廣的客戶區隔：「當你試圖賣給所有人時，你觸及不到任何人。」

於是，他將注意力轉移到他認為理想的早期採用者上，並寫下「軟體開發人員」。雖然他設想他的平台最終會讓任何人都能創建豐富的沉浸式 AR/VR app，從已經建構或想要建構此類 app 的軟體開發人員開始將是最容易的。

在此欄位，他列出了未來幾年可能採用 AR/VR 技術的各個行業。接下來，他將注意力轉向列出他計劃要解決的首要問題，並在精實畫布上寫上既有替代方案。

經過幾分鐘的思考，他填入了客戶區隔和問題欄位，如圖 1-3。

問題	解決方案	獨特價值主張	不公平優勢	客戶區隔
創造 AR/VR app 是困難的 - 需要寫程式技巧 - 要花很長時間 - 貴				軟體開發人員 / 代理 行銷商 零售 建設 旅遊 教育 健康照護
	關鍵指標		**管道**	
現存替代 列出這些問題目前的解決方式				**早期採用者** 軟體開發人員 幫客戶建立 AR/VR app 的代理
成本結構		**收益流**		

精實畫布從商業模型畫布修改而來，CC BY-SA 3.0 授權

圖 1-3　史蒂夫的問題和客戶區隔

獨特價值主張

精實畫布中的中央是你的獨特價值主張欄位（UVP）。這是畫布中最重要的欄位之一，也是最難弄對的欄位。

―― 筆記 ――

定義 UVP 會迫使你回答以下問題：你的產品有何差異性，值得獲得關注？

在用錢購買你的產品之前，客戶會先關注你。你的 UVP 很難弄對，是因為你必須用少少幾個字表達出你產品的本質，並能放在你登陸頁面的標題。此外，你的 UVP 需要有差異性，才能在競爭中脫穎而出，而且這些差異對你的客戶來說很重要。

好消息是你不必一次完美到位。跟畫布上的所有內容一樣,都先從猜測開始,然後再進行迭代。

連結到你客戶的最大問題

打造一個有效 UVP 的關鍵,是要把它連結到你正為客戶解決的最大問題上。如果這個問題確實值得幫他們解決,那麼你已經完成了一半以上。

以早期採用者為目標

許多市場人員嘗試瞄準他們客戶群的「中間」,希望能觸及到主流客戶,但在這過程中,他們的宣傳效果卻大打折扣。你的產品還沒準備好給主流客戶。你唯一的工作應該是尋找和以早期採用者為目標,這需要大膽、清晰和具體的訊息傳遞。

聚焦在成果

你可能聽說過強調優勢而非強調功能的重要性。但優勢仍然需要由你的客戶將其轉化為他們自己的世界觀。一個好的 UVP 會進入客戶的腦中,並聚焦他們使用你的產品後獲得的好處(優勢)——即期望的成果。

所以,舉例來說,如果你正打造履歷建立的服務:

- 一個功能,可能是「專業設計感範本。」
- 一個優勢,可能是「一個吸引人且能脫穎而出的履歷。」
- 而想要的成果,可能是「得到你的夢想工作。」

保持簡短

大多數廣告平台將主標題字段中的字元數限制在 120 個以內。請謹慎選擇你的用字,避免無意義填充詞。

回答什麼、誰、和為什麼

好的 UVP 需要清楚地描述你的產品是什麼和為了誰。「為什麼」通常很難用同一個陳述來表述,因此通常使用副標題來說明。

這是一個例子：

- 產品：精實畫布。

- 標題：清楚地和精確地向關鍵利害關係人溝通你的想法。

- 副標題：精實畫布取代又長又無聊的商業計畫，花 20 分鐘就可以創建出一頁式商業模型，也很容易被閱讀。

創造大方向概念的 pitch

打造 UVP 時的另一個有用練習，是創建大方向概念 pitch，作為有效的推銷工具而普及，是 Venture Hacks 在電子書《Pitching Hacks》所提。大方向概念 pitch 也大量被好萊塢製片人使用，將電影情節提煉出令人難忘的片段。

例子可能包括：

- YouTube：「影片版的 Flickr」

- 《異形 》（電影）：「太空版的《大白鯊》」

- Dogster：「狗狗版的 Friendster[1]」

你不應將大方向概念 pitch 與 UVP 混淆，它也不是要用在你的登陸頁面。用你觀眾可能不熟悉的 pitch 概念是危險的。出於這個原因，大方向概念 pitch 更適合用在你希望快速傳達你想法並使其易於傳開的場合，例如在客戶訪談之後。我們將在第 8 章介紹大方向概念 pitch 的具體用法。

史蒂夫打造出他的 UVP

鑑於所有既有替代方案都需要技術訣竅（know-how）和程式知識，史蒂夫決定使用「不需要程式」作為關鍵詞來定位他的 UVP （見圖 1-4）。

1　譯註：比 Myspace、Facebook 還要更早成立的社群網站。

問題	解決方案	獨特價值主張	不公平優勢	客戶區隔
創造 AR/VR app 是困難的 - 需要寫程式技巧 - 要花很長時間 - 貴		創造豐富沉浸式 AR/VR 體驗——不需要寫程式		軟體開發人員 / 代理 行銷商 零售 建設 旅遊 教育 健康照護
	關鍵指標		管道	
現存替代 Google AR/VR、Apple ARKit、Vuforia、MAXST、Unity		大方向概念 不需要程式的 VR app		早期採用者 軟體開發人員 幫客戶建立 AR/VR app 的代理
成本結構		收益流		

精實畫布從商業模型畫布修改而來，CC BY-SA 3.0 授權

圖 1-4　史蒂夫的 UVP

解決方案

你現在可以開始準備處理你的解決方案。

在幾次客戶對話後，重新排序客戶問題或者完全替換掉，是相當常見的。因此，我建議不要忘形於定義出全部的解決方案。而是，簡單地寫出你在畫布上列出的每個問題的最簡單可能處理的方法。

—— 提示 ——

盡可能晚地將問題綁定解決方案。

史蒂夫定義了解決方案

根據他的問題清單，史蒂夫創建了主要功能候選列表以解決每個問題（見圖 1-5）。

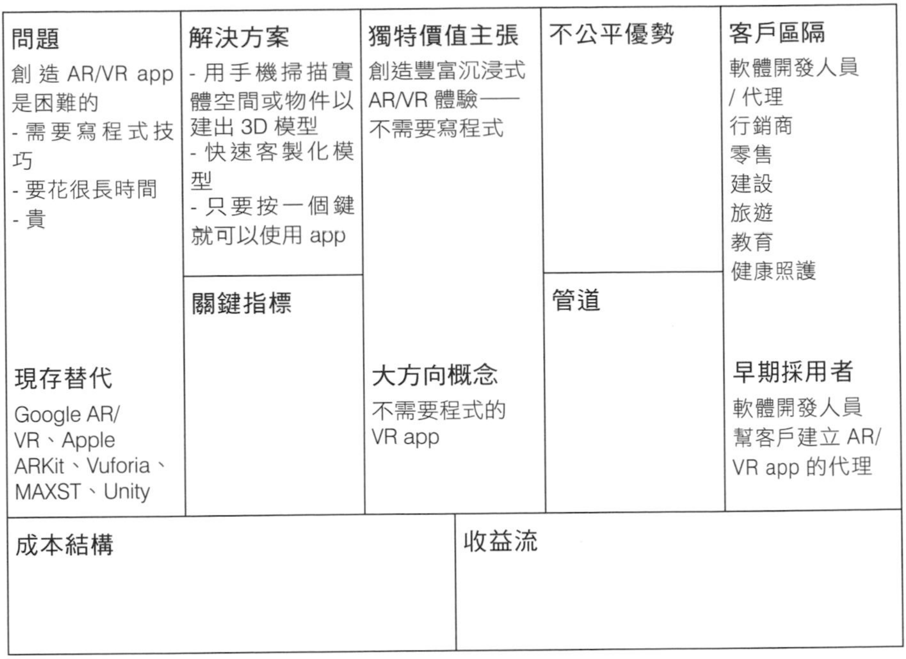

問題	解決方案	獨特價值主張	不公平優勢	客戶區隔
創造 AR/VR app 是困難的 - 需要寫程式技巧 - 要花很長時間 - 貴	- 用手機掃描實體空間或物件以建出 3D 模型 - 快速客製化模型 - 只要按一個鍵就可以使用 app	創造豐富沉浸式 AR/VR 體驗──不需要寫程式		軟體開發人員 / 代理 行銷商 零售 建設 旅遊 教育 健康照護
	關鍵指標		**管道**	
現存替代 Google AR/VR、Apple ARKit、Vuforia、MAXST、Unity		**大方向概念** 不需要程式的 VR app		**早期採用者** 軟體開發人員幫客戶建立 AR/VR app 的代理
成本結構		**收益流**		

精實畫布從商業模型畫布修改而來，CC BY-SA 3.0 授權

圖 1-5　史蒂夫的解決方案

管道

如果在森林中推出產品，它會有聲量嗎？未能建立清晰的路徑至客戶處，是新創失敗的主要原因之一。

新創最初的目標是去學習，不是要追求規模。所以一開始，你可以依靠任何可以讓你出現在潛在客戶面前的管道。

好消息是，遵循「客戶發現 / 訪談」流程（我們將在第 7 章討論）會迫使你儘早建立獲得「足夠」客戶的途徑。但是，如果你的商業模式依賴大量客戶來運作，那麼該路徑可能無法擴展超出最初的範圍，你很可能會在以後陷入困境。

出於這個原因，從第一天開始考慮你的可規模化管道同樣重要，這樣你就可以儘早開始建構和測試它們。

雖然有大量可用的管道選項，但有些管道可能完全不適用於你的新創，而有些管道可能在新創後期階段更為可行。

史蒂夫列出一些到客戶的可能路徑

由於史蒂夫目標以軟體開發人員和代理作為早期採用者，他計劃從溫馨推薦、直接銷售、研討會和貿易展作為初始管道開始，之後可能使用廣告進行擴展（參見圖 1-6）。

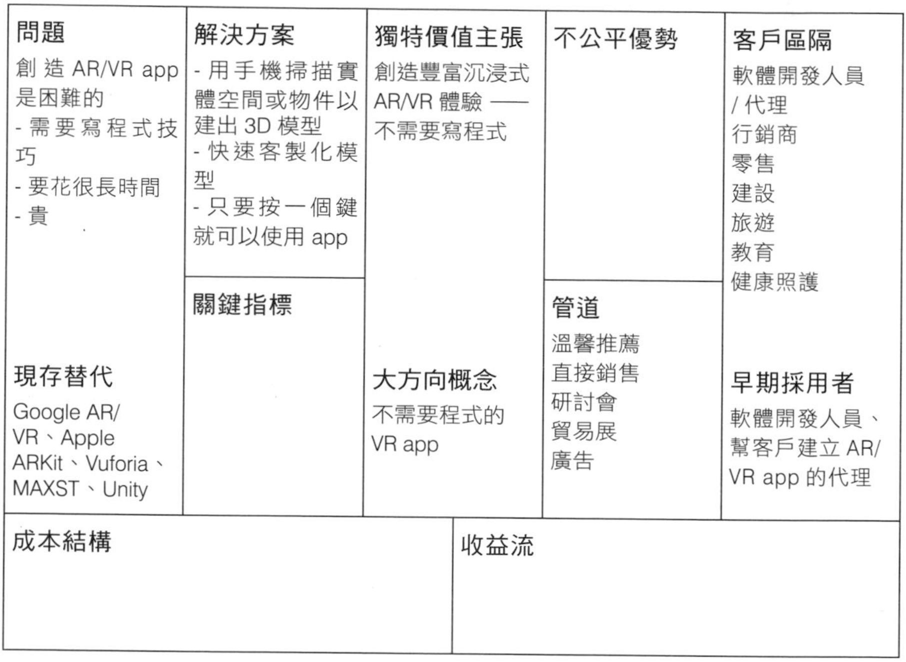

問題	解決方案	獨特價值主張	不公平優勢	客戶區隔
創造 AR/VR app 是困難的 - 需要寫程式技巧 - 要花很長時間 - 貴	- 用手機掃描實體空間或物件以建出 3D 模型 - 快速客製化模型 - 只要按一個鍵就可以使用 app	創造豐富沉浸式 AR/VR 體驗 ——不需要寫程式		軟體開發人員 / 代理 行銷商 零售 建設 旅遊 教育 健康照護
	關鍵指標		**管道**	
現存替代 Google AR/VR、Apple ARKit、Vuforia、MAXST、Unity		**大方向概念** 不需要程式的 VR app	溫馨推薦 直接銷售 研討會 貿易展 廣告	**早期採用者** 軟體開發人員、幫客戶建立 AR/VR app 的代理
成本結構			**收益流**	

精實畫布從商業模型畫布修改而來，CC BY-SA 3.0 授權

圖 1-6　史蒂夫的管道

收益流和成本結構

下面兩個欄位，寫著收益流和成本結構，是用來建立商業的可望成功性模型。

收益流

許多新創選擇將「定價問題」推遲到之後的階段，但這是一個錯誤。原因如下：

價格是產品的一部分

假設我把兩瓶水放在你面前，告訴你一個 0.5 美元，另一個 2 美元。雖然事實上盲測後你無法區分它們（產品非常相似），但你可能傾向相信（或至少想知道是否）水越貴品質越好。在這裡，價格有力量改變你對產品的看法。

價格定義了你的客戶

更有趣的是，你選擇的瓶裝水價格決定了你的客戶區隔。從現有的瓶裝水市場來看，我們知道兩種價位的瓶裝水都有可望成功的模型。你的定價，表明你想要吸引的客戶的定位。

獲得報酬是驗證的第一種形式

讓客戶給你錢是最困難的挑戰之一，而且是產品驗證的早期形式。

—— 筆記 ——

興趣和事業的區別是收益。

成本結構

你如何決定你想法 / 產品的成本結構？也就是說，要做出你的產品和維持你的業務營運需要多少成本？

與其思考三到五年後的預測，不如採取更階段性的方法。關注從現在起三到六個月內的短期里程碑。首先是建立你要定義、建構和推出 MVP 所需的模型。在達成之後隨之修改。需要考慮的問題包括：

- 定義、建構和推出 MVP 需要多少成本？
- 你會持續耗盡的東西有什麼（薪水、辦公室租金等）？

史蒂夫完整地思考他的成本結構和收益流

雖然史蒂夫透過顧問收入為他的專案自籌了資金，但競爭對手（Virtuoso X）的發布是他需要加快速度的警鐘。史蒂夫設定了目標要在六個月後推出他的 MVP，並列出了他的成本，其中大部分是他的時間。到目前為止，史蒂夫還沒有認真考慮過他的定價模型，但他決定聽從建議，不要等到以後再考慮。他認為他的定價應該參考其他軟體開發工具（從免費到每月幾百元[2]不等）。他決定折衷，選擇最受歡迎的入門級定價模式，每月 50 元，並提供 30 天免費試用。

關於他的成本結構，史蒂夫估計這過程需要六到九個月。他預計將獨自工作並自己做出他的產品，直到他能夠吸引夠多的客戶或投資者。圖 1-7 顯示了史蒂夫寫好精實畫布的樣子。

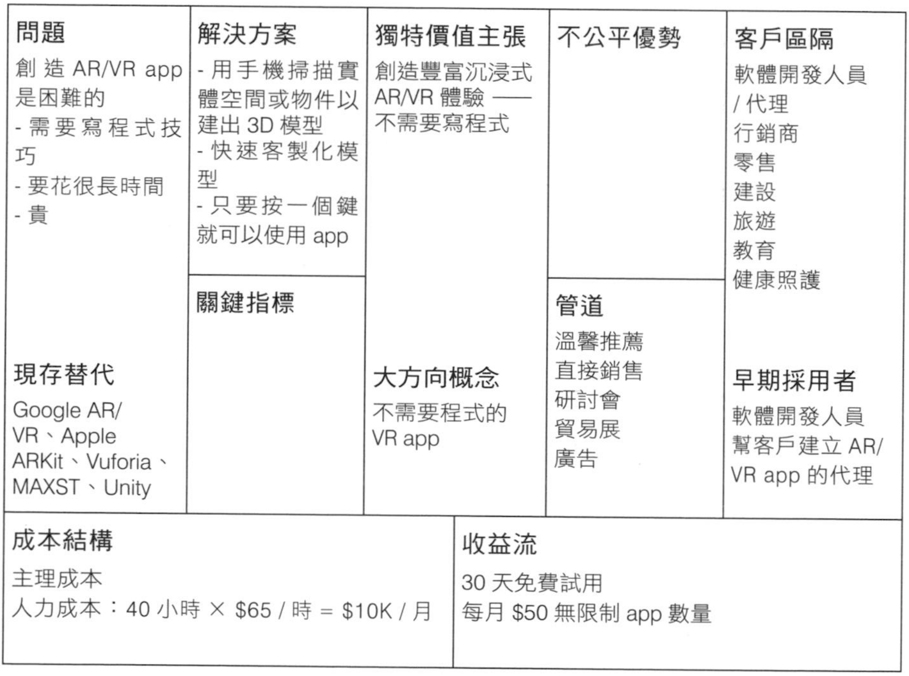

問題	解決方案	獨特價值主張	不公平優勢	客戶區隔
創造 AR/VR app 是困難的 - 需要寫程式技巧 - 要花很長時間 - 貴	- 用手機掃描實體空間或物件以建出 3D 模型 - 快速客製化模型 - 只要按一個鍵就可以使用 app	創造豐富沉浸式 AR/VR 體驗 —— 不需要寫程式		軟體開發人員 / 代理 行銷商 零售 建設 旅遊 教育 健康照護
	關鍵指標		管道 溫馨推薦 直接銷售 研討會 貿易展 廣告	
現存替代 Google AR/VR、Apple ARKit、Vuforia、MAXST、Unity		大方向概念 不需要程式的 VR app		早期採用者 軟體開發人員 幫客戶建立 AR/VR app 的代理

成本結構	收益流
主理成本 人力成本：40 小時 × $65 / 時 = $10K / 月	30 天免費試用 每月 $50 無限制 app 數量

精實畫布從商業模型畫布修改而來，CC BY-SA 3.0 授權

圖 1-7　史蒂夫的成本結構和收益流

2　譯註：本書提到的價錢，均為美金。

關鍵指標

每個事業（業務）都有一些關鍵數字可以用來衡量你表現得好不好。這些數字對於衡量進度和識別商業模式中的熱點很重要。在此會舉幾個例子。

列出三到五個關鍵指標

不要列太多指標。相反地，列出你用來衡量你商業模式是否有效的三到五個指標即可。

偏好成果指標而不是產出指標

與其衡量你建構出多少東西（產出），不如專注於衡量有多少人在使用你的產品以及使用得如何（成果）。正確的成果指標往往是以客戶為中心而不是以產品為中心。

成果指標的例子包括：

- 新客戶的數量
- 每月經常性收入（MRR）
- 客戶終生價值（LTV）

排序出領先指標，而不是落後指標

在獲得銷售報告之前，找到可以即時告訴你業務狀況的關鍵數字。

— *Norm Brodsky and Bo Burlingham*，*The Knack*

雖然你會需要收益和利潤等指標的衡量和報告，但要了解這些是落後指標，而不是領先指標。

這裡有一些領先指標的例子：

- 你的銷售流程中合格的商機線索 / 潛在客戶（leads）數量
- 試用 / 試產的數量
- 客戶流失率

研究相似者

研究你產品領域 / 行業中的其他公司，使用哪些指標來衡量進展情況及其如何與利害關係人溝通。

這裡有一些例子：

- 典型的軟體即服務（SaaS）型指標：
    - 終生價值（LTV）
    - 獲得客戶成本（CAC）
    - 每月經常性收入（MRR）或每年經常性收入（ARR）

- 典型的廣告型指標：
    - 日活躍使用者（DAU）和月活躍使用者（MAU）
    - 點擊率（CTR）
    - 每次曝光成本（CPM）和每次點擊成本（CTR）

- 典型的市集型指標：
    - 買方與賣方的比例
    - 平均交易規模
    - 實收率 / 抽成率（Take rate）

史蒂夫識別出一些關鍵指標

在關鍵指標欄，史蒂夫決定使用前一階段訂出的 SaaS 型產品指標（見圖 1-8）。

問題	解決方案	獨特價值主張	不公平優勢	客戶區隔
創造 AR/VR app 是困難的 - 需要寫程式技巧 - 要花很長時間 - 貴	- 用手機掃描實體空間或物件以建出 3D 模型 - 快速客製化模型 - 只要按一個鍵就可以使用 app	創造豐富沉浸式 AR/VR 體驗 —— 不需要寫程式		軟體開發人員/代理 行銷商 零售 建設 旅遊 教育 健康照護
	關鍵指標 試用的數量 付費轉換率 LTV/CAC		**管道** 溫馨推薦 直接銷售 研討會 貿易展 廣告	
現存替代 Google AR/VR、Apple ARKit、Vuforia、MAXST、Unity		**大方向概念** 不需要程式的 VR app		**早期採用者** 軟體開發人員、幫客戶建立 AR/VR app 的代理
成本結構 主持成本 人力成本：40 小時 × $65 / 時 = $10K / 月		**收益流** 30 天免費試用 每月 $50 無限制 app 數量		

精實畫布從商業模型畫布修改而來，CC BY-SA 3.0 授權

圖 1-8　史蒂夫的關鍵指標

不公平的優勢

這個通常是畫布中最難的一部分，這就是為什麼我把它留到最後。大多數創業者列出的競爭優勢，例如：熱情、程式行數或功能，實際上並不是競爭優勢。

商業模式中另一個經常被提及的優勢是「先行者」優勢。然而，先行不見得是優勢，因為大部分開闢新天地的艱苦工作（降低風險）都落在你肩膀上——只會被快速的追隨者利用，除非你能不斷地超越他們，不然誰都可能會超過你。想想福特、豐田、Google、Microsoft、Apple 和 Facebook：這些公司都不是先行者。

一個有趣的觀點是，任何值得複製的東西都會被複製，尤其是當你開始展示一個可望成功的商業模式時。

想像這樣一個場景，你的共同創業者竊取了你的原始碼，在哥斯大黎加開店並大幅降價。你還有生意可做嗎？如果 Google 或 Apple 推出具競爭力的產品並將價格降至 0 美元，情況會怎樣？

據 Jason Cohen（*https://oreil.ly/Tjj3g*）的觀察，你要建立一個成功的企業，必須擁有真正的不公平優勢，其指的是不能輕易被複製或購買。

以下是符合此定義的真正不公平優勢的一些例子：

- 內幕消息 / 資訊
- 對的「專家」背書
- 夢幻團隊
- 個人權威
- 網路效應
- 平台效應
- 社群
- 既有客戶
- SEO 排名

真的不公平優勢和假的不公平優勢之間的區別的一個很好的例子，即搜尋引擎行銷中自然 SEO 排名與付費關鍵字的差異。關鍵字很容易被競爭者複製和購買，而自然排名必須去搏得。

一些不公平的優勢也可能從價值開始，隨著時間慢慢成為差異因子。例如，Zappos 的 CEO 謝家華（Tony Hsieh）堅信為客戶和員工創造幸福。這體現在許多公司政策中，從表面上看，這些政策沒有多大商業意義，例如允許客戶服務代表花費盡可能多的時間來讓客戶滿意，並提供 365 天退貨政策和雙向免費運送。但這些政策有助於使 Zappos 品牌脫穎而出，建立了龐大、熱情和為其發聲的客戶區隔，這些客戶區隔幫助該公司最終於 2009 年被 Amazon 以 12 億美元的價格收購。

如果你在一開始沒有任何不公平優勢，要怎麼辦？

大多數創業家除了他們的想法外，並沒有任何不公平優勢。想想祖克柏（Mark Zuckerberg）。他不是第一個建立社群網路的人，他的許多競爭者已經擁有數百萬使用者和數百萬美元的投資，遙遙領先。但這並沒有阻止他建立這個星球上最大的社群網路。

從一個不公平優勢的故事開始

雖然祖克柏在一開始沒有不公平優勢，但他有一個不公平優勢的故事。他知道他的不公平優勢需要來自巨大的網路效應。這種清晰的焦點幫助了 Facebook 制定出系統性發布和成長策略，而這些幫助公司最終實現了優勢。

將不公平優勢欄留白

如果不公平優勢的故事還未浮上檯面，最好將不公平優勢欄留白，而不是用不夠好的不公平優勢填滿它。

接納默默無聞

如前所述，好消息是你不需要一開始就擁有不公平優勢。當你剛起步時，接納默默無聞，在不引起競爭者注意的情況下創造有價值的東西，並持續尋找你真正的不公平優勢。

史蒂夫沉思他的不公平優勢的故事

史蒂夫以前將軟體 IP（知識產權）視為他的不公平優勢，但在了解真的和假的不公平優勢之後，他決定採用建立「平台效應」的不公平優勢故事（圖 1-9）。如果他能夠獲得夠多的軟體開發人員和代理來建構夠多的殺手級 app，那將能加速他創建大型可重複使用 3D 物件庫的願景，創造一種力量使每個人都可輕易地更快地建構更多 app，並將他的平台確立為 AR/VR app 的首選平台。

問題	解決方案	獨特價值主張	不公平優勢	客戶區隔
創造 AR/VR app 是困難的 - 需要寫程式技巧 - 要花很長時間 - 貴	- 用手機掃描實體空間或物件以建出 3D 模型 - 快速客製化模型 - 只要按一個鍵就可以使用 app	創造豐富沉浸式 AR/VR 體驗 ── 不需要寫程式	平台效應	軟體開發人員 / 代理 行銷商 零售 建設 旅遊 教育 健康照護
	關鍵指標 試用的數量 付費轉換率 LTV/CAC		**管道** 直接銷售 研討會 貿易展 廣告	
現存替代 Google AR/VR、Apple ARKit、Vuforia、MAXST、Unity		**大方向概念** 不需要程式的 VR app		**早期採用者** 軟體開發人員、幫客戶建立 AR/VR app 的代理

成本結構	收益流
主持成本 人力成本：40 小時 × \$65 / 時 = \$10K / 月	30 天免費試用 每月 \$50 無限制 app 數量

精實畫布從商業模型畫布修改而來，CC BY-SA 3.0 授權

圖 1-9　史蒂夫的不公平優勢

精煉你的精實畫布

快速填寫精實畫布是你評估你的偉大想法並視覺化你的商業模型成為一組假設的重要第一步。但是，大多數創業家在他們的第一幅畫布上，不是過於廣泛，就是過於狹窄。這是一個如何「恰到好處」的問題。

當你努力將你的想法放在一頁上，你很可能寫得太廣。當你寫得太廣時，你的畫布會變得虛化和無差別。我曾與幾家新創合作，他們認為他們要解決的問題非常普遍，可以適用於所有人。

───── 提示 ─────────────────────────────────

當你試圖賣東西給所有人時，你會觸及不到任何人。

──

雖然你的目標可能是建構主流產品，但你需要思考從特定客戶下手。即使是現在擁有 5 億多使用者的 Facebook，最初也是提供給一個非常特定的使用者群：哈佛大學學生們。但當你寫得太窄時，你將面臨陷入局部最大陷阱的危險，而無法為你的想法找到最佳市場。

圖 1-10 說明了這爬山問題。

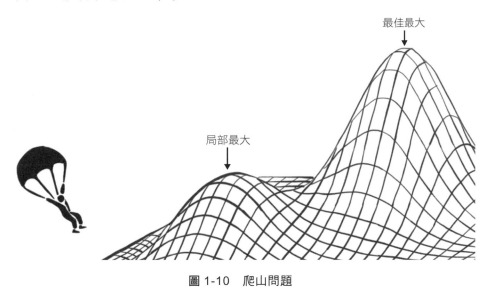

圖 1-10　爬山問題

想像一下，你被蒙上了眼睛，並被賦予了尋找這裡最高點的任務。你可能會摸索著爬到小山頂並宣告它是最高點，一旦你的眼罩被摘下，你會發現你錯過了你一旁的高山。

所以，要如何做才能恰到好處？

你需要一種策略，讓你可以同時又廣又窄。方法是將你第一個精實畫布（你的「大構想畫布」）分成許多畫布（圖 1-11）。

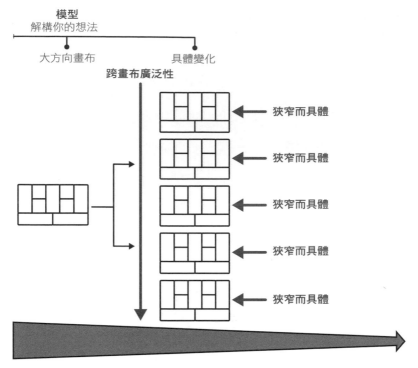

圖 1-11　將你的大構想畫布拆分為一個或多個變體

每個補充畫布都需要窄又具體，但藉由你勾勒出同一想法的多個可能變體，即擴大了你原本畫布的範圍。例如，照片共享服務可以針對消費者或企業。針對企業，可能又有許多不同的商業模式可以考慮。每一個變體都可以且應該在不同的畫布上去探索。

雖然不能保證你用了這種方法可以發現一座高山，但你可能會意識到，透過撒下更廣的網並儘早對所有可能性保持開放態度，你可以避免狹隘的看法（即你的想法僅能有單一種實現方法）。在列出所有可能變體後，你可以系統地排序並一步步測試你的想法。請記住，建構商業模式需要搜尋思維，而不是執行思維。

你如何知道什麼時候要拆分你的精實畫布？

大多數精實畫布會變得太廣，是因為他們試圖將太多商業模式放在一頁畫布。你的目標應該是在每個精實畫布上描述單一個商業模式故事。

基本的商業模式有三種典型：直接、多邊和市集。如果你發現自己在一個精實畫布上混合了多種類型的商業模式，請將它們拆分成單獨的畫布。讓我們逐一看看。

直接

直接商業模式是最基本的廣泛使用的類型。它們是單一角色的模式，即你的使用者是你的客戶。星巴克就是採用直接商業模式的一個例子；這家公司的精實畫布例子如圖 1-12 所示。

星巴克 - 星巴克

問題 人們對於新鮮烘焙高品質咖啡的選擇很少	解決方案 將義大利咖啡館傳統帶入美國	獨特價值主張 工作和家之間的第三個去處	不公平優勢 社區、便利、易到達	客戶區隔 喝咖啡的人
	關鍵指標 - 咖啡的杯數 - 客戶數 - 每位客人平均收益	大方向概念 咖啡館界的麥當勞	管道 - 零售店 - 超市 - 廣告	
現存替代 - 超市咖啡 -Dunkin' Donuts 的咖啡 / 麥當勞的咖啡 - 家庭烘焙咖啡				早期採用者 在家煮咖啡的人
成本結構 - 人力成本 - 零售店成本		收益流 - 咖啡 $3/ 杯 - 咖啡豆 $10/ 袋		

精實畫布從商業模型畫布修改而來，CC BY-SA 3.0 授權

圖 1-12　星巴克的精實畫布

在直接商業模式下，你的精實畫布的客戶區隔欄位中應該寫下單一項你的整體潛在客戶區隔，而在早期採用者欄位中寫下你的理想起始子區隔。

多邊

在多邊商業模式中,目標仍然是創造、交付和從使用者獲取價值,但這些價值根據不同客戶被貨幣化。這是由**使用者**和**客戶**組成的雙角色模型。

使用者通常不會使用流通貨幣,來支付使用你產品的費用,而是使用衍生貨幣。這種衍生貨幣,當累積了夠多的使用者時,會變成你的客戶想付費獲取的衍生資產。Facebook 是多邊模式公司的一個例子,在 2004 年推出時,使用者是大學生,而客戶是廣告商。

Facebook 的精實畫布的例子如圖 1-13 所示。

Facebook- 廣告商 + 大學生

問題	解決方案	獨特價值主張	不公平優勢	客戶區隔
既有線上社群網路無法提供核心承諾而且有以下特色 1. 朋友數像是一種勳章,不是真朋友 2. 對話品質差 3. 低使用者互動 廣告商想要瞄準目標客戶和活躍受眾 # 客戶	不是嘗試建立新社群網路,而是從之前已有的社群網路像是大學校園,移除摩擦	- 與朋友 (非陌生人) 聯絡和分享 # 使用者 - 以高 ROI 觸及活躍使用者的高度細分受眾 # 客戶	高使用者互動透過網路效應轉成更多廣告點擊 # 客戶	- 大學生 # 使用者 - 廣告商 # 客戶
現存替代	**關鍵指標** -2 年內估值 $100M -# 客戶牽引力指標:印象、點擊、轉換 -# 使用者牽引力指標:DAU/MAU / 頁面瀏覽	**大方向概念** 大學生界的 Friendster # 使用者	**管道** - 病毒使用模式 # 使用者 - 從常春藤聯盟學校播下種子 # 使用者 - 拍賣平台 # 客戶 - 直接銷售 # 客戶	**早期採用者** - 常春藤聯盟學校從哈佛大學開始 # 使用者 - 廣告商想觸及大學生 # 客戶
-Friendster、Myspace # 使用者 - 橫幅廣告、Google 關鍵字廣告、Yahoo # 客戶				

成本結構	收益流
- 人力成本:未付 - 主理成本:$85 / 月	- 衍生貨幣:300 平均每月所看頁面 # 使用者 - 廣告收益:$1CPM、$X CPC、$Y CPA # 客戶 - 衍生貨幣交換率:ARPU=$0.30/ 月 - 使用者生命週期價值 =ARPU*4 年生命週期 =$14.40

精實畫布從商業模型畫布修改而來,CC BY-SA 3.0 授權

圖 1-13　Facebook 的精實畫布──使用者觀點(大學生)被標記為 # 使用者,客戶觀點(廣告商)被標記為 # 客戶

使用多邊商業模式，你的想法在精實畫布中應該從你的使用者和你的客戶兩邊觀點來寫。例如：從使用者的觀點來看，Facebook 是 Friendster 的替代品。

市集

市集商業模式比多邊模型有更複雜的變體。與多邊模型相似，由兩個不同部分組成的多參與者模型：在此例，有買家和賣家。Airbnb 是市集模式公司的一個例子；這家公司的精實畫布如圖 1-14 所示。

Airbnb-Airbnb

問題	解決方案	獨特價值主張	不公平優勢	客戶群
當旅館房間已沒有空房，尋找其他空房 # 買家。租出自家空房賺取額外現金 # 賣家	市集結了主人和客人	- 賺取額外現金 # 賣家 - 找旅館房間的替代品 # 買家		- 客人 # 買家 - 主人 # 賣家
現存替代 - 旅館房間 # 買家 - 沙發客 # 買家 - 跟朋友一起住 # 買家 - 只能租出整間公寓 # 賣家	**關鍵指標** - 客人預定天數 - 賣家數 # 賣家 - 搜尋數 # 買家	**大方向概念** 沙發客專家	**管道** - 佈告欄 - 線上廣告 - 口耳相傳	**早期採用者** - 參加活動 / 會議的旅客 # 買家 - 想要租出空房間的人 # 賣家
成本結構 - 網站 - 廣告 - 人力成本		**收益流** 預訂費用		

精實畫布從商業模型畫布修改而來，CC BY-SA 3.0 授權

圖 1-14 Airbnb 的精實畫布 —— 買家觀點被標記為 # 買家，賣家觀點被標記為 # 賣家

這裡也是，你也應該從買賣雙方的角度對你的想法建立模型。例如：從買家的角度來看，Airbnb 的替代方案是旅館房間、沙發客等。

力求簡單，而不是複雜。簡單就夠難了。

實務中有可能發現要更複雜的模型來分層。要記住的是，即使是這些較複雜的模型，一開始都從一個基本模型開始。蓋爾定律（Gall's law）指出，一個可行的複雜系統總是從 一個可行的簡單系統演變而來。

史蒂夫拆分他的大想法畫布成為個別變體

史蒂夫重新審視他的精實畫布，馬上發現他列了太多的客戶區隔（圖 1-15）。

問題	解決方案	獨特價值主張	不公平優勢	客戶區隔
創造 AR/VR app 是困難的 - 需要寫程式技巧 - 要花很長時間 - 貴	- 用手機掃描實體空間或物件以建出 3D 模型 - 快速客製化模型 - 只要按一個鍵就可以使用 app	創造豐富沉浸式 AR/VR 體驗——不需要寫程式	平台效應	軟體開發人員 / 代理 行銷商 零售 建設 旅遊 教育 健康照護
現存替代 Google AR/VR、Apple ARKi、Vuforia、MAXST、Unity	關鍵指標 - 試用的數量 - 付費轉換率 - LTV/CA	大方向概念 不需要程式的 VR app	管道 直接銷售 研討會 貿易展 廣告	早期採用者 軟體開發人員幫客戶建立 AR/VR app 的代理
成本結構 主持成本 人力成本：40 小時 × $65 / 時 = $10K / 月			收益流 30 天免費試用 每月 $50 無限制 app 數量	

圖 1-15 太多的客戶區隔

「他們全部都屬於同一個的商業模型？」史蒂夫懷疑著。他看了他的精實畫布幾分鐘後，套用他新獲得的商業模式原型知識後，他開始意識到他的精實畫布上交織著不同的商業模式。

他開始著手將它們拆分成單獨的畫布，並決定專注於他認為最重要的三個變體（圖 1-16 到 1-18）。

問題	解決方案	獨特價值主張	不公平優勢	客戶區隔
創造 AR/VR app 是困難的 - 需要會寫程式 - 要花很長時間 - 貴	- 用手機掃描實體空間或物件以建出 3D 模型 - 快速客製化你的模型 - 只要按一個鍵就可以使用 app	創造豐富沉浸式 AR/VR 體驗──不需要寫程式	平台效應	軟體開發人員 / 代理
現存替代 Google AR/VR、Apple ARKit、Vuforia、MAXST、Unity	**關鍵指標** - 試用的數量 - 付費轉換率 - LTV/CAC	**大方向概念** 不需要程式的 VR app	**管道** 直接銷售 研討會 貿易展 廣告	**早期採用者** 軟體開發人員、幫客戶建立 AR/VR app 的代理
成本結構 主理成本 人力成本：40 小時 × $65 / 時 = $10K / 月		**收益流** 30 天免費試用 每月 $50 無限制 app 數量		

精實畫布從商業模型畫布修改而來，CC BY-SA 3.0 授權

圖 1-16　軟體開發者精實畫布

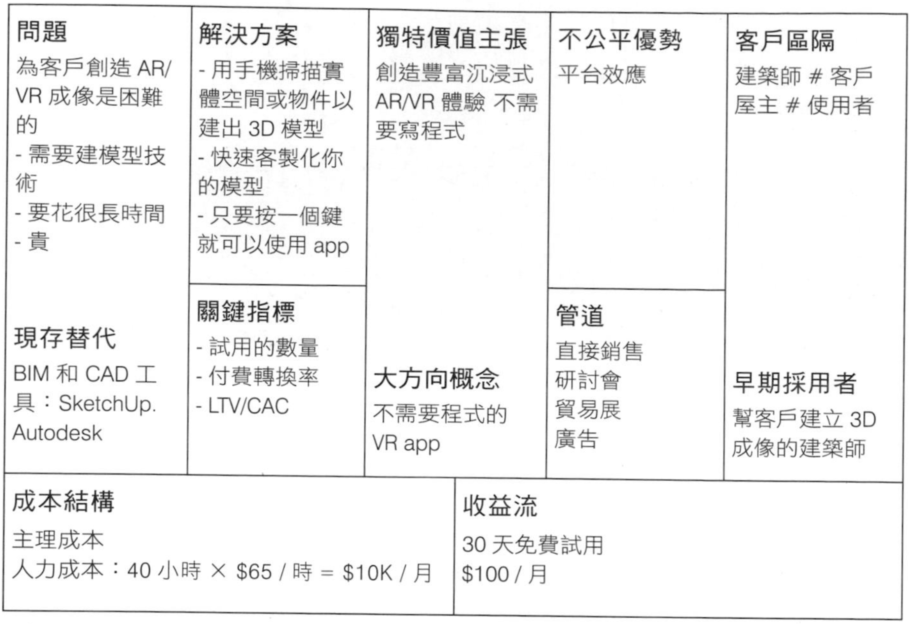

問題	解決方案	獨特價值主張	不公平優勢	客戶區隔
為客戶創造 AR/VR 成像是困難的 - 需要建模型技術 - 要花很長時間 - 貴	- 用手機掃描實體空間或物件以建出 3D 模型 - 快速客製化你的模型 - 只要按一個鍵就可以使用 app	創造豐富沉浸式 AR/VR 體驗 不需要寫程式	平台效應	建築師 # 客戶 屋主 # 使用者
現存替代 BIM 和 CAD 工具：SketchUp. Autodesk	**關鍵指標** - 試用的數量 - 付費轉換率 - LTV/CAC	**大方向概念** 不需要程式的 VR app	**管道** 直接銷售 研討會 貿易展 廣告	**早期採用者** 幫客戶建立 3D 成像的建築師

成本結構	收益流
主理成本 人力成本：40 小時 × $65 / 時 = $10K / 月	30 天免費試用 $100 / 月

精實畫布從商業模型畫布修改而來，CC BY-SA 3.0 授權

圖 1-17　住家建築商精實畫布

問題	解決方案	獨特價值主張	不公平優勢	客戶區隔
為電子商務店建立 3D 模型需要技術且困難的 # 客戶 # 客戶線上購買家具很難測量或視覺化家具是否適合他們的空間	- 用手機掃描實體空間或物件以建出 3D 模型 - 快速客製化你的模型 - 只要按一個鍵就可以使用 app	快速規劃出 3D 模型以加強線上購買體驗 大方向概念 你家具的 IKEA 處		零售商 # 客戶 消費者 # 使用者
現存替代 在家建構，採用軟體開發代哩，Houzz	**關鍵指標** - 試用的數量 - 客戶數 - LTV/CAC	**大方向概念** 家具放置如 IKEA	**管道** 直接銷售 討論會 交易秀 廣告	**早期採用者** 家具零售商

成本結構	收益流
主持成本 人力成本：40 小時 × $65 / 時 = $10K / 月	$1/ 成像物件 / 年

精實畫布從商業模型畫布修改而來，CC BY-SA 3.0 授權

圖 1-18　家具零售商精實畫布

史蒂夫可以清楚地看清這些變體，比原本的大想法畫布更清晰。

現在換你了

寫下你的計畫 A 是行動的第一步。如我在本章前面所述，太多創業者只把他們的假設放在自己腦袋裡，而這很難系統化去建構和測試一個事業（business）。你要如何創建你的精實畫布取決於你。歡迎訪問 LEANSTACK 網站（*https://runlean.ly/resources*）以：

- 下載空白範本

- 創建你的線上精實畫布

接下來呢？

在完成你的第一個精實畫布草圖後，很容易「衝動去建構」，並立即開始在客戶身上測試你的商業模式。甚至可能快速找到問題、推銷提案、建構出快速 MVP 並從第一天起向客戶收費──這聽起來正是我們應該做的。

所以這個方法哪裡有問題？

危險在於陷入次優的商業模式，六或九個月後你會遇到無法達成野望或無法擴展的問題。

一個想法要想成功，就必須不斷平衡三種風險：客戶、市場和技術。這些風險可以用 IDEO 引領流行的創新三元來看，分別是：欲求性、可望成功性和可行性（圖 1-19）。

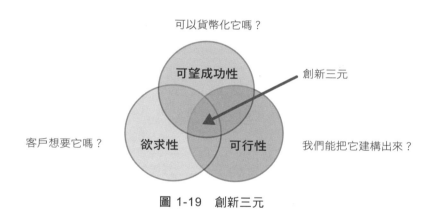

圖 1-19　創新三元

在投入數週或數月的客戶驗證之前，明智的做法是多花幾個小時（在建構時）對你的商業模式進行壓力測試，並收緊你的想法中任何明顯的不足或缺陷。

為此，你可以對你的商業模式進行三項壓力測試，以檢查：

1. 欲求性（你的客戶想要它？）

2. 可望成功性（你能用它獲得收益？）

3. 可行性（你能建出它嗎？）

第二章

壓力測試你的想法 是否具欲求性

欲求性：客戶想要它嗎？

把你自己放在圖 2-1 產品時間軸的某處，回想一下是什麼導致你從某解決方案切換到下一個解決方案。

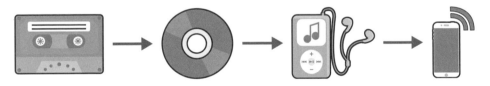

圖 2-1　聽音樂方式的時間軸

這些都是巨大的變化，我們用另一種方式完全取代了原本聽音樂的方式。雖然很想說我們的改變是為更好的音質，但事實並非如此。當從錄音帶換到 CD 時音質變好沒錯，但隨後的演變卻是音質下降。所以，是有別的東西在起作用。

作為創業家，我們肩負著打造更好產品的責任，但**更好**究竟意味著什麼？這是在對你的想法的欲求性進行壓力測試時，要處理的關鍵問題。

定義「更好的」

要定義更好的，首先要認識到客戶不關心解決方案，而是關心實現預期成果。

因此，吸引客戶注意力的最佳方式不是以解決方案為主導，而是以獨特價值主張為主導。

一個引人注目的獨特價值主張，不是承諾更好的期望成果，就是達到比期望成果的更好的方法，或兩者皆是。

制定引人注目的獨特價值主張的方法，首先是非常專注於你的目標是誰，然後了解無法達到想要成果的阻礙（或問題）。

心態 #2
愛上問題，而不是愛上你的解決方案。

在精實畫布上，這些觀察結果被放在客戶區隔、問題和獨特價值主張欄位中。如果你弄錯了這些假設，你的商業模式中的其他部分就很容易因此錯誤。最後你的解決方案就會是沒人想要的解決方案（欲求性不好）。即使你建構出這個解決方案（可行），也沒有人會買它（可望成功性不好）。你的商業模式註定失敗。

這就是為什麼欲求性是在勾畫出最初精實畫布後，第一個要進行壓力測試的，也是我們本章要介紹的內容（圖 2-2）。

—— 筆記 —————————————————————

我創建了一個精實畫布的變體，只包含三個欄位（客戶區隔、問題和獨特價值主張）的「精簡版精實畫布」。雖然我仍然推薦新創創業者，要試著填完精實畫布，但「精簡版精實畫布」，可能是更適合產品團隊的起始畫布，尤其若該團隊不負責銷售和行銷活動時。

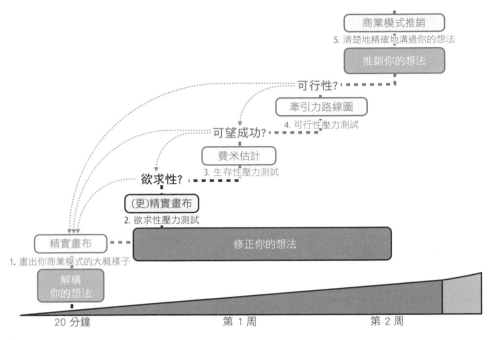

圖 2-2　壓力測試慾求性

創新者偏見，產生了阻礙

雖然先從問題開始再討論解決方案的概念很簡單，但並不容易。當被迫從問題的角度思考時，創業家常常會不自覺地發明（甚至偽造）出「問題」，以證明他們心中已有的解決方案是正確的。他們不問：「我的客戶有什麼問題？」而是問：「我的解決方案能解決什麼問題？」

> —— 提示 ————————————————————————
>
> 當你已經決定造一把鐵鎚時，其他東西都開始看起來像釘子。

這就是我們的創新者偏見在起作用（圖 2-3）。但別擔心，每個人都有這種狀況。

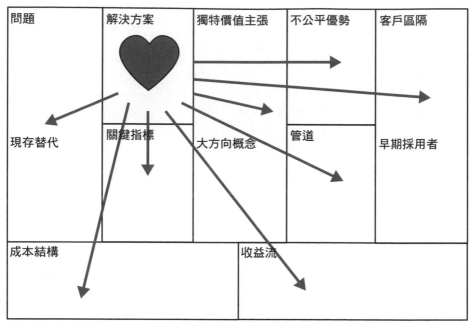

精實畫布從商業模式畫布修改而來，CC BY-SA 3.0 授權

圖 2-3 創新者偏見在精實畫布上的樣子

在下一節，我要告訴你創新者偏見的完美解藥。我稱之為創新者的禮物。

遇見創新者的禮物

創新者的禮物的基本前提很簡單：新的問題來自舊的解決方案。在尋找創新想法時，雖然你需要創新的解決方案，但你不想要創新的問題，尤其是一個沒有人理解或關心的問題。要找到問題，只要從舊解決方案中，找到阻止客戶實現預期成果的障礙就是了。

創新者的禮物，意識到沒有完美的解決方案。問題和解決方案是一體兩面。值得解決的新問題來自舊解決方案。

是不是聽起來很簡單？讓我們回到本章最初我問的問題：是什麼吸引你把聽音樂的方式轉換成別的？

大多數人從錄音帶轉向 CD 的主要原因，不是因為更好的音質，而是能夠立即播放歌曲。錄音帶很好，但 CD 出現後解決了一個一直存在的問題，使用錄音帶倒帶和快轉以找到你最喜歡的歌曲很麻煩，這是一個值得解決的問題。

我們後來從 CD 改成 MP3 的主要原因也不是更好的音質，而是能只買我們想要的歌曲，而不是整張 CD。

我們從 MP3 播放器轉向雲端的原因，是因為「口袋裡有一千首歌曲」[1] 已經不夠用了。我們現在想要聽雲端上的 4000 萬首歌曲，我們甚至不必擁有這些歌曲，而是按需租用（圖 2-4）。

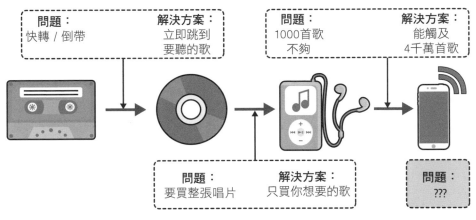

圖 2-4 　為什麼我們轉變了

你有看到共同點嗎？

所有這些都是大規模轉換的故事，當然，還有新的解決方案和技術不斷發展。然而，造成轉換的原因，不是要解決新問題，而是要解決一直存在的舊問題。我們容忍甚至與這些問題共處一段時間，直到有一天我們遇到一個轉換觸發，它打破了我們當前的解決方案，並導致我們轉換到一個新的解決方案。

---

1 譯註：賈伯斯介紹 iPod 時所說。

所有成功創新的故事看起來都像這樣：

很久以前，有位「**客戶**」，每當他們需要做完某個「**工作**」，他們就會選擇用「**既有替代方案**」。有一天，因為「**轉換觸發**」，所以既有替代方案不行了。因為，「**客戶**」意識到「**既有替代方案**」不是完成「**工作**」的最好選擇。這個意識促進這「**客戶**」去尋找更好的解決方案並考慮其他替代方案。直到最後他們找到了一個「**新解決方案**」來幫助他們更好的完成「**工作**」。

我們能把這個故事視覺化在客戶旅程圖中，如圖 2-5 所示。

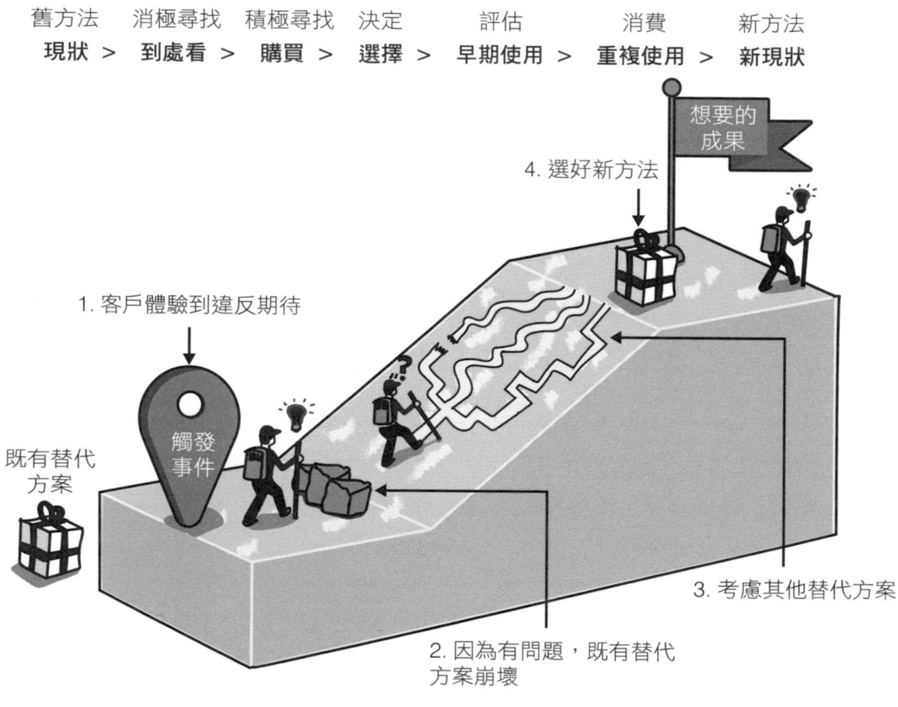

舊方法	消極尋找	積極尋找	決定		評估		消費		新方法
現狀 >	**到處看** >	**購買** >	**選擇** >		**早期使用** >		**重複使用** >		**新現狀**

想要的成果

4. 選好新方法

1. 客戶體驗到違反期待

觸發事件

既有替代方案

3. 考慮其他替代方案

2. 因為有問題，既有替代方案崩壞

圖 2-5　創新如同轉換

將音樂產品的時間線延長到未來，我可以非常肯定，我們聽音樂的方式一定會再次發生變化。變成什麼，我不知道。但無論接下來變成什麼，都將比音樂串流服務「更好」。

這就是為什麼我們稱之為「創新者的禮物」的原因了。它提供了一種系統性方法來發現值得解決的問題，同時避開我們自己對解決方案的偏見——即創新者的偏見。

關鍵要點是：

1. 值得解決的新問題來自於舊解決方案。總會有舊辦法。

2. 創新從根本上講是關於造成一種轉換，從舊方法變成新方法。

3. 引起這種轉換的最好方法，是定錨新解決方案於舊解決方案引起的問題上——即打破舊方法。

打開創新者的禮物

將創新者的禮物應用到你產品的第一步，是要理解待完成工作（jobs-to-be-done，JTBD）的理論。你之前可能已經知道：基本前提是我們僱用產品來完成特定的工作。幾年前，當我第一次讀到奶昔研究（*https://youtu.be/sfGtw2C95Ms*）時，我才知道 JTBD，該研究因作家和哈佛商學院教授 Clayton Christensen 而流行，其一組研究人員無意中發現了意想不到的見解，改善了一家快餐公司的奶昔銷量。

在雇用該研究團隊之前，該公司自己使用調查和焦點小組等較傳統的方法進行了自己的市場研究。雖然這些研究生成了很多有可能性的、由客戶提出的改善想法，但這些想法在實施後實際上都沒有增加銷售。

他們聘請的團隊沒有遵循制式的方法，即詢問客戶他們想要什麼，而是選擇了一種不 同的方法。團隊中的一位研究人員 Bob Moesta 想知道，人們生活中是什麼工作導致他們來到這家餐廳僱用奶昔？以這種方式找問題，使團隊了解到為什麼人們要買奶昔，而這個見解與簡單地詢問客戶如何改善大有不同。

閱讀此個案後，我想知道是否可以應用類似的方法，不僅改進現有產品，更能識別出新產品的機會。我想知道更多，所以我研究了 JTBD，甚至與幾位 JTBD 思想領袖和實踐者一起工作，包括 Bob Moesta、Chris Spiek、Tony Ulwick、Alan Klement 和 Des Traynor。他們很多作品，影響了我對創新者的禮物的思考。

但即使進行了所有這些研究之後，仍有兩件事繼續困擾著我。首先，我發現 JTBD 的定義是循環的、多態的或模糊的。其次，我看到的很多個案研究，感覺就像巧妙的魔術（後見之明），很難用在新產品的從頭開始創建上。我試圖在本書中解決這兩個問題。

讓我們從我對 JTBD 的定義開始，例子如圖 2-6 所示：待完成工作，是未滿足需求或欲求的具體實例，會引起觸發。

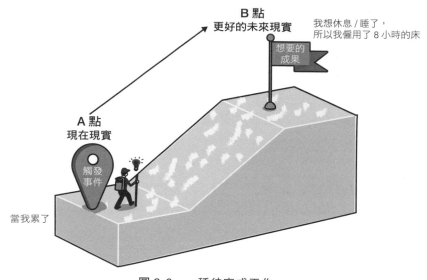

圖 2-6　一種待完成工作

讓我們再進一步說明。

所有的工作都從觸發開始

我們每天都會遇到很多觸發事件，這意味著我們在一天內會遇到了多項 JTBD。一些例子：

- 晚上 10:36 且我累了。我需要睡覺。

- 晚上 12:36 且我的肚子咕嚕咕嚕叫。我需要吃東西。

- 晚上 7:36，我的肚子咕嚕咕嚕叫，且今天是我妻子的生日。我想帶她去一家高級餐廳。

觸發，就是定義出背景，其形塑了待完成工作。

習慣，決定了我們大部分時間做什麼……

若每次遇到觸發事件，都必須尋找新的解決方案，會產生太多的負擔，所以一旦我們為特定 JTBD 找到足夠好的解決方案，我們傾向於記住它，下一次再次僱用它。

── 筆記 ──

僱用解決方案與購買解決方案不同。我們買很多產品，好好的使用它們的功能，但最終會放在那裡積塵。僱用一個解決方案就是選擇和使用一個解決方案（無論之前有購買與否），以因應我們發現自己需要/想要完成的工作。

需要連續僱用幾次相同的解決方案，才能將其變成我們完成工作的首選方式，即讓它成為根深蒂固的習慣。

……直到我們遇到轉換觸發

轉換觸發是一種特殊類型的觸發，發生在違反預期之後。那時我們才意識到我們既有替代方案不再足以完成工作。那也是我們開始尋找新的和不同的解決方案的時候。我在圖 2-7 所示的客戶力模型中將這種改變的動機標記為推力，因為它推動我們以更好的方式完成工作。

圖 2-7　客戶力模型

—— 筆記 ——

客戶力模型是一種行為模型，它說明了形塑人們如何為了某特定待完成工作，而選擇和使用（僱用）某解決方案的因果力量（推動、拉動、慣性和摩擦）。

例如，如果你經常去一家特定的餐廳吃午餐，那麼什麼可能會促使你尋找一家新餐廳？轉換觸發一般有三種類型：

1. 不好的體驗（例如：經常吃午餐處吃到食物中毒）

2. 環境改變（例如：有特殊場合像是生日）

3. 意識事件（例如：聽說一家新開幕的熱門餐廳）

機會在裡面

觸發事件代表了待完成工作會偏好熟悉的解決方案（既有替代方案）。另一方面，預期的違背會導致轉換觸發，從而為新的解決方案打開空間。創業家需要去追逐轉換觸發。

造成轉換，始於想要「更好」的承諾

如果一個新解決方案只是逐漸變好，那麼舊的方法仍會贏。舊的方法會贏，是因為它已經根深蒂固為習慣。我將這種抗拒改變現狀的力量，在圖 2-7 中標記為**慣性**。

每當他們開始一種新的做事方法，挑戰熟悉的舊方法時，你還必須應對所感受到的焦慮。在圖 2-7 中，我將這種對採用新方法遇到的阻力，標記為**摩擦力**。

—— 筆記 ——

知道魔鬼總比不知道魔鬼好。

引起轉換需要克服這些阻力。首先是承諾一種更好的完成工作的方法。我將這個讓事情更好的承諾標記為圖 2-7 中新解決方案的**拉力**。

當牽引力大於反向力量時，轉換啟動；即推力 + 拉力 > 慣性 + 摩擦時。新方法需要比舊方法好多少才能引起轉換？大概要好 3 到 10 倍。

情感上更好 vs. 功能上更好

專業咖啡店的咖啡比大型咖啡連鎖店的咖啡好三倍嗎？喝咖啡的人能在盲測中分辨出它們嗎？不必要在功能上更好，才能顯著感受到更好。情感在此有很大助益。

—— 筆記 ——

「功能上更好」是需求所在。「情感上更好」是慾求所在。

功能上更好是解決未滿足的需求。如果你的客戶很理解這些未滿足需求，是阻礙他們實現預期成果（他們的慾求）的障礙，那麼以此定位你的產品足夠引發轉換。但是，如果你的客戶不太理解自己的未滿足需求，那麼轉換你的定位以解決他們的慾求或期望成果，會更有力量。

例如：

- 「我們幫助你更快創建出商業計畫」的定位，是功能上更好。
- 「我們幫助你創建出會被閱讀的商業計畫」的定位，是情感上更好。

情感上更好，有更大範圍

每個產品都存在兩類範圍中：解決方案情境和更大情境。解決方案情境是你的產品功能和好處所在。而更大範圍是你的客戶想要成果的所在（圖2-8）。

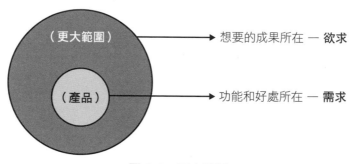

圖 2-8　更大範圍

將你的思維引導到「情感上更好」的一個好方法，是專注在更大範圍。

被僱用只是第一場戰鬥

當要去轉換時，我們通常會評估和嘗試多種產品，以尋找最能完成工作的產品。讓你的產品被僱用雖然是重要的一步，但只是第一步。除非你能快速交付價值，然後將其確立為工作的新現狀，否則你會輕易看到你的產品被解僱。

在本書的第 II 部分，我們將介紹如何使用精心設計的訪談來發掘產品的待完成工作。不過現在，讓我們看看如何使用創新者的禮物，來對你想法的欲求性進行壓力測試。

史蒂夫挑戰「創新者的禮物」

「我可以了解創新者的禮物如何應用於聽音樂工具的例子，但如果產品非常具顛覆性而沒有競爭者呢？」史蒂夫問。

瑪莉笑了：「顛覆性的定義，不就是舊方法（既定或現狀）正受到新方法的大幅挑戰？」

史蒂夫臉紅了一下：「嗯……也許顛覆性不是我要追尋的，而是一個新類型或新市場。又或是如果是新類型產品定義出了新市場呢？」

「能請你舉個例子？」瑪莉挑戰史蒂夫。

「譬如說網路？」史蒂夫回應。

「當你應用創新者的禮物時，你必須超越解決方案範圍，進入更大範圍。而找到更大範圍的方法，是不斷詢問**是為了什麼**？換句話說，使用案例是什麼？或更具體地說，待完成工作是什麼？雖然今天網路被用在很多東西上，但回到 .com 時代，網路初期的主要用途，是使用網路目錄和搜尋引擎以取得資訊。取得資訊就是 JTBD。但在網路出現之前，我們是如何取得資訊的呢？透過電話簿、百科全書、圖書館、書籍等。這些都是網路正在取代的舊方式。」

「我了解……」但史蒂夫還沒有被完全說服。

「那疫苗呢？」他又問。

「同樣地，廣泛使用疫苗，以提供免疫力來抵抗長期存在的傳染病，是一種相對較新的解決方案。疫苗出現之前人們怎麼做？他們把病人隔離起來。在中世紀，甚至使用水蛭療法幫病人放血，不但無濟於事，反而使病情變得更糟。這些都是一些舊的方法。」

當史蒂夫又想試圖舉出其他例子時，瑪莉先行問了他：「火呢？火是一種改變人類歷史進程的技術。如果你是一個向其他人賣火的創業家，你會怎麼推銷它？火的競爭者是什麼？」

「想想看。如果我們問火被用來做什麼的……它可以用來取暖。所以舊方法是用動物皮毛來取暖？」史蒂夫若有所思地說。

「是的，思考方向是對的。然而，最可望成功的使用案例是？」瑪莉問。

史蒂夫想了想，然後回答說：「我猜火也被用來抵禦掠食者，當然還有煮東西。」

「答對了。使用火使洞穴溫暖，是一種具季節性和地理性的使用案例，所以這市場規模是有限的。但使用火來開發新的食物來源，例如：人類原本無法食用的肉類和某些穀物，這就具有全球性的吸引力。如果你在你的洞穴牆上畫出精實畫布，你會看到三個使用案例——加熱、保護、煮東西——而最後一個將是最可望成功的。」

史蒂夫笑了：「我現在明白了。我想我仍然停留在解決方案世界裡。關鍵是了解解決方案如何被使用的更大範圍。所以這引出我下一個問題：有沒有任何新的待完成工作？」

「我認為沒有。早期的人類必須先找出各種待完成工作，但到了現在，我們大部分的基本需求和欲望已經被找出來。你可能已經看到像馬斯洛階層這樣的模型，將各種需求建為金字塔，最下層是生理需求像是食物和衣服，然後是安全、愛和歸屬感、自尊和最終的自我實現。」

「沒錯，這就是為什麼我問這個問題」史蒂夫回應。

「但是，雖然我們可能已經弄清楚了所有我們需要完成的工作，但請記住，沒有完美的解決方案。每項工作都需要去完成，但人類的條件是以最少的努力獲得最好的預期成果。這是完美解決方案的烏托邦理想，而這是永遠無法實現的。」

史蒂夫說：「嗯，我想知道當我們將生活中的一切都自動化時我們要做什麼？我們最後的結局可能會向皮克斯電影《瓦力》中的人類一樣。」

「是的，有可能，但請記住，他們仍然渴望更多的東西，」瑪莉補充道。

「你是對的……但回到正題。我開始用完全不同的視角來看問題和解決方案。即使當我們將產品描述為進入新市場時，這也是一種相對類別的描述。市場本身總是有另一種方法來完成工作。」

「你是對的。但是，你會發現許多工作根本還沒有做好，比如我們之前談到疫苗前的療法。所有這些故事的關鍵是找到被某些事件觸發的人，激勵他們開始朝想要的成果前進。」

「好吧，我被說服了。是時候用欲求性壓力測試一下我的想法了。」

為了慾求性，用「創新者的禮物」來壓力測試你的想法

在對你的想法的慾求性進行壓力測試時，想像這是將拼圖拼在一起會有所幫助。是時候再檢查一下你的客戶區隔／問題／UVP 欄位（精簡版精實畫布）了。這次我希望你按照以下特定的順序來看這些欄位，如圖 2-9 所示。先從客戶區隔開始。檢視你的早期採用者，然後繼續到問題欄並考慮既有替代方案。這會幫助你達成你的 UVP。

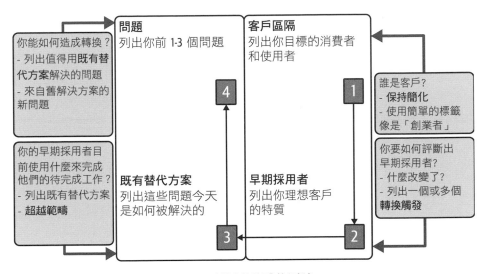

圖 2-9　創新者的禮物測試

客戶區隔：保持簡單

在這個階段，保持客戶區隔簡單。請記住，你的目標是佔領整體潛在市場，因此使用簡單的用語，像是創業家、屋主、咖啡飲用者來描述你的整體客戶區隔。早期採用者欄則是需要具體說明（但也不要太過）。

早期採用者：忘掉人物誌

雖然會很想在早期採用者欄列出一堆人口統計和心理特徵，但請注意這些仍然是猜測。這裡的危險之處是走太窄，實際找到客戶後，會結束在一座小山上——記得局部最大陷阱。

舉例來說，假設我以「在矽谷車庫裡的二個傢伙」的刻板印象來定義新創創業者。如果我依此去尋找，我實際上會找到符合這個標準的創業家，但如果我不去尋找更多，我就會錯過更大的全球創業家市場。列出客戶區隔，不是要追求最大顯著特徵的，而是追求**造成**人們向你購買的「**最小顯著特徵**」。

所有早期採用者都有一個顯著特徵。你能猜到是什麼嗎？是轉換觸發。還記得創新就是要造成轉換，所有轉換故事都以轉換觸發開始。早期採用者是那些經歷過轉換觸發，並決定為此做點什麼的人，意即開始向前上坡的旅程。確保在早期採用者標準中列出一個或多個轉換觸發。

既有替代方案：超越類別

許多新創的創業者設法說服自己，他們沒有競爭者。但這經常是因為他們看不夠寬廣，而且僅僅根據他們的解決方案或產品類別來定義他們的競爭者。

例如，你正在建構最新的協作軟體，你的直接競爭者可能不是路上閃亮的新創公司，而是電子郵件。電子郵件是免費的且無處不在，是事實上的協作平台。當然，你可能認為你擁有卓越的技術，但你的工作正在使人們停止使用電子郵件並開始使用你的產品來替代。電子郵件才是你真正的競爭者。

—— 筆記 ——

電子郵件和試算表比其他新創公司扼殺了更多的新創公司。

這就是為什麼你在精實畫布上找不到「競爭者」欄位，而是更一般的「既有替代方案」欄位。每一個成功的產品背後都存在某種形式的既有替代方案。確保你完全了解這一基本原則，因為它是「創新者的禮物」應用的關鍵。

問題：舊方法做不到什麼？

最後，你需要在沒有依靠你的解決方案下，能夠將你精簡版精實畫布中列出的問題，提出案例。你要如何做到？藉由描述與客戶既有替代方案相關的問題。換句話說，不要專注於你可以用你的解決方案解決的問題。相反地，應關注客戶在使用既有替代方案遇到的問題。

UVP：你如何引發轉換？

依既有替代方案的問題，來錨定你的獨特價值主張，是造出有效 UVP 的秘訣，能抓住注意力並引發轉換，因其是具體的、熟悉的和吸引人的。這種觀點上的微妙變化，很像是「發明問題來證明你的解決方案」與「發掘真正值得解決的問題」之間的區別。

史蒂夫發現他有鐵鎚問題

當史蒂夫再次審視他的精實畫布變體時，他突然意識到它們都圍繞著他的特定解決方案 AR/VR 轉。

舉例來說，在他的軟體開發人員精實畫布上：

- 早期採用者是軟體開發人員，他們會為他們的客戶打造 AR/VR app。

- 既有替代方案是其他 AR/VR 平台。

- UVP 建立在功能優勢之上，它更容易和更快讓軟體開發人員建構 AR/VR app。

但 AR/VR 真的是他的客戶想要的嗎？他現在把建構 AR/VR app 視為一種功能性成果，如果建構這些 app 的需求量很大，可能足夠造成轉換。但事實並非如此，或者至少還不是如此。AR/VR 技術是一種很有未來但正在發展中、很大程度上未經證實的技術。AR/VR app 並不是最終客戶真正想要的。他們想要 app 帶來的東西，例如：

- 銷售更多收費專案工作（軟體開發人員）

- 線上銷售更多的家具（零售商）

- 幫助客戶看見他們夢想中的家（建築師）

史蒂夫了解到他一直都被困在「解決方案範圍」下，需要轉而關注最終客戶欲求和期望成果的「更大範圍」。

第三章

壓力測試你的想法
是否具有可望成功性

可望成功性：你能把它貨幣化？

雖然精實畫布是一種很好的方法，可以解構你的早期想法，轉化為更有條理的商業模式故事，你的利害關係人（投資者或預算看守者）可能仍然難以看到你所看到的。商業模式故事即使有早期客戶的驗證——也不適用於他們（圖 3-1）。

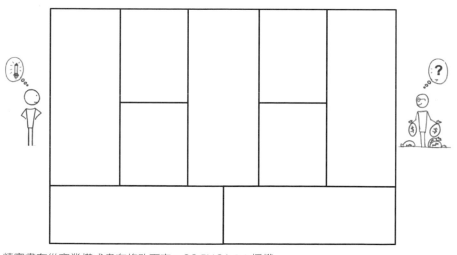

精實畫布從商業模式畫布修改而來，CC BY-SA 3.0 授權

圖 3-1　只有精實畫布是不夠的

55

這是為什麼？因為投資者重視的是事業能獲得投資回報，所以他們需要看到商業模式故事的數字面。在你將此視為投資者觀點之前，你也需要學習如何用投資者的觀點來看你的想法。

為什麼？因為你是你想法的第一投資者。雖然你可能沒有投資很多的錢，但你投資了你的時間，而這比錢更值錢。

—— 筆記 ——————————————————————————

時間是你最稀缺的資源。

———————————————————————————————

你擁有的錢可能多少會上下波動，但時間永遠只會越來越少。所有的想法，尤其是好的想法，都會消耗你生命中的數年。你真的想要花費接下來三年的時間，用「讓我們看看會發生什麼事」的概念在你的構想上？

—— 筆記 ——————————————————————————

如果你沒有「夠大」的問題值得去解決（甚至寫出來都不合理），那麼為什麼要在這上面花任何功夫呢？

———————————————————————————————

出於此，你需要比專業投資者更嚴格地對待你的想法。追根究柢，你和你的投資者都想要同樣的東西：**幫助這想法轉換為一個「夠大」的事業，讓它變得有價值。**

那麼你如何確定你的想法是否有潛力變得「夠大」？你怎麼知道它是否具可望成功性？我將在本章告訴你（圖 3-2）。

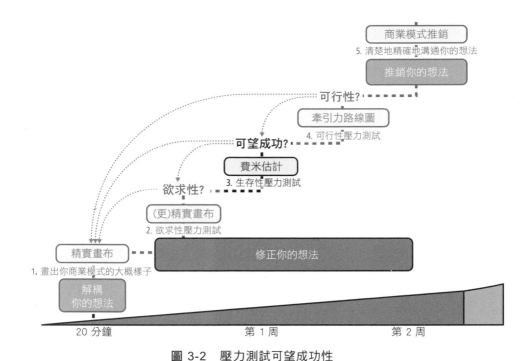

圖 3-2　壓力測試可望成功性

不建財務預測；改用費米估算

為了更清楚地了解你商業模式故事的數字面，投資者通常會要求你建構財務預測試算表。

這些試算表的問題在於它們中的數字太多，會悄悄地將你最有風險的假設掩飾在其中。更重要的是，如果你最終根據這些試算表之一獲得資金，你最終會回到舊世界：執行一個計畫。你的投資者開始根據你的預測來衡量你新創的表現，這通常只會使其大吃一驚。

你的投資者關心「成長」，但在早期階段，你需要的是專注於「產品和學習」。這使得故事進展發生對立。我們告訴利害關係人的故事與我們告訴自己的故事不同。它們一開始都是一樣的，但隨著時間它們會出現顯著差異，因為每個人都使用不同的進展定義。

尤其是當你的假設隨著時間開始受到挑戰時，如果你堅持執行和捍衛一個虛構的計畫，你就無法快速學習和行動。所以一定會發生問題：除非你能夠完全地脫離瀑布式商業計畫流程，否則你將很難有效地實踐持續創新。

為了解決這個「淹沒在虛構數字中」的問題，我設計了一個簡單的**粗略商業模式測試**，只需不到五分鐘的時間即可完成。它基於費米估算，該估算在物理學中廣泛用於進行快速指數計算。

如果你曾嘗試猜測過一個罐子裡有多少顆軟糖，這就是一個很棒的費米估算問題的例子。費米估算要能起作用，藉由對問題的輸入假設做出合理猜測，使其準確到一個程度（大概 10 次方）。這通常是我們用很少的資料可以做到最好的事，由此產生的估算意外地非常有用。

我們若在商業模式規劃階段採用財務預測，會犯的錯誤是我們將過多的時間專注在模型的輸出，但輸入才是真正重要的。

為確認一個想法，傳統上是用自上而下的方法，把「夠大」客戶區隔附加在你的商業模式上＊。依此邏輯，如果你能夠獲得這個大市場的「只要1%」，你就成功了。畢竟，十億美元市場的 1% 仍然很大。

用這個方法的問題是：

*   它給了你錯誤的舒適感。
*   它沒有告訴你如何用你的產品，獲得這個 1% 市場占比。
*   1% 市場占比對你來說，可能不是對的成功標準。相反地，費米估算採用自下而上的方法。你從一組輸入開始，以你的最佳能力粗略估計它們，然後使用這些輸入假設測試你的想法的可望成功性。只要你的輸入假設不要差太大，得出的估計值就夠準確，足以做出「做」或「不做」的決定。

為了測試一個想法的可望成功性，我們不會使用一堆數字，而是五到七個關鍵指標。這些關鍵指標是什麼？要回答這個問題，我們需要先用一個總體指標來涵蓋它們：**牽引力**[1]。

心態 #3
牽引力是你的目標

什麼是牽引力？

雖然牽引力是一個流行的概念，但人們對它知之甚少，且經常被誤用在恰好向上和向右的指標上。例如：累積使用者數的圖表隨著時間一定會向上和向右。一個成熟的投資者會看穿這種虛榮指標的表象。

雖然許多利害關係人要求提供收益和利潤等財務指標，但這些也不是正確的牽引力指標。為什麼？因為收益和利潤一開始通常接近於零，甚至在產品的早期階段出現負數（圖 3-3）。

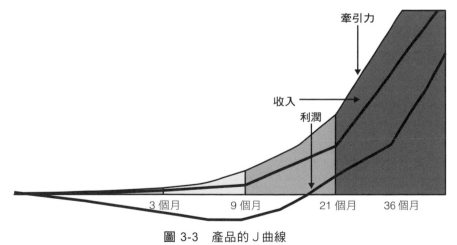

圖 3-3　產品的 J 曲線

1　譯註：市場中吸引力。

更重要的是，收益和利潤是進展過程的**落後指標**。好的牽引力指標，是進展過程的**領先指標**，即它們可以幫助你預測未來商業模式的成長。

這些指標長什麼樣子？首先是要了解，牽引力只不過是衡量有效商業模式的一個方法。所有商業模式都有客戶，因此牽引力指標也需要以客戶為中心。

接下來要重新審視我們之前對商業模式的定義。商業模式是你如何創造、交付和從客戶獲取價值的描述。從客戶獲取價值是建構可行商業模式的關鍵，因此我們可以將牽引力定義為**一個商業模式從其客戶獲取可貨幣化價值的速度**。

—— 筆記 —————————————————

重要的是要強調可貨幣化價值與收益不同。可貨幣化價值是一種收益的未來指標。很容易從 Facebook 這樣的多邊商業模式中看到兩者的區別。Facebook 的可貨幣化價值來自社群網路上的使用者（更具體地說，他們的注意力和資料）。Facebook 透過它的客戶（廣告商）在平台上投放廣告，將這可貨幣化價值轉換為收益。

由於所有企業都有一個將使用者轉換為客戶的共同目標，我們可以使牽引力的定義更加具體，使用客戶工廠的隱喻來說明可行商業模式的產出。

歡迎來到客戶工廠

在這個比喻中，客戶工廠代表你事業中的一切：行銷、銷售、客戶服務和產品。你客戶工廠的工作是創造出客戶。它帶入不知情訪客作為輸入（原材料）並將其轉化為滿意客戶（成品）。在這個比喻中，牽引力是你的客戶工廠的生產力產出（throughput），相當於你「做出」客戶的速度。

這個做出客戶的過程可以進一步細分為五大步驟：獲取、啟用、留存、收益和推薦（acquisition、activation、retention、revenue 和 referral）（圖 3-4），在所有類型的商業模式中普遍存在。客戶工廠是我們在持續創新框架中使用的第二個模型。

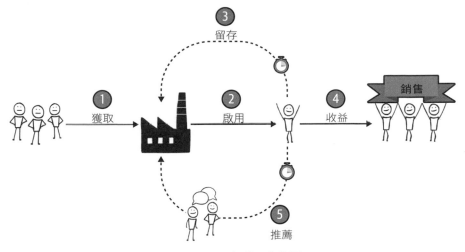

Figure 3-4　客戶工廠藍圖

這五大步驟代表了在任何商業模式中，用於衡量牽引力的領先關鍵指標。
讓我們以花店和軟體產品為例，逐步了解每個步驟。

步驟 1. 獲取

獲取，描述了將不知情的訪問者，變成感興趣潛在客戶的時刻。在花店
為例，讓人步行經過你的櫥窗、停下來走進你的商店，是一種獲取事件。

在產品網站上，讓人做除了離開（放棄）網站以外的任何事情，都是一
種獲取方式。我特別建議在你發現訪客並開始與他們對話時，衡量獲取
情況（例如：獲取他們的電子郵件地址）。

步驟 2. 啟用

啟用，描述了感興趣的客戶第一次獲得令人滿意的使用者體驗的時刻。
這也經常被描述為**頓悟時刻**（*aha moment*）。在花店，如果潛在客戶一
進來發現店裡亂七八糟，與店門口的樣子完全不一樣，他們可能會離開，
再也不會回來。你要他們進來後發現陳列很好，以至於無法拒絕地購買
了東西。

在產品網站，一旦潛在客戶註冊後，你必須很快地讓他們連結到產品和
你在登陸頁面（你的 UVP）上所作的承諾。

步驟 3. 留存

留存，衡量了重複使用和 / 或與你產品的互動程度。在花店，是再次光顧的行動；在產品網站，重新登入以再次使用產品的行為，都算作留存。

步驟 4. 收益

收益，衡量了讓你獲得報酬的事件。可能是買花或訂閱你的產品。這些事件可能會（也有可能不會）在第一次訪問時發生，即使發生，大多數產品都會提供試用期，客戶可以在試用期內退回產品以獲得退款。這就是收益在圖 3-4 中繪製為步驟 4 的原因。

步驟 5. 推薦

推薦是獲取管道的其中一種，滿意你產品的客戶，將新的潛在客戶帶入你的客戶工廠的回饋循環。就花店而言，可能是跟朋友說有這家花店。對於軟體產品，可能是社群分享功能（如「分享」按鈕）或是相關推薦方案。

---- 筆記 ----

你可能認出了這些客戶工廠藍圖中的步驟，是來自 Dave McClure 的海盜指標模型。它被稱為海盜指標，是因為每個大步驟的第一個字母，可以拼出「AARRR」這個字，而這個字是海盜喜歡說的。

海盜指標模型與客戶工廠的區別在於，前者將商業模式視為線性漏斗，而後者將商業模式視為有回饋循環的系統。我們在後面的章節中將說明為何要將商業模式建為系統，而不是漏斗。

使用費米估算，測試你想法的可望成功性

現在你了解如何將牽引力視為客戶工廠的輸出，你已準備好對你想法的可望成功性進行壓力測試（圖 3-5）。

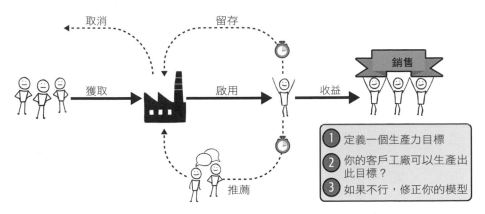

圖 3-5　使用費米估算對可望成功性進行壓力測試

第一步是為你的客戶工廠定義生產力目標。接下來，你預估出大步驟的合理值，以測試客戶工廠的可望成功性。如果你的客戶工廠無法達成目標生產力，則你需要調整你的生產力目標或你的客戶工廠步驟（或兩者）。

讓我們仔細說明更多這些步驟的細節。

定義生產力目標

> 如果你不知道你要去哪裡，你要走哪條路都行。
>
> ── 改編自愛麗絲夢遊仙境，*Lewis Carroll*

上面的引述說明了我們需要目標的原因。然而，雖然我們知道要設定目標，但我們通常沒有被教導要如何設定出好目標。許多預測模型最後會變成虛構計畫的原因，是它們試圖估算一個想法的最大潛力，但估算至太遠的未來。這在想法早期階段，是很難（無論如何）做到的，因充滿了極端不確定性。

設定短期目標，比長期目標更為實際。想想最小成功標準（*minimum success criteria*，*MSC*）與最大上升潛力（*maximum upside potential*）的區別。例如，假設你問 Airbnb、Google 或 Facebook 的創業者，在他們草創時期，是否認為自己會打造出價值數十億美元的公司，他們可能會笑你。正如祖克柏的名言：

我們開始建立時，沒想到它會成為一家公司，我們之所以建立它，
只是因為我們認為它很棒。

祖克柏在當初，並不知道 Facebook 在成立不到十年，就變成了一家價值
十億美元的公司，但在最初的兩年，他拒絕了 Myspace 五千萬美元的收
購合約，因為他認為他們低估了。他出價七千五百萬美元（這是他當時
的 MSC），而 Myspace 拒絕了。

—— 筆記 ——

你的 MSC，是三年後你會認定專案成功的最小成果。

當要為一個想法設定 MSC 時，許多創業家想的是收支平衡。然而，這太
短視了，因為隨著你的成長超越最初的創始團隊（通常是一人團隊），無
法保證將能夠建立可重複和可規模化的商業模式。

對的平衡點，是將你的目標設置得略高於你的產品／市場契合點（圖
3-6）。在這個點，你的商業模式風險已大幅降低，你的注意力轉向規模
成長。那也是當你可以看得更遠，做出更準確的五到七年財務預測的時
候。大多產品平均二年左右，到達產品／市場契合，這就是為什麼我建議
將達到 MSC 的時間設定為三年。

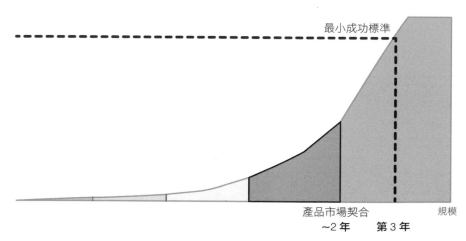

圖 3-6　達成你的 MSC 的時間軸

以下是定義 MSC 的一些補充指南。

設定你的 MSC，獨立於你的想法外

許多創業家想同時追求多個想法（這沒錯），但你如何從中挑選？為什麼你會想努力於一個沒有機會到達你的 MSC 的想法？

一旦你定義了你的 MSC，用它來過濾出你最有希望的想法。換句話說，不要從想法開始，只問它能達成多少；而是從你的 MSC 開始，問問你的想法是否可以實現目標。

以年度經常性收入（ARR）來架構你的目標

我建議使用收益，而不是利潤或公司預估值來架構你的目標，因為收益的輸入項較少（客戶數量、價格和購買頻率），這使模型保持簡單。利潤與預估值都是收入的衍生物，所以只要你留有緩衝，就可以達到基本。

舉例來說：

- 如果你要建立 SaaS 事業，大多產品／市場契合的利潤率預計會超過 80%。如果你想產生 1,000 萬美元／年的利潤，請將生產力目標設置為 1,250 萬美元 ARR。

- 如果你要建立硬體事業，而其通常利潤率為 40%，若要有 1,000 萬美元／年的利潤，則生產力目標設置為 2,500 萬美元 ARR。

- 如果你要建一個通常抽傭率為 10% 的市集型事業，若要有 1,000 萬美元／年的利潤，則生產力目標設置為 1 億美元 ARR。

即使是影響力驅動的事業，也應該使用收益來架構他們的目標。首先估算你希望產生的影響力（例如：每年種植 100 萬棵樹）。然後問你需要多少錢資助來完成該影響。

—— 筆記 ——

收益就像氧氣。我們不為氧氣而活，但我們需要氧氣才能生存。

接下來，我要強調經常性收入與收益不同，因為你需要從系統面思考，而非從目標的角度來思考。

聚焦在系統，而不是目標

就算已設好目標，但僅僅設好目標是不夠的。專注於建構出能使你朝著目標前進的系統，會更易採取行動。

—— 筆記 ——

目標聚焦在輸出。系統聚焦在輸入。

舉例來說：

- 目 標：減掉 10 磅體重
- 系 統：學會正確飲食

就算設好目標，但它們不會告訴你如何達到，或者當你實現它們後要做什麼。在前面的例子中，人們也許可以透過純粹意志力減掉 10 磅。但一旦意志力消失，體重就會恢復。

另一方面，系統（比如學會正確飲食）幫助你專注於關鍵活動或日常活動，讓你朝著目標前進。一旦這些關鍵活動變成習慣，你不僅可以實現目標，而且可以超越目標。

因此，最好的方法是使用目標，來確定你想要的成果，並使用系統，來制定實現目標的關鍵步驟。

你仍然需要確定你目標的大小，因為減掉 10 磅的努力與減掉 100 磅的努力是非常不同的。但是一旦確定好目標，像是減掉 10 磅，到時只減掉 9 磅或 11 磅真的很重要嗎？

將精力集中在建構系統，以幫助你實現目標。

你的最小成功標準，取決於你的操作環境

如果你是新創的創業者，問問自己是否打算從投資者那裡募資。如果答案是肯定的，你的 MSC 將由他們設置，而不是你。研究你的目標投資者如何根據產品／市場契合對公司進行評價；這將提供你一些用於建立模型的特定基準。

如果你不打算從投資者那裡募資，而是想一路自力更生，問問自己：

- 我要建多大的公司？

- 我的公司要雇用多少員工？

這些問題的答案可以幫助你大致確定 ARR 目標。例如，一家擁有 30 名員工的公司需要大約 500 萬美元的 ARR 才夠支付薪資。

如果你在大公司工作，問問你現在的（不是三年後的）利害關係人，他們如何定義成功的產品。如果他們不確定，請他們重新審視過去的產品推出紀錄，以確定前三年的軌跡是什麼樣的。然後根據你公司推出的前五名產品設置你的 MSC。如果你能承諾比他們三年的收益軌跡高出兩到三倍（因為你正在使用更好的創新流程），你應該能夠讓你的利害關係人加入你。

不用太精確

此練習的目的是粗略估計三年 ARR。不要想太多。如有疑問，請以十進位：

- 10 萬美元 ARR：大致夠你離開全職工作

- 100 萬美元 ARR：足夠成為小公司（二到三個員工）

- 1000 萬美元 ARR：足夠成為創投支持的企業基於這些去調整

沒有達到 MSC 的話，不要太早衝

許多創業者急於採取行動，過早地衝出，開始建構和測試他們的產品。但幾個月後才發現他們競逐的想法不夠好。花必要的時間、謹慎定義你的 MSC，是關鍵的第一步。我不建議跳過它。

提示

你的 MSC 沒有對或錯的數字，但你應該要有一個數字。

史蒂夫設定他的 MSC

每個有 AR/VR 技術的推出，都預測著這技術將改變整個產業，而 AR/VR 的市場價值約有數十億美元。這些主要參與者，例如 Microsoft、Apple、Google、Facebook、和 Amazon，都在發展這個技術。

由於史蒂夫著眼於為 AR/VR 技術，建構一個重要推動平台，他知道雖然他可以自己開始，但他最終將需要創投來擴展他的願景，並建立他平台的不公平優勢。

史蒂夫決定將他的 MSC 目標設定為三年達 1000 萬美元的 ARR（年度經常性收入）。

測試你的想法，是否能實現你的生產力目標

設定好你的 MSC 後，你現在可以輸入你對客戶工廠指標的猜測估計，開始測試你的想法的可望成功性。

我建議如下順序進行（如圖 3-7 ）：

1. 收益（確認你的假設，以估計活躍客戶）
2. 留存
3. 獲取
4. 啟用
5. 推薦

如果你對這些算數背後的思考過程不感興趣，請隨時跳到本節末尾，你會在那裡找到一個線上工具的連結，可以幫你完成所有計算。

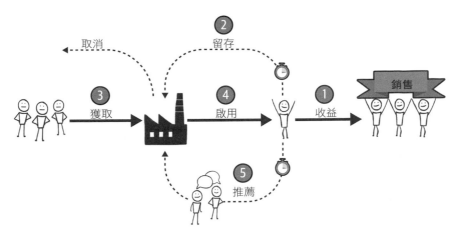

圖 3-7　測試可望成功性所推薦的順序

估計所需的活躍客戶數

如果你在精實畫布上沒有任何定價假設，請返回第 18 頁的「收益流和成本結構」小節，以了解如何為你的產品設置大概定價。然後使用以下公式，決定你達到 MSC 目標所需的活躍客戶數：

$$活躍客戶數 = \frac{年度收益目標}{年度客戶收益}$$

活躍客戶數比你的收益目標，更能反映真實狀況。它有助於測試你的整體客戶和早期採用者群是否夠大。如圖 3-8 所示，理想情況下，你的早期採用者群應佔整體客戶區隔（整體潛在市場）的 16% 左右。

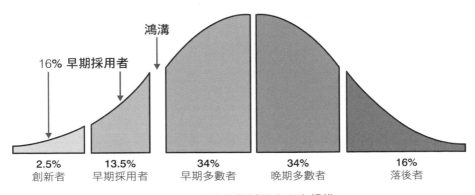

圖 3-8　理想的早期採用者群之規模

這個數字來自創新的擴散理論，由 Everett Rogers 在他的著作《Diffusion of Innovations》（Free Press 出版）中寫道。創新的擴散說明了新想法如何以及為何，從創新者和早期採用者（我將其歸為一組）開始擴散到早期多數、晚期多數，和最後慢慢跟上的落後者。

你定位產品的方式會隨著每組採用者而變化（在圖中以中斷或間隙顯示）。根據 Geoffrey Moore 的說法，最大的間隙是在早期採用者和早期多數者間，在他的開創性著作《Crossing the Chasm》（跨越鴻溝）（Harper Business 出版）中，他認為這鴻溝大到足以讓一家新創倒閉。這是為什麼？如果新技術有望讓早期採用者（和有遠見者）更接近他們期望的成果，他們有高於平均水準的主動性率先使用新技術。然而，贏得這個群體的行銷策略對下一個群體（早期多數者）就不會那麼有效，因為他們往往是實用主義者且厭惡風險。這就是為什麼僅使用你的早期採用者群，來儘可能接近你的 MSC。

史蒂夫預估他需要多少活躍客戶

史蒂夫決定先對他的軟體開發人員商業模式進行壓力測試。鑑於他的 MSC 是 1000 萬美元 ARR，收益來自每月 50 美元的訂閱模式（SaaS），史蒂夫決定他 3 年將需要 16,667 個活躍客戶，也就是「每年 $1,000」除以「每月 $100 乘以 12 個月」。

他對這個數字感到有些驚訝，然後他馬上線上搜尋了「頂尖 AR/VR app 公司」，結果顯示有 2,286 家公司。這讓他很緊張，因為這只佔他所需客戶數量的 14%。又這個數字只代表他的早期採用者群，他想知道在 3 年內 AR/VR 的需求是否能快速成長到足以提供缺失的 86%。

雖然他希望他的無程式平台，能夠將非軟體開發人員轉換為客戶，但仍有很多未知之處，這讓他感到不安。

預估所需的最小客戶獲取率

如果我們所要做的只需在前三年非常努力工作，達到 ARR 目標後領取終身年金，那就太好了。我們可以在海灘上享受退休生活！但不幸的是，由於客戶流失（churn），結果通常不會如此美好。

所有事業都會有流失。這意味著在某些時候客戶會開始離開，而你需要找人替代他們——不是為了事業成長，而是為了維持它。這就是你的**最小客戶獲取率**。

如果你想發展超越 MSC 的事業，你的新客戶獲取率將需要高於你的最小客戶獲取率。例如：如果你有 10,000 名活躍客戶，每月流失率為 5%，意即平均每個月你將失去 500 名客戶。你每月至少需要獲取 500 名新客戶（每年 6,000 名新客戶）才能維持你的企業模式，而要成長則需要更多新客戶。

雖然大多數人都了解流失的概念，但他們不知道怎麼預估它。一種實用的方法是使用流失的倒數：客戶生命週期或留存率。你客戶的生命週期就是你希望留住客戶多長時間（數月或數年）的平均。

要如何預估你的平均客戶生命週期？參考以下：

- 研究你所在產業的其他事業，以決定平均流失率。

- 估計你的產品的效用。每項工作都有有限的生命週期。例如：粉刷一棟房子通常需要兩週時間。

- 如果你發現自己平均的客戶生命週期預估超過五年，請準備好用其他證據來證明你的推理是正確的。

一旦你預估好你的平均客戶生命週期，你就可以使用表 3-1 來決定你的每月流失率。

表 3-1　客戶生命週期與流失率的轉換

生命週期年數	每月流失率
1	8.33%
2	4.17%
3	2.78%
4	2.08%
5	1.67%
6	1.39%
7	1.19%
8	1.04%
9	0.93%
10	0.83%

$$客戶流失率 = \frac{1}{客戶生命週期月數}$$

然後使用以下公式，計算你的最小客戶獲取率：

$$每月最小客戶獲取率 = 活躍客戶數 \times 每月流失率$$

史蒂夫預估他的最小客戶獲取率

史蒂夫快速查看了 SaaS 公司的平均客戶生命週期，發現四年是一個不錯的目標。根據表 3-1，這表示每月流失率為 2.08%。

如果在第 3 年他有 16,667 個活躍客戶，這意味著他每月將失去 347 個客戶。這意味著他每月必須至少獲取 347 個客戶（大約 4,000 個新客戶／年）才能維持他的商業模式。

他畫了一個草圖來視覺化這些數字（圖 3-9）。

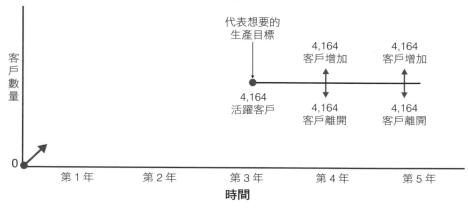

圖 3-9　3 年後史蒂夫的最小客戶獲取率

預估所需的潛在使用者數量

沒有客戶獲取漏斗的轉換率可以達到 100%，這意味著你需要比客戶數更多的使用者數。

客戶工廠將使用者到客戶的轉換，分為三個步驟：

- 獲取（使用者獲取率）

- 啟用（試用轉換率）

- 收益（客戶轉換率）

只要做一些研究，就很容易找到適合你產品類型的一般轉換率。如果你正苦於找到正確的數字，請記住，你只需要在一個數量內，找出有用的預估值。大多數產品，無論產品類型如何，從客戶轉換率 0.5-3% 之間開始。如有疑慮，可以保守地假設 1% 的客戶轉換率。以下是一些準則：

- 關於 B2B 銷售，根據 Salesforce（*https://oreil.ly/bZZxx*），MQL（行銷合格潛在客戶）到 SQL（銷售合格潛在客戶）的平均轉換率是 13%。又其中只有 6% 的 SQL 轉換為交易。所以算下來客戶轉換率是 0.78%。

- 關於 SaaS 產品，根據各種產業基準[2]，有 2-10% 的人註冊，其中 15-50% 的人成為訂閱者，其中 20-40% 的人在第一次付費期流失。算下來客戶轉換率是 0.6-1.2%。

- 關於新開的電子商務網站，大多的客戶轉換率是 1-3%。

史蒂夫預估他需要吸引的潛在客戶數

史蒂夫所做的是 SaaS 產品，他使用 1% 付費轉換率，意識到他每月若要獲取 347 個新客戶，則他每月需要吸引 34,700 個潛在客戶（圖 3-10）。而且這只是為了維持他的年度經常性收入，而不是為了成長。

2　參見 Alistair Croll 和 Benjamin Yoslovitz 的著作《Lean Analytics》（O'Reilly 出版）。

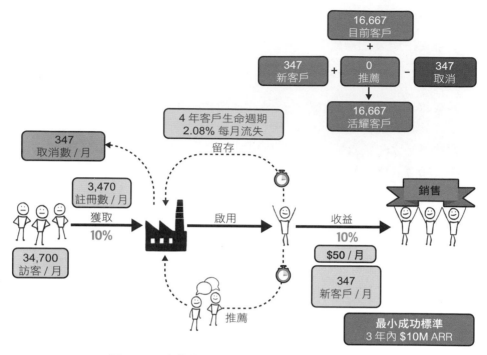

圖 3-10　史蒂夫的客戶工廠在開始後的第 4 年

由於創投期望在產品 / 市場契合後的 2 到 4 年獲得 10 倍回報，這意味著他需要找一種方法最後能每月吸引 347,000 個潛在客戶（或 400 萬以上潛在客戶 / 年）。這讓他不禁感到緊張。

史蒂夫的商業模式將要瓦解。怎麼辦？不要絕望。還有一個指標：推薦。

用推薦數假設，來減輕客戶獲取的負擔

客戶工廠中的推薦迴圈，利用了現有客戶來使你的商業模式成長，從而減輕客戶獲取的負擔。首先為你的產品類型預估合理的客戶推薦率。

病毒式成長需要推薦率高於 100%，除非你的產品使用上內建有病毒式行為（即與他人分享）作為副產品（例如：Facebook），但這種情況非常罕見。根據我的經驗，可持續 15-25% 的推薦率是好的，40% 是很好的，若能到 70% 就是非常優秀的。

史蒂夫嘗試拯救他的商業模式

史蒂夫不期待他的產品像病毒一樣傳播開來，因此決定使用較為適度的 20% 作為合理的推薦率。起初，當他知道不必自己獲取所有 34,700 個潛在客戶，而是可以依靠現有客戶來吸引 20% 的流量（即 6,940 個潛在客戶）時，他有點鬆了口氣。雖然這有幫助，但還不夠。

他很快意識到，除非他能夠驅動非常高的推薦率（>80%）或讓他的產品有病毒式傳播（>100%），否則估算出的推薦數量不足以拯救他的商業模式。真的沒辦法了嗎？繼續看看他如何找到挽救方法。

修正你的目標，或修改你的商業模式

雖然我們所做的僅是粗略估計，但有估計總比沒有好。如果你的模型在計畫階段就無法成功，它在現實世界中也不會成功。

提示

在五分鐘內證明你的模型無效，比花五個月去追求一個有缺陷的模型要好得多。

不像試算表，你可以隱藏（或迷失）很多東西在大量數字背後，費米估算無處可藏。當面對未通過可望成功性測試的商業模式時，只有兩種可能的解決方案：重設目標或修改商業模式。由於沒有人喜歡下修他們的目標，我們把它作為最後的手段。讓我們先考慮修改你的商業模式。

修改你的商業模式

由於費米估算使用的輸入假設很少，因此很容易找出模型失敗的原因，更好的是，可以知道要運用哪些槓桿來修改模式。在我們進入具體槓桿之前，要先知道，對於給定 MSC 目標，只有有限數量的可望成功性方法可以實現該目標，如圖 3-11 所示。

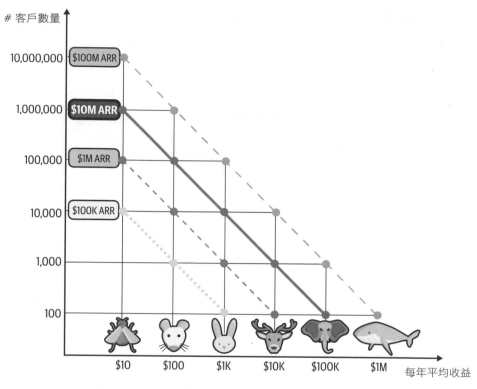

圖 3-11　只有有限的可望成功性方法來建立商務

此圖表的靈感來自 Christoph Janz（Point Nine 資本的創投家）的部落格文章（*https://oreil.ly/gpUxD*），題名為「五種打造 1 億美元 SaaS 事業的方法」。

以下是圖表的使用方法。假設你的 MSC 目標是在三年內實現 1000 萬美元的 ARR。在圖表上找到那條線，你會看到為了實現該目標，你需要獲得以下其中一項：

- 1,000,000 客戶支付你 10 美元 / 年

- 100,000 客戶支付你 100 美元 / 年

- 10,000 客戶支付你 1,000 美元 / 年

- 1,000 客戶支付你 10,000 美元 / 年

- 100 客戶支付你 100,000 美元 / 年
- 10 客戶支付你 1,000,000 美元 / 年

兩種極端會需要權衡。例如：獲得 100 萬客戶的唯一途徑，是在 3 年內透過病毒式成長；而讓 10 個人每年付給你 100 萬美元，需要非常高價值的獨特價值主張和複雜的銷售流程。這兩種極端，雖然不是不可能，但非常難。因此只留剩下四個較可用的方法來實現你的目標。從中選擇一兩個並從那裡開始探索。

這種思維的力量在於，它可以讓你從你原本想法中退後一步，透過可望成功性的視角來檢視其他多種商業模式。一旦你選擇了一種特定方式來實現你的目標，比如獲得 10,000 個客戶且每人每年付給你 1,000 美元，則問題就會從「我的想法能有多大？」變成以下問題：

- 我能在 3 年內現實地獲取 10,000 位客戶？
- 我有個值得付 1,000 美元 / 年去解決的問題？

如果任何一個問題的答案都站不住腳，你將需要調整你的模型。鑑於我們此時不考慮下修你的 MSC，因此修正模型的唯一途徑，是增加每年從客戶那裡獲得的平均使用者收益（ARPU）。小的遞增調整很少能修正費米估算。你要尋找的是一個大 10 倍的槓桿，或者更現實地說，幾個加起來達到 10 倍的槓桿。

這裡有一些方法可以發現這樣的槓桿。

重新審視你的定價：提高產品價格是最未被充分利用的手段之一。如果你將定價加倍，你將只需要一半數量的客戶。許多創業家對提高定價猶豫不決，因為他們害怕失去客戶。以下是思考點：如果你將定價翻倍且不會失去超過一半的客戶，你還是會領先。你之所以領先，是因為雖然你的收益保持不變，但你為較少的高付費客戶服務，因此營運費用下降，所以你的淨收益或利潤增加了。

許多創業者犯了一個錯誤，使用成本價格為其產品定價。他們先預估建構產品的成本，然後加上某種「合理的」利潤，就成為產品的價格。這通常會導致不佳的定價，即原本可賺更多且沒賺到。這也是一種落後的定價方式。原因如下：你的客戶不關心你的成本結構或利潤。他們關心以合理的價格實現他們期望的成果（價值）。但你要如何設定合理的價格？應用創新者的禮物。

第 2 章中使用了創新者的禮物，來對你的 UVP 的欲求性進行了壓力測試，即你是否有夠大的問題來引起轉換？在這裡，我們將應用創新者的禮物，來對你的收益流的可望成功性進行壓力測試，即你是否有夠大的問題值得解決？

請記住，創新就是要從舊方式轉換為更好的新方式。當客戶考慮轉換時，他們會將新方法與舊方法進行比較。這也是你思考產品定價應該要用的方式。

你的最優價格位於兩個錨點之間。第一個錨點來自你的客戶對你的獨特價值主張所評價的貨幣價值。只有當客戶明白自己所得到的價值，高於他們支付給你的價值時，他們才會使用你的產品。該錨點通常會為你的定價設定出上限。

第二個錨點來自既有替代方案的成本。換句話說，客戶目前花了多少時間、金錢和精力來完成「工作」？如果你的 UVP 真的比較好，你就能理直氣壯地收取額外費用，但要注意客戶總是會將你的產品與既有替代品進行比較。此錨點通常會為你的定價定出下限。

因此，你產品的最佳價格，介於既有替代品成本和客戶對你的 UVP 評定的貨幣價值之間。不用在這個階段定下你的最優價格。得到最優定價非常科學，需要大量測試。我們將在本書後面介紹一些找到最佳化價格的技巧，但現在你的目標只是為你的產品訂定一個粗略合理的價格。

你可以將你的價格訂多高？能提高兩倍？或以 10 的倍數增加？如果應用創新者的禮物，仍無法修正你的商業模式，那麼還可以考慮一些其他的槓桿。

重新審視你的問題：考慮解決一個更大的問題，或者一個更頻繁發生的問題，或是兩者。追逐一個更大問題，使你可以提高產品的價格。增加產品的使用頻率（效用），可能會增加你的客戶生命週期，從而讓你重新獲得更多價值。

考量不同的客戶區隔：你會發現不管是瓶裝水或汽車，每種產品，價格範圍很廣。購買 25,000 美元汽車的客戶類型與購買 250,000 美元汽車的客戶類型截然不同。定價不僅是你產品的一部分，它還定義了你的客戶區隔。如果你的定價想增加 10 倍，你可以嘗試改變你的 UVP，或更改你的目標客戶區隔。重新審視你其他想法的變體，並依可望成功性的角度重新排序它們。

重新審視你的目標

雖然沒有人喜歡下修他們的目標，這項練習讓你對發展事業的難度有一個健康的認識。如果你的想法無法達到你的 MSC，但你出於其他原因一定要做到該想法，請重新調整你的 MSC 目標並繼續前進。

也有可能打斷你在多種商業模式中的產品 / 市場契合之旅。最常見的方法是以較低的價格點瞄準初始客戶區隔，然後向上移動到第二個甚至可能是第三個更高價格點的客戶區隔。例如：你可能從自助型的 SaaS 產品開始，然後進入企業軟體領域。

雖然這聽起來是個非常有吸引力的策略，因為它消除了你原本商業模式可望成功性的困難，但還是要注意。在三年內採用多種商業模式並不容易：你必須切換多個管道、制定新的價值主張、建構不同的功能等。

理想情況是盡可能用單一商業模式，實現你的 MSC 目標。

史蒂夫修改他的商業模式

史蒂夫回顧了他的粗略計算，並列出他所使用的輸入假設。他發現他的模型因四個關鍵指標而無法成功：

- MSC：$1,000 美元 ARR / 3 年
- 定價（收益）：$50/ 月

- 客戶生命週期（留存）：4 年
- 付費轉換率（付費獲取）：1%

接下來，他檢視每一個指標，試圖找到 3 倍到 10 倍的槓桿。

他知道他的 MSC 是他的理想，沒有商量餘地，所以他不想改變。他對他客戶的生命週期假設也有同樣看法。當然，他或許能將好客戶再留 1 到 2 年，但他無法保證他們的留存時間會延長 3 到 10 倍！

突然間，他意識到在他控制範圍內最可行的槓桿是定價。他定價 $50 / 月的原因，是為了讓他的產品對軟體開發人員極具吸引力，以驅使他們採用。但是讓軟體開發人員支付 10 倍的費用是合理的嗎？

他的精實畫布上的大多數既有替代方案都可以免費使用，但它們需要軟體開發人員隨後花費數百小時寫程式才能建構好一個 app。典型的 app 需花 200 小時建構，若以 $50–75 / 小時計費，代表要花 $10,000-15,000。

史蒂夫認為他的平台可以輕鬆地將 app 開發時間縮短 10 倍，每個 app 原本需要 200 小時，用他的產品只要 20 小時使用此定錨，他確信收取至少 5 倍的價格（$250/ 月）是合理的。但他可以收取 10 倍的價格（$500/ 月）嗎？或許可以。他意識到：

- 用 5 倍的價格，他將需要 1/5 數量的客戶。
- 用 10 倍的價格，他將只需要 1/10 數量的客戶（圖 3-12 ）。

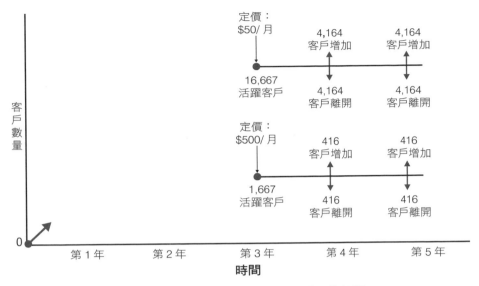

圖 3-12　定價是一個高度未被充分利用的槓桿

這只是有趣的數學嗎？

並非如此，因為這個練習透露出使你的商業模式可行（或導致其失敗）的輸入假設。當史蒂夫開始這個練習前，他擁有的商業模式故事帶有樂觀假設，這對於產品早期來說似乎是一個很有希望的開端。

然而，在運用費米估算練習後，他發現即使在最好的情況下，他的軟體開發人員商業模式也無法達到他的 MSC 目標（$1,000 萬 ARR）。為了有機會實現目標，他需要提高定價至少 5 倍（$250 / 月），而他的模型在提高 10 倍（$250 / 月）時會更好。

史蒂夫的定價模型，剛剛成為他最有風險的假設，一個他應該盡快測試的假設。

接下來，他將注意力轉到其他畫布。他想知道：

- 零售商對幫助他們線上銷售增加 3 到 10 倍以上的解決方案，會願意付多少錢？

- 建築師的 3D 成像製圖向客戶收多少錢？

為了決定基於價值的定價，這些是對的問題。請記住，客戶不關心你的解決方案，他們關心的是他們的問題。他們絕對不關心你建構解決方案的成本。為你的產品設定定價的最佳方式，不是定錨於你解決方案的建構成本，而是定錨於以下：

- 你的客戶今天解決這些問題的成本多少
- 你承諾提供的價值多少（你的獨特價值主張）

對你的想法進行費米估計

雖然我們都需要一個目的地來證明旅程的合理性，但不是目的地本身，而是起始假設和一路上的里程碑告訴我們，是否走在對的路上或需要修正路線。

使用以下概述的三步流程，大致估算你的商業模式：

1. 定出你的 MSC。

   請記住，這可能是一個很深刻的「為什麼」問題，但使用 MSC 來限制你的想法非常重要，而不是反過來。

2. 測試你的想法是否能夠實現你的目標。

   使用你的定價模型、客戶生命週期和轉換率假設，來估計你將需要多少客戶數才能實現並維持你的目標。

3. 修改你的目標或調整你的商業模式（如果有需要的話）。

   如果你的想法遠遠無法達到你的 MSC 目標，請識別出使你模型不成功的關鍵槓桿，並看看是否可以調動它們。這些關鍵槓桿通常也是你應該測試的第一組假設。

這個費米估計練習的成果，是一個紙上有效的商業模式計畫。不要忘記把這些輸入假設加到你的精實畫布上。如果你的模型是多邊或市集型，步驟是相同的，只是需要考慮模型的不同邊。

現在換你了

如何建立費米估計全看你怎麼做。你可以：

- 在紙上算

- 訪問 LEANSTACK 網站（*https://runlean.ly/resources*），可以知道如何建立線上費米估計

史蒂夫和瑪莉一起審視他的商業模式

「大開眼界。」史蒂夫說：「費米估計練習是新創成長指標的速成課程。到目前為止，我只專注於建構一個好產品。現在我明白了，你不能只是期待成長會發生。你必須為此做出計畫。」

瑪莉點了點頭：「是的，這是你在任何想法一開始就可以做的最好的五分鐘投資。該工具的真正強大之處，在於它可以幫助你先找出**是什麼構成了值得解決的問題**，據此得出解決方案，而不是反過來。」

史蒂夫花了一點時間理解瑪莉的觀點和評論：「嗯，我想我明白妳的意思了。不管客戶是誰、也不管我最初在精實畫布上寫的問題是什麼，我發現我需要找到至少 $500 / 月的問題，才能讓我的商業模式發揮作用。特別是針對軟體開發人員的精實畫布，與我最初 $50 / 月的定價，有很大的差距，我當初沒有多想就憑空提出。」

「一點都沒錯。」瑪莉說：「價格是一個未被充分利用的槓桿，許多創業家陷入了基於成本的定價陷阱，而不是考慮基於價值的定價或定錨既有替代方案。」

她繼續說：「希望你從練習中學到的另一個重要想法是，與其擁有大量低生命週期價值客戶，專注於較少的高生命週期價值客戶所建構的商業模式通常更好──」

「因為流失率？」史蒂夫打斷了她。

「是的。」瑪莉笑了。

接下來,史蒂夫帶領瑪莉瀏覽了他最新的精實畫布,概述他如何:

- 設置他的 MSC 目標
- 找出對的槓桿以拉動
- 排序出他的前三名畫布

「我看到你仍然傾向軟體開發人員畫布。總而言之,寫的非常清楚,史蒂夫……這是你模型的一個很好的起點。」

「我也這麼覺得,但我還是有種不安的感覺……」

瑪莉催促史蒂夫繼續說下去。

他在椅子上不舒服地動了動,然後繼續:「雖然這些模型幫助我將我產品的獨特價值主張,集中在期望的客戶成果與產品功能之間,並認真考慮定價,但它們也擴大了我最初認為需要建構的範圍。我本來規劃 18 個月的產品路線圖,如果我用軟體開發人員畫布,我至少需要 6 個月才能發布第一個可用版本,也可能需要 9 個月。坦白地說,我擔心要如何走到我的最小成功標準。」史蒂夫拿出他的筆記本,給瑪莉看他畫的草圖(圖3-13)。

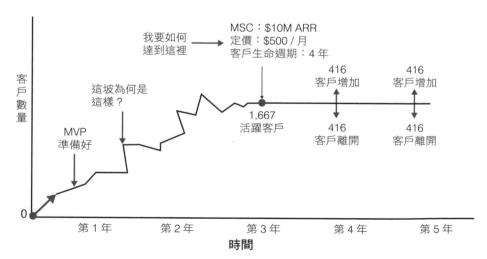

圖 3-13　史蒂夫想知道他一開始的爬坡

「我知道三年應該還很長，也許我不應該擔心……但到那時有大約 1,600 名付費客戶。意味著每年要有超過 500 名客戶！我已經在這個專案上工作了一年多，我覺得我的速度還不夠快。如果我有更多的資源 —— 另外一兩個開發人員一起，會大大加快速度，還要有人負責行銷和銷售……」

瑪莉看了看手錶說：「我 10 分鐘後有個會議，所以我會用電子郵件發給你一些有關牽引力路線圖的資訊。」

「牽引力路線圖？跟產品路線圖很像？」史蒂夫問。

「不完全像。牽引力路線圖有助於將你的三年目標分解為更多個中程里程碑，每個階段都有特定的牽引力目標和時間表。它解決了你其中一個如何為坡道建模的問題。看到這些里程碑後，你將能夠更清晰地制定推出計畫。」

瑪莉注意到史蒂夫想要插話，但她繼續說著：「持續創新框架中的第一步，是勾勒出一個可能行得通的商業模式。由於大多數產品最初都在客戶和市場風險方面摸索，因此你需要先對你的商業模式的欲求性和可望成功性進行壓力測試，而你已經做完這一點。你現在想知道如何實現你的商業模式。這正是下一階段可行性壓力測試要做的，也是要運用牽引路線圖和推出計畫的地方。一旦你畫好牽引路線圖，再告訴我。」

瑪莉又看了看手錶說：「糟糕，我又要遲到了！」

第四章

壓力測試你的想法
是否具有可行性

可行性：你可建構出來？

產品路線圖傳統上用於可行性測試和推出計畫。但是產品路線圖假設了你知道接下來的 18-24 個月內你要建構什麼，但事實並非如此。這就是為什麼需要牽引力路線圖。

提示

不要建產品路線圖。而是改成建立牽引力路線圖。

與產品路線圖不同，牽引力路線圖不是以輸出為導向，而是以成果為導向。你已經在上一章中了解以成果為導向的指標，而牽引力非常符合所需。你也知道如何用最小成功標準來衡量未來三年的牽引力。

但是，雖然三年是衡量你的想法可望成功性的正確時間框架，但同上一章所述的原因，若要決定你想法的可行性（即你將如何實現它），這時間太長。

你需要一種方法將你的 MSC 目標分解為短期里程碑。這些中間里程碑將幫助你將你的旅程變成更易於管理的各階段,並畫出階段性推出計畫。這就是我們將在本章中介紹的內容,重點放在可行性的壓力測試(圖 4-1)。

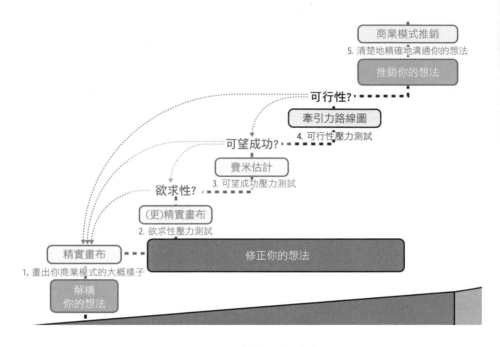

圖 4-1　可行性的壓力測試

畫出牽引力坡道

上一章我們看到史蒂夫苦苦思索,如何實現到第 3 年擁有大約 1,600 名客戶的目標。你建議他如何為他的產品建立第一個三年的成長模型:線性、非線性、指數?

這坡道不可能是線性的因為兩點間的最短距離是一條直線。而產品要有線性成長需要擁有完美的執行計畫。在新創的世界裡,完美的計畫是一種神話。

第 3 章「估計所需的活躍客戶數」中討論的創新擴散理論，假設了新想法的市場佔有率遵循 S 曲線。這條 S 曲線的前半部分是熟悉的曲棍球桿軌跡，也是你產品推出坡道前三年的可能模樣（圖 4-2）。請記住，對於你的 MSC，你的目標是超越產品／市場契合（曲棍球桿曲線的轉折處）。

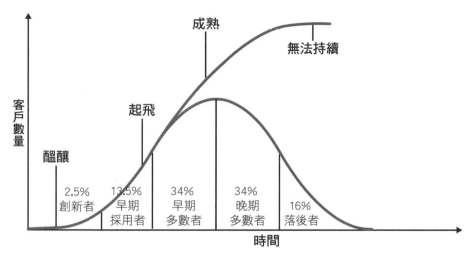

圖 4-2　S 曲線和採用生命週期

―― 筆記 ――

曲棍球桿軌跡不僅適用於新創公司。所有新產品的採用，無論是在新創公司或是大公司，都遵循類似的軌跡，一開始是平坦的，隨著時間變得越來越陡峭，直到它最終到達市場飽和或被其他東西破壞。

由於你的 MSC 目標連帶影響你 3 年所需要的客戶數量，你只需要再輸入一個假設即可為實現目標的坡道建模：成長率。

在產品初期階段，好的成長率應該是多少：3 倍／年、5 倍／年、10 倍／年，還是更高？當被要求為他們的牽引力路線圖選擇一個成長率時，許多企業家傾向採用較小的數字，但這不一定是最好的策略。

看一下圖 4-3，我用三種不同的成長率繪製了牽引力路線圖。

你可能會驚訝地發現，與使用較大成長率相比，使用較小成長率實際上在一開始需要更高的客戶獲取率。相較於 5 倍模型，10 倍模型在第 2 年只需要其一半客戶數，第 1 年的客戶數量更只需要其四分之一！

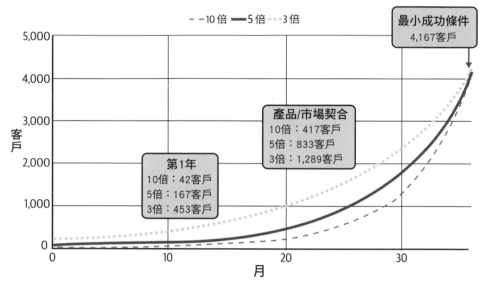

圖 4-3　三種達成你目標的方法

這是因為你三年的終點被你的 MSC 目標固定了不能更改。你可以改變的成長率假設只有曲棍球桿曲線的斜率。當面對這種關於成長率的違反直覺的思考方式時，我指導的許多團隊都改變了方向，轉向使用更高的成長率。你也要小心，不要用太誇張的成長率。我發現正確的起始成長率應該在學習和可規模化性之間取得平衡，我建議你將前 3 年的起始成長率設置為 10 倍／年。

雖然使用 10 倍／年的成長率似乎只適合高速成長的新創公司，但不只是如此。記住每一間公司都從同一個地方開始的，即都從 1 個客戶開始。如果你計劃從 1 個客戶開始發展到第三年至少 100 個客戶，你就能用 10 倍模型：

- 第 1 年：1 個客戶
- 第 2 年：10 個客戶

- 第 3 年：100 個客戶

史蒂夫畫出他的牽引力路線圖

史蒂夫決定使用建議的 10 倍成長率到他的牽引力路線圖上，結果如圖 4-4
所示。

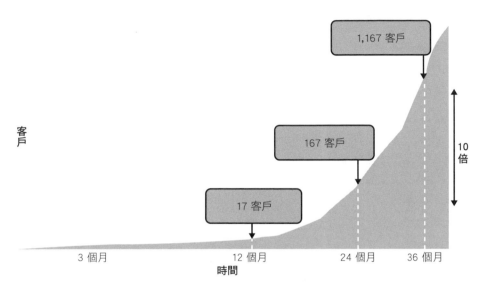

圖 4-4　史蒂夫的牽引力路線圖

看到 10 倍模型中，他在第一年只需要獲得 17 個客戶後（相較於他原本
的線性模型需要 500 多個客戶），他感覺鬆了一口氣。但這很短暫。因他
發現曲棍球桿曲線的右側，他又開始覺得焦慮。

他拿出手機，發給瑪莉一張他的牽引力路線圖的截圖，下面有一條註釋：
「我要如何在第 3 年獲得 1,500 個新客戶？這比我原本以為的客戶獲取率
還大三倍！」

瑪莉回覆他：「你必須先學走，然後才能跑。專注於曲線左側，並使用你
牽引力路線 圖的數字制定一個『現在 - 接下來 - 之後的推出計畫。』」

史蒂夫：「嗯……好吧，但即使是第一年的目標數字，比我最初想的要
小，但已經極限了。我根本不知道我要如何獲得 17 個客戶，因我的產品
可能要 9 個月後才會好。只剩 3 個月來獲得 17 個客戶。」

瑪莉回傳訊息：「你只能找到一種能很快獲取客戶的方法 :)」

史蒂夫：「我不知道該怎麼做到 :(」

瑪莉：「我們明天午餐見面聊。」

史蒂夫：「我等不及了。」

瑪莉：「與此同時，這裡有一個思考練習要完成。想像你是一位有抱負但沒開餐廳經驗的人，希望開一家新餐廳。毋庸置疑，飲食行業是有風險的，大多數新餐廳都撐不過第一年。此外，大多數餐館老闆和企業家一樣，通常都有想出解決方案。他們有完美的菜單、銀餐具，連餐巾紙都精心挑選……他們只需要一個投資者給他們一大筆錢，他們就可以開始做生意。當然，問題在於沒有人願意在第一次開餐廳的人身上冒險，因為開一家新餐廳會面臨各種風險。聽起來有點耳熟？」

史蒂夫回訊：「哈哈……非常有趣。」

瑪莉：「打破進退兩難的關鍵，是依你的起始風險排序而不是依你的擴展風險排序。你的功課是想出對這家餐館老闆來說最有風險的事情，並制定一個現在 - 接下來 - 以後的推出計畫。」

史蒂夫：「好，我試試看……。」

瑪莉：「既然我們要談論食物，也許我們明天午餐可以在轉角新開的塔可店見面。我聽說它很棒。」

史蒂夫：「我喜歡那裡……但我們需要早點到才不會排隊。否則，很可能要等一個小時。」

瑪莉：「11:30 我可以……到時見。」

制定出「現在 - 接下來 - 之後」的推出計畫

許多創業家急於走到曲棍球桿曲線的右邊，這是可以理解的。他們努力快速完成所有事情來做到這一點。但凡事求快並不一定會讓你走得更快。相反地，它讓你更快迷失，因為很容易失去焦點並落入過早最佳化的陷阱。

一些過早最佳化的例子包括：

- 在擁有使用者之前，一開始就嘗試為成千上萬的使用者去最佳化產品

- 在擁有客戶之前，聘僱銷售副總

- 在擁有牽引力之前，開始募資

過早最佳化是新創企業的頭號殺手之一，因為它在錯誤的時間優先考慮錯誤的風險，這會耗盡你已經有限的資源來實現產品／市場契合。避免過早最佳化陷阱的方法是擁抱持續創新的思維。

心態 #4

在對的時間，做對的行動

在各個時間點，都只有少數幾個關鍵行動可以對你的商業模式有最大影響。你的工作是專注於那些關鍵行動並忽略其餘部分。這是「在對的時間，做對的行動」心態的本質。

只看短期會不會太危險？作為一名創業家，你需要能夠制定長期計畫，又能同時短期行動。但由於新創之旅本來就籠罩在不確定的迷霧中，我們往往只能看到眼前的事物，而難以為太遠的未來制定清晰的計畫。沒關係，這就是需要「現在－接下來－之後」的推出計畫的時候。

「現在－接下來－之後」計畫的背後，是使用三個時間範圍查看你的牽引力路線圖，這些時間範圍大致與曲棍球桿曲線的三部分一致：平坦部分、漸漸往上、越來越陡峭的部分。每個部分都代表產品生命週期中的一個特定階段，如圖 4-5 所示。

1. 問題／解決方案契合

2. 產品／市場契合

3. 規模

你使用你的牽引力路線圖，來決定在每個時間範圍結束時需要達到的牽引力目標。然後，你嘗試為每個時間範圍制定計畫。如預期，你的「現在」計畫應該是最具體的，你的「接下來」計畫稍不那麼具體，而你的「之後」計畫應該是最模糊的。

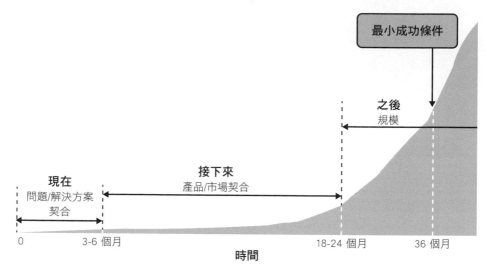

圖 4-5　產品生命週期的三階段

如果使用 10 倍成長率，則每個階段約比前一階段大一個數量級。這些階段也隱藏著你企業模式中風險最高的部分。這是制定階段性「現在 - 接下來 - 之後」推出計畫的關鍵見解，有系統地排序出風險最大的假設。

心態 #5
分階段處理最有風險的假設

讓我們看看這三個階段，討論其大致目標、典型所需時間、可交付成果、及策略。

第 1 階段：「現在」──問題 / 解決方案契合

雖然沒有人喜歡曲棍球桿曲線的平坦部分，但心態對的話，你會把它看作一種禮物。練習「在對的時間，做對的行動」心態的第一步，就是意識到如果不先走平坦部分，你就無法到達曲棍球桿曲線的右側。

提示

在產品最早的階段，你需要減速，而不是加速。

曲棍球桿曲線的平坦部分，是你發現關鍵見解或秘密的地方，可以讓你建構出獨特有價值的東西。你花必要的時間深入了解你的客戶，發掘真正值得解決的問題，並使用「Demo- 銷售 - 建構」流程來測試可能的解決方案。

這裡反直覺的見解，是你不需要有可操作產品來獲得付費客戶。

此階段的最終交付成果，是一個基於證據的要做或不做的決定，以推進你想法的建構階段（第 2 階段）。

此階段結束時，你具體需要有：

- 清楚地理解你客戶的需要（和欲求）

- 為了交付價值給客戶，知道需建構的最小事物（你的 MVP）

- 有獲得來自客戶的足夠的有形承諾（例如：預付款、意向書）

對於大多數產品而言，達成問題 / 解決方案契合，通常需要三到六個月的時間。我們將在第 7 章到第 11 章中介紹達成問題 / 解決方案契合的詳細步驟。

第 2 階段：「接下來」一產品 / 市場的契合

第 1 階段結束時，你應該對你客戶想要的產品有一個明確的定義，而不是僅僅你希望他們想要的。然後，你將在接下來的幾週或幾個月內建構產品的第一次迭代（你的 MVP）並準備發布。最初的目標是趕快展示出所提供的價值，即確定你是否建構出客戶想要的東西。你可以用你客戶的回饋持續循環不斷改進你的產品來做到這一點。

這裡反直覺的見解，是你不需要大量使用者在你的商業模式中達到可重複性。

驅使商業模式的可重複性,是此階段的關鍵交付成果。這也是你越過曲棍球棒曲線轉彎處並開始著眼於加速成長的地方,使你可以準備好進入第 3 階段。

對於大多數產品而言,實現產品 / 市場契合通常需要 18 到 24 個月。我們將在第 12 章到第 14 章中介紹實現產品 / 市場契合的詳細步驟。

第 3 階段:「之後」——規模

在達到產品 / 市場契合後,就保證了一定程度的成功。問題是程度的多少。在規模階段,策略上會有顯著變化,你的重點「產品的正確性」轉向「追求成長」。在此階段,你用多個最佳化實驗來測試許多可能的成長策略和活動。

這裡反直覺的見解,是即使在這個階段,做任何事情求快就更快迷失方向——你一次只能專注於一個成長動能。

本書的目標是幫助你探索從概念到超越產品 / 市場契合的旅程。我將在第 14 章中分享一些追求成長的大方向指導方針,和達產品 / 市場契合後的日子。

史蒂夫學到了在對的時間做對的行動

瑪麗在塔可餅餐廳搶到最後一張空桌子,並示意史蒂夫過去。當他拉好椅子放下午餐時,他嘆了口氣說:「哇,看看那排隊人潮。已經排到街角。而現在才 11 點 45 分。我們來得正是時候。」

「沒錯。自從這個地方被報導且出現在美食名單上,每一天都這樣。」

瑪莉等史蒂夫坐好然後問:「所以關於昨天的挑戰問題你做得如何?你認為初次開餐廳的人面臨的最大風險假設是什麼?」

「好吧,看看這裡。」史蒂夫回答:「當然,好的產品和好的位置是門票。正如房地產業者所說的那樣,一切都跟地點有關。」

「對於初次開餐廳的人來說,你確定從一個好的地點開始,是一個明智的想法嗎?」瑪莉問。

她補充說：「好的地點價格很高，這意味著餐廳要取得成功的時間要短得多，且賭注要高得多。」

瑪莉等史蒂夫點頭，然後繼續說：「再者，光有好地點並不能保證成功。你肯定去過在好地點的糟糕餐廳，反之亦然。」

「妳的意思是地點不重要？」

「不全然如此。好的地點能幫助成長，但那是規模性風險，不是初始風險。在我們故事的這個時間點，我們的餐館老闆有一個不知道會不會賣得好的產品。因此，他們的初始風險應該圍繞在價值交付，而不是成長加速」

瑪莉繼續說道：「我選擇這個地方的原因，先不提好吃到不行的塔可餅。今天這家餐廳瘋狂地成長且開在許多黃金地段，但一開始他們並不是這樣的。你知道他們一開始的故事嗎？」

史蒂夫搖了搖頭。

「這家店的創業者傑克，從城東的一輛快餐車開始的，如你所知，那裡並不是黃金地段。」

史蒂夫插話：「我想起我看過他們的故事。我猜因為從快餐車開始比開一家實體餐廳更便宜、更快速，這讓他可以更快地測試他的食品概念。快餐車是餐廳的 MVP？」

瑪莉點點頭。「沒錯。太多企業家掉入的陷阱是過早最佳化。他們想像他們的成品被成百上千的客戶使用，並試圖將其變為現實。這會優先考慮錯誤的風險，並導致他們在錯誤的時間採取錯誤的行動。在一個想法的最初階段，你不需要很多使用者，只需要一些好的客戶，即你的早期採用者。」

「所以他一開始時最冒險的假設是？食物？」

「從某種意義上說，是的，但這不僅僅是煮一堆食物然後開著車在城裡試圖賣掉它。任何產品的第一場戰鬥都是吸引客戶的注意力。你還記得創新者的禮物嗎？創新從根本上講就是要引起轉換。午餐時間到了，城裡方圓三英里內有一百多個午餐選擇。為什麼會有人選擇去餐車？」

「口耳相傳？」史蒂夫邊想邊說。

「口耳相傳是後來的事。你必須先用獨特價值主張抓住第一批客戶（你的早期採用者）的注意力。一旦你引起了他們的注意力，你就需要提供一些特別的東西。如果你做得到，才會有口耳相傳。」

「當然，這合理。但是，你如何實際讓客戶來到快餐車前呢？創業者投資了一個大的品牌宣傳活動，還是已經擁有大量的社群媒體粉絲？」

「沒有。讓我秀給你看。」瑪莉拿出她的手機，顯示出一個早期的餐車的照片，秀給史蒂夫看。

「告訴我你最先注意到什麼。」

史蒂夫看著照片，看到一面巨大的布條放在餐車上面。

「韓國 BBQ 塔可餅？」他回答。

「完全正確。但這不是餐廳的名稱或標誌，甚至不是標語（我們做產品的人，總是迷戀的）。它是什麼？」

「他們的獨特價值主張？」

「答對了。在我們德州，如果你提供美味的 BBQ 或美味的塔可餅，你將吸引愛好美食者的注意，而他們就是早期採用者。如果你兩者都有，那更好，但已經有很多好餐廳提供這些。但是，如果你做了一種新嘗試——**韓國 BBQ 塔可餅**——那就是獨一無二且吸引人的。這種差異，就是美食家和具影響力的人想要試試的，然後告訴其他人它是否夠好。」

瑪莉停下來喝了一口，然後繼續說下去：「所以讓我們統整一下。初次開餐廳的最大風險始於注意力。首先要問，你產品的獨特價值主張是什麼？是為了什麼且是為了誰？在這種例子，創業者決定以美食家為目標，選擇了餐車，因為它是一種較便宜、較快捷的『交通工具』，可以觸及這些觀眾並測試他的概念。那就是他的『現在』計畫，他在幾天內就可以付諸行動，而不是幾週或幾個月後。」

「他是不是同時也想出了『接下來』和『之後』的計畫？」

「是的。但是只有大方向。他的『接下來』計畫是在城裡開設多家餐廳，而『之後』的計劃則是有野心地進入其他城市並建構一個全國品牌。」

「創始人經營快餐車多久？」史蒂夫問。

「在他的個案，沒有很長。不意外地，他最初的概念並沒有成功，但快餐車早期經歷數十次小迭代後，發現了他的成功概念。他研究出一些很棒的食譜，然後口耳相傳。開業的四個星期後，在餐車開始提供午餐服務之前，就已經排起了長隊。」

「這麼快？」史蒂夫問。

「是的，在那之後就更瘋狂了。他每天都銷售一空，這引起了一些食物評論者的注意。一旦他們報導並介紹餐車，隊伍就變得更長了。他必須想辦法處理所有這些需求，這使他的「接下來」計畫實現。」

「開另一個餐車！」史蒂夫插話。

「是的。他在離我們所在位置很近的地方開了另一輛餐車。餐車仍然是進入這個市場的一種較便宜的方式。如你所知，這裡的租金並不便宜。那輛快餐車也開始銷售一空，這造就了他用來從投資者那裡募資的早期牽引力故事。在他開始最初的餐車後的九個月，他將它們都變成了兩間店面。而且我想他接下來還有另外三個地點要開。其餘的，正如他們所說，是歷史……」

史蒂夫插話道：「他的投資者難道不擔心傑克無法擴大業務規模嗎？畢竟，經營餐車與經營多個店面有很大不同，更不用說打造全國性品牌了。」

「我敢肯定他們會，但這些正是投資者喜歡參與的風險——規模化風險，而不是起始風險。任何產品的最初挑戰都是解決需求。一旦可以產生足夠的需求，供給方通常也可以解決。」

「供給方，妳的意思是建構一種產品？」

「對，就是這樣。換句話說，需求方的風險是客戶（欲求性）風險和市場（可望成功性）風險，而供給方的風險是通常是產品（可行性）風險。」

「當然，這合理。」史蒂夫同意。

「我敢肯定，傑克在將業務從兩輛快餐車發展到十幾家餐廳的過程中，從人員設置到訓練再到品牌化，都面臨著各種規模化風險。但是，一旦你擁有核心驗證過的好產品，這些風險就會降低，而且通常是可以解決的障礙。回想一下早期的 Facebook、YouTube 和 Twitter。在他們從成千上萬狂熱的早期採用者到數億使用者的過程中，他們都面臨著巨大的規模化風險，但他們也設法克服了這些風險。還記得 Twitter 失敗鯨魚（fail whale）[1] 的故事嗎？」

瑪莉注意到史蒂夫的眼睛睜大。

「避免過早最佳化。」他說：「這一切都非常有啟發性……但我仍在嘗試處理如何將其應用到我的產品中。」

「當你遇到像這樣的個案研究時，區分原則和戰術是很重要的，」瑪莉解釋：「雖然發展食物事業在戰術上可能與發展軟體事業有很大不同，但這些戰術背後的基本原則是通用的。它們可以應用於任何產品。」

「但是，這些原則真的具有普遍性嗎？我可以了解它們運用在餐廳是可行的，但食物的 MVP 只需要煮幾個小時。若你建構產品需要數月或數年時間要怎麼辦？」

瑪莉笑了：「你總是團隊中最難說服的人。但你是對的。因此，讓我們看另一個個案，想想需要數年時間才能建構的產品——電動汽車。」

瑪莉又喝了一口飲料，然後繼續說：「特斯拉（Tesla）。如果你是馬斯克（Elon Musk），願景是在 2006 年製造出第一輛經濟實惠的電動汽車，你會如何制定『現在 - 接下來 - 之後』推出計畫？」

此時瑪莉的手機響了。

「午休時間結束了。試試將這些原則應用到特斯拉的推出，我們明天一起喝個咖啡吧。」

1　譯註：可參考 *https://www.theatlantic.com/technology/archive/2015/01/the-story-behind-twitters-fail-whale/384313/*。

說話的同時，瑪莉走出餐廳。

史蒂夫學到奧茲大帝 MVP

「那麼，你對特斯拉的推出計畫怎麼看？」第二天，瑪莉在他們平常會去的咖啡廳問史蒂夫。

「我已經知道特斯拉的一些推出故事，我想我應該能夠拼湊出來。」史蒂夫回答道。

「說說看。」

「好，我要開始說囉。我承認，如果你在昨天我們談話之前問我這個問題，我可能會把技術、設計、製造、充電設施和品牌列為新興汽車公司最有風險的假設，尤其創業者之前完全沒有汽車製造經驗。然而，在昨天的談話之後，我知道上述所有風險都是供給方風險，而不是需求方風險。所以後來我應用了創新者的禮物，並思考：為什麼有人想轉換到電動汽車？」

瑪莉催促史蒂夫繼續說。

「我猜有人認為能降低能源成本，有人認為這會減少他們的碳足跡。」

「非常好，史蒂夫。當時在 2006 年有兩個轉換觸發因素：提高對氣候變化的認識和不斷上漲的汽油價格。這些轉換觸發導致了一些轉換行為，某些汽車購買人群從傳統的內燃機引擎汽車，轉向混合動力汽車，這些人就是他的潛在早期採用者。混合動力車的問題在於它們還是有部分依賴石化燃料。完全獨立於石化燃料，或實現零排放，是負擔得起的電動汽車的承諾。」

「是的，我喜歡妳把它定位為更大願景的一部分。」史蒂夫說：「所以，特斯拉的首要任務是測試其獨特價值主張，我猜馬斯克藉由與夠多的人分享他的零排放願景來讓他們興奮並引起他們的注意。」

「沒錯，但他們更進一步。他們使用『Demo - 銷售 - 建構』流程，讓人們在第一輛電動汽車製造之前就進行預購。」瑪莉補充道。

「那是我不太懂的部分。我了解如何將『Demo－銷售－建構』應用於食品概念，但汽車，尤其是依賴尚未發明出技術的電動汽車，需要數年時間才能製造出來。要如何快速迭代和測試？」

「啊……但他們是不是一開始就做了一整輛車？」

史蒂夫看起來一臉困惑：「你是指特斯拉 Roadster？」

「是的。特斯拉推出的第一輛汽車特斯拉 Roadster，甚至不是他們建造的汽車——至少不完全是。雖然特斯拉 Roadster 上有特斯拉標誌，但設計和底盤是另一家汽車公司：Lotus Motors 授權的。他們為什麼要這麼做？」

「為了讓汽車盡快上市？」史蒂夫猜測。

「沒錯。大多數汽車公司將新車從概念到上市要花 10 年時間，而特斯拉僅用了 2.5 年就實現了這一目標。這在汽車產業是光速一樣的發展。我喜歡這個案的地方在於它強調雖然學習速度是關鍵，但它也是相對的。你只需要超越你的競爭者就能獲勝。」

「我喜歡這個概念。」史蒂夫插話。

「但上市速度只是這故事的一部分。不用設計、建造和製造整輛車，使他們能優先測試他們下一個最有風險的假設並忽略其餘的。你能猜出那是什麼嗎？」

「電池？」史蒂夫問。

「是的。從零設計、建造和製造一台車，雖然需要很多工作，但不是無法克服的風險。許多汽車公司已經知道如何量產汽車。但當時，他們都不知道如何製造可量產的電動汽車。這就是不同之處，值得優先進行。」

史蒂夫插了進來：「所以透過現有汽車的授權並改裝他們的電池，他們避免了大部分已知的工作，並優先考慮未知的工作。他們不需要聘請汽車工程師或建造大型工廠。他們可以只專注於建構電池，將其安裝到現有汽車中，然後出售。我知道我說的很簡單，但這方法太天才了。」

「是的——這就是他們的**現在**計畫。順道提一下，這種在 MVP 中拼湊現有解決方案的方法，在連續創新框架中稱為『奧茲大帝 MVP』。在精實創業運動的早期，它開始普及並形成一種模式。」

「奧茲大帝？我猜它是因電影《綠野仙踪》而命名的？」

「是的。這種驗證模式的本質是偽裝直到你準備好做出它。換句話說，透過拼湊現有解決方案，來縮小初始 MVP 的範圍，而不是從頭開始建構所有內容。」

「如果你拼湊現有的解決方案，你如何確保有能力贏？」史蒂夫問。

瑪莉回答：「請記住，目標仍然是交付一個獨特價值主張。而那獨特價值可能來自組裝現有解決方案的**新方法**，其整體好於各部分之加總，又或是來自你提供的**新組成整合**到你既有解決方案中。在特斯拉個案，它屬於後者。他們用他們獨特的電池技術為現有汽車電池化，從而提供客戶想要的新 UVP。」

瑪莉注意到史蒂夫開始看別的地方，於是停止說話以得到他的注意力。

「對不起。我一直在想。我想我可以應用奧茲大帝 MVP 模式，來加速我產品的推出。我要再想一下怎麼做……不過，我還是不清楚特斯拉是如何設法平衡客戶需求和其技術風險的。我的意思是，他們接受的預訂，依賴著仍在發明中的技術。是否存在巨大的風險，他們會被客戶需求淹沒並做出無法兌現的承諾？」

「是的，確實存在這種風險，他們使用階段性的『現在 - 接下來 - 之後』推出計畫，來管理這種風險。」

瑪莉看到史蒂夫臉上露出困惑的表情，於是她進一步解釋：「馬斯克在 2006 年向世界承諾了一款價格實惠的電動汽車，但特斯拉推出的第一款汽車 Roadster 卻恰恰相反，起價超過十萬美元。從理論上講，他們可以將電池改裝到任何汽車中。為什麼他們選擇了一款非常昂貴的跑車，而不是像 Kia、Volkswagen 或 Ford Mustang 這樣更平價的車？」

「嗯……我想他們也許是為了精品感或利潤，但我猜還有更多的原因？」

瑪莉笑了：「肯定有……這是精心策劃的三階段推出計畫的一部分，計劃在三種不同的車型上進行，所有都是為了在對的時間優先處理對的風險。馬斯克在 2006 年的一篇部落格文章中，含糊地將這個推出計畫描述為他的『秘密總體計畫』。他在接下來 Model 3 的發表會進一步說明了他的總體規畫。你仍然可以在網上找到這個演講的影片。如果我沒記錯的話，他在第三分鐘左右介紹了推出計畫。」

史蒂夫記下筆記要去看那段影片，而瑪莉繼續說。

「是的，第一輛汽車的最大風險是電池化。用現有汽車授權而不是製造新汽車是他們第一階段或『現在』計畫的第一個關鍵組成。」她說明道：「該計畫的下一個關鍵部分，是選擇合適的汽車。為什麼選擇兩人座 Lotus Elise 敞篷跑車，而不是其他車型？當你將起始價格設置為高出三倍時，產品的需求會發生什麼變化？」

「需求變少？」史蒂夫回答。

「沒錯。使用高級跑車品牌推出他們的第一輛汽車，他們創造了一款每個人都能看到和想要的汽車，但僅有少數人買得起並得到它。」

「所以他們從來沒有打算用第一輛車進入主流市場？」史蒂夫問。

「沒錯。記住創新擴散的鐘形曲線。他們只專注於瞄準早期採用者市場，在這種情況下，他們非常有效地利用高定價來玩曲棍球曲線。敞篷跑車是一種高價、小量的汽車。有好幾年他們每年只賣 500 輛汽車，然後就停止生產了。」

「所以這是一種學習型 MVP ？」史蒂夫問。

「沒錯，史蒂夫。第一階段都是為了測試他們的 MVP——在這個案中，是跑車外殼中的電池。」

「我現在明白了。有能力預購一輛價格七位數汽車訂單的人，有很高機會他們的車庫裡已經有多輛汽車，不會依賴這輛車作為他們的主要車輛。他們願意等待長達兩年的交付時間，並且會以與主流客戶截然不同的方式駕駛汽車。」

「非常正確。有較少客戶也意味著他們無需分心去建構規模化的基礎設施（經銷商、充電站或服務中心）而分心。他們「看管」了那些價值交付的面向。」

「且我猜一旦他們充分降低了電池的風險，他們進階到第二階段，並用 Model S 進軍高級轎車市場？」

「是的。這是一款價格略低的中型汽車，他們仍然用預購方式推出。當他們推出 Model S 時，他們承擔了一系列新的風險，比如製造自己的汽車，以及建造充電站、零售商和其他基礎設施。」

「我猜 Model 3 是他們的第三階段——面向主流市場的平價電動汽車，」史蒂夫補充道。

「你說的沒錯。到他們發布 Model 3 時，許多應對主流市場的基礎設施已經到位。更重要的是，他們充分降低了電動汽車想法的風險，讓主流市場真正買單。Model 3 汽車的發布是最大的產品發布，在 2 週內獲得了 250,000 人預購。」

「是的，我記得讀過關於那次產品發表的報導。因此，透過一開始時故意放慢速度，他們能夠越過鴻溝並在以後走得更快。現在我明白你說的曲棍球桿的意思了。這些階段是否也遵循 10 倍牽引力模型？」

「是的。馬斯克是眾所皆知的指數型或 10 倍思考家，而這些推出計畫是 10 倍思考的教科書樣板。你可能還可以在網上找到一些圖表，描繪了特斯拉在 10 年內透過這 3 輛汽車推出銷售 500,000 輛汽車的牽引力路線圖預測。」

「10 年？這比我一直使用的三年要長得多。」

「當然。在建造汽車或去火星的火箭時，確實需要調整時間表。擁有可能需要 10 年才能實現的遠大願景並沒有錯。你的元宇宙願景也不例外。但請記住，為了使你的願景可實現，你需要將旅程分成更小的時間範圍。不要忘記，特斯拉在宣布推出幾週後，仍然能夠接受他們汽車預購。無論產品類型如何，你都應該以建議的三個月時間範圍內實現問題／解決方案契合為目標，因為你在此階段還未建構出產品。」

「了解。甚至在建造階段，特斯拉就用『奧茲大帝』方法走了一條巨大的捷徑。」史蒂夫補充道。

「沒錯，只要有紀律和一點創造力，你幾乎總能縮小最初 MVP 的範圍。我相信到時候我們會有更多的東西要討論。」

「這合理。不過，我仍然不清楚妳是如何推斷牽引路線圖中問題 / 解決方案契合點會從第 1 年降到三個月，特別是如果你到那時還沒有準備好要銷售的產品。你還是要接受預購嗎？」

「這是一個很好的問題，史蒂夫。目標是盡可能得到客戶，而用預購進行預付款則是要盡可能接近問題 / 解決方案契合階段時才做。這麼說吧，並非所有產品和客戶關係都適合預購。在這些情況下，最好可以在你的客戶工廠中較早使用『客戶製作』步驟，例如：開始試產或試用，或收集潛在客戶資訊。」

「當然，客戶工廠……這就合理了。我猜是要使用我的費米估算中的客戶轉換率預估值來決定這些？」史蒂夫問。

瑪莉點頭：「你說的沒錯。」

「好的。我知道我們的時間到了。這是一個非常具啟發性的個案研究，我還在不斷思考。今天下午我要在辦公室制定出我的『現在 - 接下來 - 之後』計畫。」

瑪莉笑了：「我的榮幸，史蒂夫。保持聯絡。」

史蒂夫制定他的「現在 - 接下來 - 之後」推出計畫

回到辦公室，史蒂夫準備好要好好思考他的『現在 - 接下來 - 之後』計畫。他的第一件要務是將他的第 1 年 17 個客戶的生產力目標降到 3 個月，以確定他的問題 / 解決方案是否符合成功標準。

他拿出他原本的費米估計輸入並開始計算：

- 最小成功標準：$1,000 萬 ARR / 3 年內

- 定價模型：$500 / 月

- 客戶生命週期：4 年

- 客戶獲取轉換率：1%
  - 使用者獲取轉換率（試用）：10%
  - 試用到付費轉換率（升級）：10%

- 推薦：20%

為了更好算，他假設第 1 年的斜率幾乎是平的，可以線性建立模型。然後，他使用他估計出的轉換率假設，將這些變成圖 4-6 的圖。

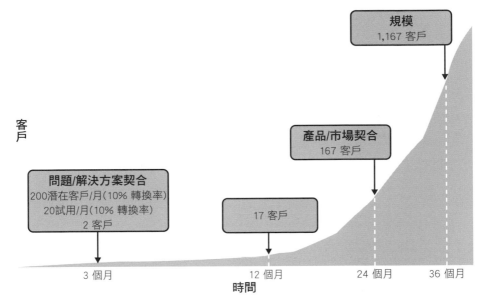

圖 4-6　史蒂夫的問題 / 解決方案契合的成功標準

他仔細思考了他的選項。到了第三個月，他將需要達成其中一項：

- 每月成交 2 個付費客戶

- 每月開始 20 次試用

- 每月收集 200 個潛在客戶

由於他傾向讓它的產品採用訂閱模式並搭配 30 天的試用，他決定使用試用指標作為他的問題 / 解決方案契合標準。這意味著他需要 20 家軟體公

司開始試用 30 天（以 $500 / 月的定價），並在第一年每月有 20 家新軟體
公司註冊，以實現他的第 1 年目標。

為了實現這一目標，他真的需要縮小他的 MVP 範圍，但在了解奧茲大帝
MVP 模式後，他很樂觀。史蒂夫相信他可以更快地建構一些獨特且有價
值的東西，方法是從已被數千家軟體公司使用的平台加上外掛解決方案
開始，而不是試圖自己建構一個完整的平台。這將是他的第 1 階段（現
在）計畫。

像特斯拉一樣，他最終會擴展他的 UVP，並引導人們使用他自己的平台
（第 2 階段）。他宏偉的元宇宙願景將在第 3 階段登場。他發現自己正在
做著第 3 階段的白日夢後，馬上停了下來。

他在一封電子郵件中概述了他的「現在 - 接下來 - 之後」計畫，並發給瑪
莉。幾個小時後，他收到她回傳的短訊。

瑪莉：「牽引路線圖和『現在 - 接下來 - 之後』計畫做得很好。我建議你
跟一些顧問和友善的投資者分享你的商業模式設計以獲得回饋。」

史蒂夫：「這不會太早？」

瑪莉：「不，不是。請注意，我說的是**獲得回饋**，而不是募資。大多數早
期創業者面臨的挑戰，是如何清晰地溝通他們的想法並簡明扼要地告訴
別人。用回饋建構你的初始對話是去練習、建立關係，並朝著殺手級推
銷（pitch）發展的好方法。」

史蒂夫：「我之前的推銷進行得不太順利。我們只是原地打轉。很多人懷
有戒心，感覺對每個人來說都是浪費時間。」

瑪莉：「不要自己打敗自己。許多創始人都在努力讓其他人看到他們一開
始看到的東西。你現在有了一個更清晰的故事，進一步完善你的模型的
最好方法，是開始與他人分享。」

史蒂夫：「關於如何進行這些初期對話，妳有什麼建議嗎？」

瑪莉：「是的，我有 :) 你會收到一封關於**清晰簡要地溝通你的想法**的電
子郵件。」

第五章

清晰簡要地
溝通你的想法

新創失敗的最大原因，是他們建構了沒人想要的東西。而產品失敗的最大原因，是沒有得到關鍵利害關係人的買單。

—— 筆記 ——

你的關鍵利害關係人包括你的創始團隊成員、早期的客戶、顧問和投資者。

如果你是在大公司孵化你的想法，你可能會被要求寫一份 60 頁的商業計畫書，其中包含 5 年的財務預測，以及 18 個月的產品路線圖。對於新的、創新的想法，這些東西在一開始是不可知的。結果，這些想法很少能通過審核。

如果你是新創（或是創新團隊的一員，負責創新），這會容易一些。你可以繪製精實畫布、制定 MSC、識別問題和客戶區隔……但此後不久你就會在嘗試獲得額外資源以發展你的產品和團隊時陷入困境。你需要推銷你的想法，以便讓其他人看到你所看到的，接受你的世界觀，加入你的使命，並讓他們投入時間、金錢和／或努力。

我們看到史蒂夫如何努力讓其他人看到他的想法。他之前無法說服其他人（投資者或共同創業者）支持他的願景，這導致了經典的進退兩難局面。即使你是自力更生、還沒有要尋找投資者，你最終還是需要額外的資源，像是共同創業者、設備等，來發展一個想法。

推銷，是所有創業者都需要學習的重要技能。你不只是為了獲得投資而去推銷，你推銷是為了獲得客戶、共同創始者及提供建議者。在本章你將知道如何清晰且明確地向他人傳達你的想法，並獲得回饋和買單。

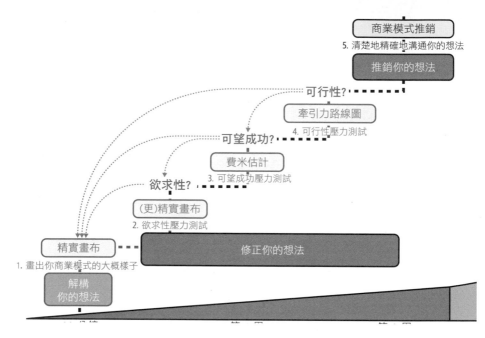

圖 5-1　商業模式推銷

你的電梯簡報推銷是什麼？

電梯簡報推銷（*elevator pitch*）是你的想法的快速概述，發生在當你發現自己與潛在投資者或客戶搭同一部電梯、且只有 30 秒的時間向他們快速展示這些想法時。這通常是大多數創業家創建的第一種推銷方式，也是我們最先開始介紹的方式。然而，問題是大多數電梯簡報聽起來像這樣：

我們建構了一個區塊鏈驅動的物流引擎，該引擎運用機器學習和
人工智慧技術，可幫助運輸者最大化他們的淨利潤。

它們通常是一連串的流行語，讓你對公司實際上「做什麼」感到困惑。
或是聽起來像這樣：

我們建造光劍。

我們訓練絕地武士。

我們幫助絕地武士打敗邪惡帝國。

雖然這些電梯簡報不會像上一個一樣似乎是流行語賓果遊戲，但它們通
常還是會失敗。為什麼？因為他們假設太多並且過於以解決方案為中心。
許多創業家犯的錯誤，是用壓縮成 30 秒的推銷，試圖說明他們的解決
方案。這不是電梯簡報的任務。電梯簡報的任務是激起興趣，如果你成
功了就會促使對方問更多，而不是找藉口離開。

激起興趣的方法不是藉由提出解決方案，而是講述你欲求性的故事（參
考第 2 章），它說明了為什麼你的產品需要存在。

在下一節中，我將分享一個範本，可用它為基礎來寫出電梯簡報。

列出你電梯簡報的大綱

使用以下範本，列出你電梯簡報的大綱，使其成為與你客戶有關的故事：

當「**客戶**」遇到一個「**觸發事件**」，

他們需要做「**待完成工作**」以達到「**想要的成果**」。

他們通常會使用「**既有替代品**」，

由於「**轉換觸發**」的關係，這些「**既有替代品**」不再起作用，是
因為「**這些問題**」。如果這些問題未解決，則會「**有什麼利害關
係**」。

所以我們建構一個解決方案，藉由「**獨特價值主張**」幫助「**客
戶**」達到「**想要的成果**」。

這是我自己一個產品的電梯簡報例子：

他們經常「**需要去募資**」以「**實現他們的想法**」。

他們通常要「**寫 40 頁的商業計畫**」，

但由於「**最近全球各地的新創數量激增（全球創業的文藝復興）**」，「**不再有人看商業計畫**」。我們生活在一個有太多想法相互競爭、吸引注意力的時代。今天的投資者不資助或看商業計畫，而是尋找有牽引力的新創公司。如果新創沒有抓到投資者的注意力，「**他們無法獲得必要的資源來發展他們的想法，它會失敗**」。

所以我們建構了一解決方案來幫助「**創業家清晰簡要地溝通他們的想法**」，「**在 20 分鐘內得到關鍵利害關係人的贊同支持**」，所以他們能夠花更多的時間建構而不是規劃他們的事業。

請注意，在這個簡報中，我沒有提到我產品的名字：精實畫布。

電梯簡報，如果傳達的好，將為隨後更長的簡報奠定基礎。你接下來要說的，很大程度上取決於你觀眾的世界觀。

對同一想法的不同世界觀

在 Seth Godin 開創性的著作《All Marketers Tell Stories》中，作者將世界觀定義為人們在某種情況下的規則、價值觀、信念和偏見的集合。好的行銷不是要改變一個人的世界觀，而是要根據他們先前存在的世界觀來建構你的故事。

創業也是如此：所有創業家都會講述商業模式故事，而好的推銷不是將你的解決方案強加給別人，而是根據你的觀眾已有的世界觀，來建構你的商業模式 / 產品故事。在這裡，你的觀眾包括投資者、客戶和顧問。

所以制定有效推銷的第一步，是了解你受眾的世界觀。

投資者的世界觀

投資者不關心你的解決方案，但他們關心的是一個商業模式故事，承諾他們在一定的時間框架內獲得投資回報。投資者通常有許多現有的投資選擇（其他新創、股票市場、加密貨幣等）。他們為什麼要選擇你的商業模式來投資？

這是他們真正想知道的：

- 市場機會有多大？他們不關心你的客戶是誰，而是有多少——即你的**市場規模**。

- 你要如何賺錢？他們想知道你的成本結構和收益流的交集——即你的**盈利能力或成長潛力**。

- 你將如何阻止競爭？他們想知道你將如何抵禦模仿者和競爭者，因為若你成功了這些人將不可避免地進入市場——即你的**不公平優勢**。

但是，正如我們在前面幾章中討論的那樣，在這些之上，最能引起投資者注意的是**牽引力**。如果你走進一個投資人的辦公室，述說你的曲棍球桿曲線，你會觸發巴夫洛夫反應——他們會請你坐下來，試著了解你商業模式故事的其餘部分。

這些就是你在向具有投資者世界觀的人推銷時，要關注的精實畫布部分（圖 5-2）。

替代實際牽引力最好的是有「現在 - 接下來 - 之後」計畫的牽引力路線圖，也是向投資者溝通、定義和衡量商業模式故事的好方法。

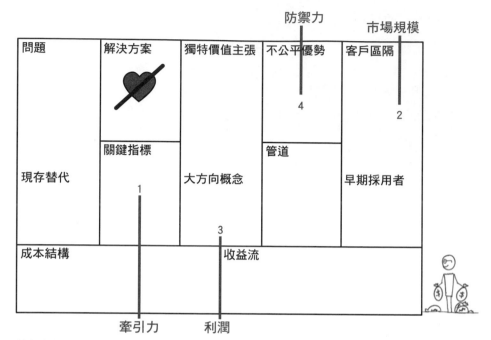

精實畫布從商業模式畫布修改而來，CC BY-SA 3.0 授權

圖 5-2　投資者的世界觀

客戶的世界觀

客戶也不關心你的解決方案；正如我們所見，他們感興趣的是阻礙他們實現預期成果的問題（或障礙）或者做完「待完成工作」。像投資者一樣，當客戶想要完成特定工作，他們通常有許多既有替代方案。他們為什麼要選擇你的產品？

正如我們在第 3 章中討論的那樣，獲得客戶的關注是第一場戰役。這就是你獨特價值主張的作用。如果你 UVP 的承諾能與客戶連結，那麼你就能向該客戶詳細介紹你 的解決方案──通常是透過 Demo。

Demo 是一個精心編寫的陳述，幫助客戶想像他們將如何從 A 點（問題重重）到 B 點（經過你的解決方案後問題被移除）。如果你提供了一個吸引人的 Demo，剩下需要解決的就是你想要的回報，即收益流下捕獲的貨幣交換。在直接商業模式中，這可能是直接貨幣交換，但在多邊模式中，

它可能是一種衍生貨幣（如注意力）， 然後透過二次交易（與廣告商）轉換為貨幣。

圖 5-3 顯示了在設計向客戶推銷時要關注的畫布部分。

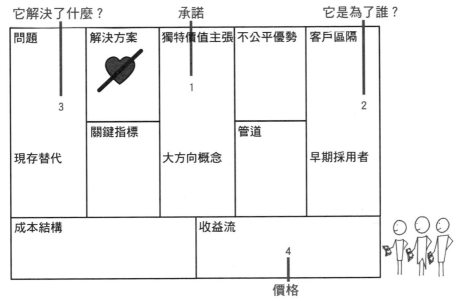

精實畫布從商業模式畫布修改而來，CC BY-SA 3.0 授權

圖 5-3　客戶的世界觀

顧問的世界觀

我們都需要自己以外的人來指導我們，罵一罵，讓我們繼續向前 —— 這就是顧問。顧問也帶來了不同的看法，但對他們而言，這是因為他們過去擁有獨特經歷和興趣使然。這就是為什麼讓自己身邊有互補的顧問很重要，並盡可能對他們開誠佈公。

若你只是和你的顧問一起練習「成功劇場」（在那裡你只分享好消息）時，你可能會得到表揚，但你會錯過巨大的學習機會。與顧問有效溝通需要使用學習框架，而不是推銷框架。

那麼你要從哪裡開始？你最終需要兩種類型的推銷：

- 一個是解決投資者世界觀的
- 另一種是解決客戶世界觀的

由於投資者最關心的是牽引力，而牽引力來自客戶，因此你應該在推銷投資者之前優先考慮客戶推銷。但這兩類都不是你應該開始的地方。最好的起點是迎合顧問世界觀的路徑。

一開始使用學習框架而不是推銷框架，將能使你觸及任何人（潛在投資者、早期採用者和實際顧問），與他們分享你的商業模式，並獲得回饋。學習框架解除了對方的武裝並降低了利害，這使你可以學習、衡量是否感興趣、建立信任並迭代改善你的推銷。

產出你的商業模式推銷／簡報

像任何技能一樣，推銷會隨著練習而越來越好。在本節中，我將分享一些使用學習框架（而不是推銷框架）來提供初始商業模式故事推銷的指南：

選擇你的目標

　　找到任何符合「顧問」廣泛定義的人。這些人可能是潛在的共同創業者、同行創業家、友好的領域專家、潛在的早期投資者和新創教練／導師。請注意，我沒有將客戶包括在此列表中。客戶不關心你的整個商業模式；他們只關心跟他們有關的部分。我將在第 10 章中提供一個另外的腳本，來對客戶推銷。

要求充足的時間

　　我建議要求 30 分鐘，來說明你的推銷簡報並得到回饋。

運用簡報和講義的組合

　　你的精實畫布和牽引路線圖是完美的講義，在引導觀眾瀏覽 10 頁簡報時不會產生干擾。下一節將提供簡報範本。

使用 20／80 法則

　　花 20% 的時間（5 分鐘）進行推銷簡報，其餘時間收集回饋。

在五分鐘內引導你的觀眾，了解你的商業模式。推銷簡報的目的不是深入探討，而是對你的商業模式進行清晰簡要的描述。

然後傾聽。五分鐘的概述完成後，徵集回饋並傾聽。看看觀眾是否有辦法理解你的商業模式。如果他們對任何地方感到困惑並要求說明，請回答他們的問題並做筆記以改善你推銷簡報中提到的這些地方。

小心顧問悖論

向 10 個人徵求意見，你可能會得到 10 個截然不同且相互衝突的處方。我一直在創業加速器看到這一點。你的工作不是遵循所有給你的建議，而是內化、合成並應用。

---- 筆記 ----

給他們講台，他們就會變成評論家。

如果你發現有人給你提供過於確切的解決方案，嘗試確認建議是如何形成的。它是基於冒險、不知從哪裡聽來的還是深刻學習過的？

聘用好顧問

一個好的教練／導師應該專注於提出對的問題，而不是試圖給你對的解決方案。如果找到這樣能提出對的問題的，請嘗試留下他們。創業的旅程上最好與他人同行。

10 頁商業模式推銷簡報

我在此處提供的簡報範本，跟前面壓力測試時使用相同順序：你按照這個順序關注你想法的欲求性、可望成功性和可行性。以下部分討論每張簡報要做些什麼。

欲求性

開場簡報應該處理下列主題：

簡報 1：為什麼是現在（轉換觸發）

世界發生了什麼變化，使現在成為你的想法的最佳時機？這通常是眾所周知的宏觀轉換或全球趨勢，例如氣候變化、網路的發明或席捲全球的流行病擾亂並可能打破舊的完成工作方式。

簡報 2：利害是什麼（市場機會）

如果事情保持原樣（什麼都不做），有什麼利害？可以是痛苦（危機／損失）或收穫（抱負／勝利）。

簡報 3：什麼不對了（問題）

在這裡你可以介紹既有替代方案，並概述它們不適合適應此觸發事件的原因。這頁的作用是說明既有替代方案已是「不」可望成功的解決方案。

簡報 4：修正（你的解決方案）

你現在介紹你的創新想法，並描述你如何以不同的方式解決問題（你的解決方案），並幫助你的客戶實現他們期望的成果（你的 UVP）。

可望成功性

下一組簡報應該提供的資訊：

簡報 5：你的護城河（不公平優勢）

一旦投資者能夠想像你的解決方案，並理解你的獨特價值主張，他們就會想知道你將如何抵禦模仿和競爭。這裡你要：

- 陳述你的不公平優勢（如果有的話）。
- 陳述你的不公平優勢故事（如果還在找不公平優勢）。
- 坦白說你還沒有不公平優勢，但正在尋找。

簡報 6：你如何賺錢（收益流）

接下來，解釋你的商業模式是如何運作的。你可以透過描述你的客戶是誰（如果你的商業模式中有多個角色）以及如何獲取可貨幣化價值（收益流）來做到這一點。

簡報 7：你的關鍵里程碑（關鍵指標）

這是展示你將如何獲得牽引力的地方。使用你的牽引力路線圖，來確定你的三年 MSC 目標，並突顯你在此過程中的關鍵里程碑。

可行性

此主題放在最後幾頁簡報：

簡報 8：你當前的進度（推出計畫）

將你當前的進度定位在你的牽引路線圖上，並展示你的「現在 - 接下來 - 之後」推出計畫。如果你剛剛起步，就說你處於牽引力路線圖的起跑線上。

簡報 9：你將如何實現它（團隊）

這裡分享你開始的故事和介紹你創始團隊的好地方，如果你已經組了一個團隊的話。如果你還沒有團隊，請說清楚你的創始團隊需要哪些關鍵技能來完成你的產品。

投影片 10：你的行動呼籲（要求）

你放在這裡的內容，很大程度上取決於你推銷的對象和你的目標。如果你是尋求建議，請求回饋。如果你是尋求買單，要清楚你下一步需要什麼。

史蒂夫跟別人分享他的商業模式推銷 / 簡報

「就像白天和黑夜。」史蒂夫正在向瑪莉更新進度，他新的一輪商業模式故事推銷的狀況如何。

「我聯繫了去年與我交談過的幾個人，那時希望他們加入我的新創或進行投資。我按照你的建議使用學習框架對話，而不是推銷框架。我還在電子郵件中附上我簡略的電梯簡報。」

「然後？」瑪莉問。

「我得到了每個人的快速回覆，並與他們所有人進行了交談。與上次不同的是，我的推銷得到的是點頭而不是茫然的表情。我相信有兩件事讓一切變得不同。第一個是提前發給他們我的電梯簡報。上次我推銷的是技術平台，我認為人們很難理解它是為誰而做的。我們集思廣益可能的客戶區隔和使用個案。但這一次，他們來參加會議時已經清楚了背景，並渴望投入其中。」

「那太好了。那第二件事是什麼？」瑪莉問。

「第二件事是組合了牽引力路線圖和『現在 - 接下來 - 之後』計畫。上次我只說明大方向（或我的第 3 階段），沒有關於如何到達那裡的明確路線圖。我可以了解人們無法將這些點連結起來。坦白地說，我自己也到現在才搞清楚這些點！」史蒂夫笑了。

「太棒了。那麼在這些對話結束時，還有什麼後續？」

「那是最棒的地方。與我交談的兩個人是天使投資人，他們去年放棄了投資，並要求我有更進一步時再聯絡他們。這次他們都承諾只要我達到我的問題 / 解決方案契合成功標準時，就會投資。」

「哇，史蒂夫，這真是個好消息。但我並不驚訝。天使投資人喜歡階段性投資，而牽引路線圖是量化這些階段的完美工具。我們可以討論如何將商業模式故事推銷，進化成為投資者推銷。」

「太棒了。還有一件事，我們之前新創公司的前同事麗莎和喬西，都有興趣作為共同創業者加入團隊。」

「棒極了。我上次聽說喬西在公司被收購後正在放假，而麗莎在一家大公司擔任資深行銷職位。」

「是的，去年我嘗試招募他們作為共同創業者，但他們並不感興趣。這一次我想我成功了。如你所知，喬西是一個超棒的 UX 設計師，他已經在我們的會議上分享了一些我迫不及待想要實施的想法。而麗莎是天生的銷售和行銷高手。這兩個領域都是我的致命弱點。他們都想商量從兼職開始，在合適的時候再跳過來。」

「這些都是很好的進展，史蒂夫。我對麗莎和喬西可能加入你的創始團隊特別興奮。他們都是老手，將完美補足你的技能組合。這也是你準備好從『商業模式設計』轉到『商業模式驗證』的最佳時機。」

「我也很興奮。雖然我已經習慣作為個人創業者，我迫不及待地想讓事情更上一層樓。我們已經開始討論所有需要注意的地方，團隊中有三個人，我們可以分工完成更多事情。」

「嗯……理論上聽起來很不錯，但現實是一個團隊一起做較少的事情，比個別去做更多的事情要好。」

史蒂夫的臉上浮現困惑的表情：「我不確定我明白妳的意思。」

「特別在新創早期階段，分而治之的方法會使已經資源有限的團隊更受限。」瑪莉解釋：「與其個別追逐三個獨立問題，確定你的 #1 問題並團隊一起來解決，會更有效。」

「這合理。但新創中不是有成百上千的問題需要解決嗎？我們要如何確定我們的 #1 問題？」史蒂夫問。

「應用系統性思考。」瑪莉說：「你的商業模式是一個系統。而在任何系統中，總是有一些限制或最弱的環節，阻攔了生產力。嘗試最佳化所有步驟是一種浪費，因為總生產力總會被最慢的步驟所阻攔。如果想提高生產力，只需要修正最慢的步驟，然後再搜尋次慢的步驟。」

「嘿，這是不是 Goldratt 的限制理論？」史蒂夫問。

「是的。它同樣適用於客戶工廠。不管在任何時間點，增加生產力（或牽引力）是目標。你的任務是在客戶工廠中找到限制步驟或限制並修正它。雖然透過指標發現限制通常很容易，但知道如何修正它卻並不容易。這種地方就是充分發揮團隊潛力之處。當然，還有其他事情要做，但要一直努力用 80% 的資源來解決你的限制。」

「如果我記得沒錯，這些限制會隨著時間而變化？」史蒂夫問。

瑪莉笑了：「是的，出乎意料的是。一旦你有足夠多的人註冊你的產品，如果沒有指標和分析，就不可能預測下一個限制會出現在哪裡。想像一下，在沒有任何數據的情況下，要如何在工廠內找到最慢的步驟。」

「當然，這就是我以為妳會說的。我們應該多久重新評估一下我們的限制？」史蒂夫問。

「由於每個系統都有延遲，理想情況下，你應該每週監控你的指標。但在做出任何重大商業模式決策之前，讓你的客戶工廠有足夠的時間來運作。持續創新框架中建議使用 90 天週期來開展此類大商業模式決策，90天的時間夠長足以去實現夠重要的牽引力目標，但也夠短足以在整個過程中糾正路線。」

「我已經在這個專案上工作了 18 個月，感覺就像一眨眼的功夫。我相信三個月很快就會過去。」

「確實如此，特別是因為你進一步將每個 90 天週期分成 6 個為期兩週的衝刺（sprints）。」

「衝刺？像 Scrum/Agile ？」史蒂夫問。

「是的，但更像是 Agile++，」瑪莉回答道：「請記住，在持續創新框架中，商業模式就是產品。所以每個衝刺都不使用建構速度作為進度的衡量標準，而是使用牽引力速度。」

「有意思……妳知道我接下來要問什麼了嗎？」

瑪莉微笑：「是的，我想我知道。今天稍晚我會寄給你一封電子郵件，其中有關於運行 90 天週期的所有詳細資訊。」

「感謝妳，瑪莉！」

第二部分

驗證

那是 2012 年 1 月一個寒冷的早晨，距我們推出精實畫布作為線上工具已將近四個月。我正在審查我們每週的產品指標，手裡拿著咖啡，這是我每週一早上都會做的。

它又來了。連續四個星期我一直在追蹤一個令人不安的趨勢，我們的啟用率（activation rate）一直在逐漸下降。

我們對啟用的定義是使用者完成他們最初的精實畫布。這是一個重要的里程碑指標，因為它是持續使用的領先指標。在第一週內完成精實畫布的使用者，通常會回來探索更多產品。那些沒在第一週完成的，幾乎永遠不會回來。

現在，我們的啟用率徘徊在 35% 下，從剛開始發表時的 80% 持續下降。這意味著每 100 人註冊，其中有 65 人可能永遠不會回來！

更令人擔憂的是，我們已經意識到這個問題好幾個星期了，而且我們並沒有閒著。在過去的四個星期裡，我要求我的設計師施行幾個可用性強化，以處理啟用流程中，我們看到下降幅度最大的步驟。

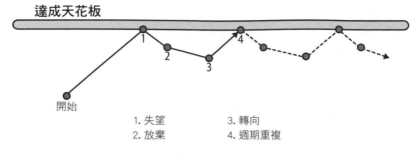

圖 II-1　典型的實驗的生命週期

但它們似乎都沒有用。狀況越來越不好。無論我們做什麼，我們似乎都無法突破一定的達成天花板（圖 II-1）。

感覺就像《今天暫時停止》中的場景，主角是比爾‧莫瑞（Bill Murray），他被迫回到同一天，直到他自己做出突破性的改變。

團隊的其他成員正忙於開發產品的其他部分。我們決定每個人都專注於一個特定領域：

- 我主要專注於用內容和工作坊，推動新使用者註冊。

- 其他開發者專注於建構其他工具，來補足精實畫布。

- 我們的設計師還要做很多事，去支持這兩項措施。在那一刻，我意識到這種分頭進行的方法行不通。這當然讓我們很忙，但我們分太散了，沒有把注意力全部集中在對的事情上──修正「啟用」。

是時候採取完全不同的方法了。

聚焦在你最弱的環節

我召集了團隊會議，並提出要求整個團隊一起關注啟用問題，因為它是商業模式中的瓶頸（關鍵限制）（圖 II-2）。將過多的注意力集中在其他領域是沒效的，因為：

- 即使我們設法讓更多使用者註冊，我們也會在第一週後失去 65% 的使用者。

- 即使我們建構了更多工具，65% 的使用者永遠不會使用它們。

我們的第一要務是處理啟用問題。

過早的最佳化　　　　　　　　　　　　　過早的最佳化

圖 II-2　處理你最弱的環節，是唯一最重要的

團隊了解我論點中的邏輯，但詢問如何排序措施的優先順序。我們無法同時做所有事情，所以我們同意實施一項新政策：我們將把 80% 的注意力集中在打破關鍵限制，而所有其他工作只用 20% 精力。

避免專業的詛咒

然後討論轉向啟用的各種可能解決方案，令人驚訝的事情發生了：

- 我的開發人員開始提議建構解決方案。
- 我的設計師開始提議更多設計解決方案。
- 團隊行銷人員想要做更多的行銷。

這是專業的詛咒——宿敵「創新者偏見」的一種變形。

—— 筆記 ——

當你善於使用錘子時，一切看起來都像釘子。

我們一直在兜圈子。所以我把會議叫停，建議與其群體腦力激盪，不如分開幾天，每個人獨立制定一個打破限制的提案。

識別問題

在大家離開之前，我強調我們團隊很小，同一時間只能挑選一或二個「專門活動」來聚焦。我提議用投票方式選出最有希望的提案。

「專門活動」被選中後，不僅要透過解決方案可行性測試；更重要的是，它必須提供有力證據的個案，可以處理解決方案要解決的問題。

我們同意週末再開會一次。

產生多樣的可能解決方案

到目前為止，我是唯一為此問題提出可能解決方案的人，但很明顯地它們不起作用。我知道我們需要有更廣的想法，這就是我召開會議的原因——但群體腦力激盪不是正解。群體腦力激盪很快就會變成群體迷思或被 HiPPO 綁架。

── 筆記 ──────────────────────────

HiPPO：最高薪酬者的觀點。

我是會議室裡的 HiPPO，雖然我有很多自己的想法，但我決定將它們留給自己，並像其他人一樣將它們付諸表決。

將專業，從詛咒變成祝福的方法，是透過使用收斂‐發散過程來鼓勵想法的多樣性（圖 II-3）。在這種技巧中，會議僅用於協調和決策——而不是自由討論或集體腦力激盪。

所以每個人各自離開去研究並草擬一些可能的提案。

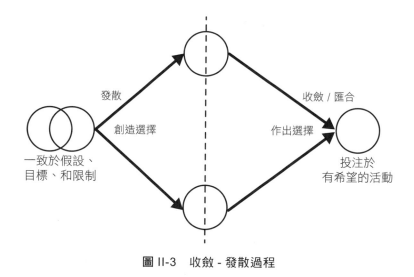

圖 II-3　收斂‐發散過程

投注在你最有希望的提案上

我們週五再次見面，那時團隊已經提出了十幾個提案。

與以前不同的是，每個人都要先為他們發現的問題提供支持證據，而不是僅僅推銷他們的解決方案，然後再展示他們的解決方案如何適用。

審核過程高效、迅速且一致：我們都選擇了我們設計師提的「空白畫布提案」。在過去的幾天裡，他對新使用者進行了快速可用性測試，在僅僅進行了七次測試之後，他注意到幾乎每個人在填寫精實畫布欄位時都會猶豫不決。很多人問是否有某種指南或範例畫布可供參考。

當然，還需要進行更多測試，但這關鍵見解讓我們能夠假設以下理論：

> 我們的啟用率在發布後立即變高的原因，是因為那些使用者是早期採用者。他們已經透過我的部落格、工作坊和 / 或書籍（本書）熟悉精實畫布。他們不需要額外的幫助來填寫精實畫布。但隨著時間，我們的使用者群一直在擴大，而這部分新使用者並沒有這種先驗知識。他們盯著一塊空白的畫布，面臨「作家障礙」——寫不出來。

一旦我們有了一個問題論點，解決方案就顯而易見且簡單了：我們需要一種提供有幫助內容的方法，來引導新使用者完成他們的第一個精實畫布。

測試、測試、測試

選擇好「專門活動」後，我們討論了最快的測試方法。例如：我們是否應該使用提示框、允許使用者下載我的書的摘錄、還是使用影片？

我們決定使用我工作坊的簡報和內容，創建一個幫助影片，以指導新使用者完成他們的第一個畫布。

我們設定 2 週時間並開始作業。

幾天之內，影片就準備好了，我們進行一種拆分測試，只有一部分新使用者看得到 —— 這意味著只有一半的註冊使用者看到幫助影片，而另一半則沒有。這樣我們就可以輕鬆地隔離和衡量解決方案的有效性。

決定下一步動作

在兩週結束時，我們聚在一起審查結果。

在啟用方面有顯著的改善，因有看過影片的新使用者的完成率大增。該實驗成功地起到了推動作用，初期訊號夠有力，支持我們加倍投入這項「專門活動」。

作為下一步行動，我們決定將其變成更長的 90 天「專門活動」，並向所有使用者推出幫助影片。我們繼續量測指標，以便在更大範圍內驗證結果。

該影片繼續被證明是有效的：它被我們的使用者分享，並且在這段時間裡獲得了數十萬次觀看。由於這驗證了影片「活動」的有效性，我們最終更進一步，製作更多影片內容，甚至創建了一些完整的課程。

持續創新框架（CIF）開始成形。

本書的第 II 部分說明了使用 90 天週期，實行 CIF 所需的實際步驟，並向你展示如何開始實現你的第一個重要驗證里程碑：問題／解決方案契合。第 II 部分的章節將教你如何：

- 用 90 天週期來驗證你的想法（第 6 章）
- 開始你的第一次 90 天週期（第 7 章）
- 比你的客戶更了解自己（第 8 章）
- 設計你的解決方案引起一種轉換（第 9 章）
- 提供「黑手黨提案」給你的客戶，使他們不能拒絕（第 10 章）
- 進行 90 天週期的審查（第 11 章）

用 90 天週期來
驗證你的想法

雖然將你的想法解構為商業模式，有助於奠定堅實基礎，但重要的是要認識到，無論你的商業模式故事推銷／簡報多麼吸引人，它仍然建立在一組未經檢驗的假設上。

將你「設計好的商業模式（計畫 A）」轉換為「可運行的商業模式」的方法，是透過商業模式驗證。

採用分頭進行的方法來驗證商業模式可能很誘人，但根據團隊成員的強項來區分只會分散團隊的注意力。正如第二部分所提到的例子，專注於許多不同的優先事項會削弱你的資源，因此不是最佳選擇。充分運用團隊潛力的最佳方式，是讓他們共同關注商業模式中該時間點風險最大的事情（即你的限制或最弱的環節）。

你如何正確識別風險最大的事情？太多的創業家只是條列出他們最有風險的假設、使用他們的直覺、或尋求其他「專家」的建議，來猜出他們的限制。但這種方法是高度主觀的，並且容易產生偏見（你自己的、你的團隊的和顧問的）。

—— 筆記 ——

不正確地排序風險，是造成浪費的主要原因之一。

那麼，有沒有更好的方法呢？答案是有的。它需要使用系統性方法—具體來說，應用「限制理論（TOC）」。TOC 是一種從限制出發的系統最佳化方法，由 Eliyahu Goldratt 首創，寫在他的開創性著作《The Goal》（North River 出版）中。

TOC 的基本前提是在任何特定時間，系統總是受限於單一限制或最弱環節。想像一下，你的任務是提高工廠的生產力。你可以訪談生產線作業員或管理者，以徵求意見，但這樣做的結果很可能只會得到一長串問題清單和可能解決方案清單。你會先研究哪一項？

更好的方法是首先將工廠的生產力，作成一系列步驟。你的目標是識別生產線上最慢的機器。最慢的機器代表系統中現在的限制。總有一個最慢的，這就是你最有風險的假設所在。嘗試改善任何其他步驟都不會提高工廠的生產力，因為最慢的機器限制了系統的生產力。嘗試在其他步驟上努力，會掉入過早最佳化陷阱。

當人們識別一個限制時，一般會傾向獲取更多資源來克服該限制—例如，僱用更多工廠作業員或購買更多機器。雖然這些修正一定能打破限制，但它們也可能造成不必要的浪費。如果你可以藉由訓練提高現有員工的技能，或維修保養最慢的機器，來打破限制呢？

心態 #6

限制是一種禮物

從系統的角度來看，限制是禮物，是實踐「在對的時間，做對的行動」的關鍵：

- 將系統化為一系列步驟，有助於你識別出限制。

- 正確識別出限制，能聚焦。

- 找到限制背後的根本原因，可以打破限制和增加系統生產力同樣的，從限制出發的方法，可用於發掘你商業模式中風險最大的假設。

更進一步，一旦你成功打破系統中的限制，限制就會（通常不可預測地）轉移到系統的不同地方。如果你不保持警惕並注意到這種轉換，就很容易陷入過度最佳化的陷阱，從而導致最佳化工作的回報遞減。

你的商業模式也將隨著時間不可避免地發生變化，你商業模式的最大風險也是如此。系統性最佳化和發展它的方法，是建立定期節奏，與你的團隊一起持續審查你商業模式的目標、假設和限制。

心態 #7
讓自己對外負責。

此時，就是 90 天週期要起作用之處。

90 天週期

90 天是讓你自己、你的團隊和你的商業模式對外部負責的正確節奏。它夠長，可以開展有意義的工作並取得可觀的進展（實現牽引力），同時也夠短，可以激發緊迫感。

使用 90 天的節奏可以將實現 MSC 目標的 3 年旅程，分解為 *12 個 90 天週期*（圖 6-1）。每個 90 天週期都有一個牽引力目標，作為你的目標和關鍵結果（OKR），這是從你的牽引力路線圖推斷出來的。將明確的目標與你的模型和指標相結合，可以使你的團隊圍繞一個共同的使命保持一致，同時讓他們保持開放的態度，探索實現目標的多種方式，發展出一個或多個「專門活動」。

筆記

「專門活動」（campaign）是關於如何在 90 天內實現或接近 90 天週期 OKR（牽引力目標）的提案。

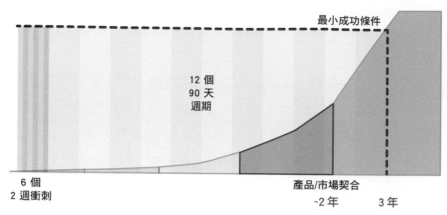

圖 6-1　目標、週期、和衝刺

單一個「專門活動」可能不足以讓你實現目標，這就是為什麼你經常需要在 90 天的週期內同時運行多個或一個接一個地堆疊「專門活動」。每個「專門活動」進一步細分為一系列為期兩週的衝刺。衝刺不僅更具結構性，而且還提供較短的回饋循環，以便使用小型快速實驗迭代測試你的「專門活動」。

回顧一下：

- 「目標」定義了使命。

- 「專門活動」定義了達成你目標的策略 。

- 「衝刺」測試了這些策略。

典型的 90 天週期

典型的 90 天週期分為三個階段：建立模型、排序、和測試（圖 6-2）。90 天週期的前 2 週，用於建立模型和排序。此時你可以讓你的團隊一致於 90 天 OKR，並列出你最可能成功的「活動」。剩下的 10 週，是你測試「專門活動」的時間。

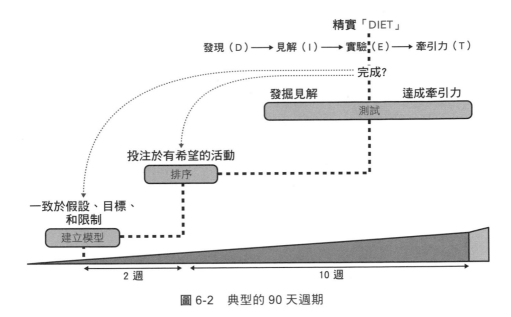

圖 6-2　典型的 90 天週期

一個 90 天週期以 90 天週期回顧作為結尾，此時你回頭看，審視你所做的和學到的東西，並決定下一步做什麼，將開始下一個 90 天週期。

讓我們來看看這三階段的細節。

建立模型

建立模型階段是你讓你的團隊一致於關鍵目標、假設和限制之處。在每個新週期開始時，你都會召開 *90 天週期啟動會議* 來制定該週期的 OKR。這是收斂 - 發散過程中的收斂步驟。

你從在商業模式設計階段創建的模型開始。繼續往前走時，保持這些模型定期更新非常重要，因為它們會隨著時間而進化。不像一些厚重的計畫，如商業企劃、預測試算表和產品路線圖，我們使用的模型有意地設計為夠輕薄，以便相對快速和容易地保持最新狀態。

除了保持模型不斷更新之外，你還需要開始使用指標衡量你的商業模式。當開始一個新想法時，你所有的初始指標都從零開始。你的首要目標是讓你的客戶工廠運轉。你的限制將遵循某種程度上可預測的順序，符合典型的客戶生命週期步驟：

1. 獲取

2. 啟用

3. 留存

4. 收益

5. 推薦

然而，一旦你的客戶工廠啟動並運行（即，你開始與客戶互動）你的限制將開始變得相當不可預測。可靠地發掘你的限制（和風險最大的假設）的唯一方法，是透過對你當前指標進行系統性分析。請記住，猜測你最有風險的假設，會受到偏見影響，錯誤的診斷會導致浪費。我將在本章後面分享一些關於如何衡量這些指標的指南。

排序

下一階段是排序，你將賭注押在最有希望的「專門活動」上。在 90 天週期啟動後，團隊分別獨立分析限制並制定「專門活動」提案以實現週期目標。

然後每個人重新聚集召開 *90 天週期規劃會議*，大家在會議上推銷他們的「專門活動」提案。

一個「專門活動」推銷：

- 識別出限制的可能原因

- 總結潛在問題與其支持證據

- 建議一可能的解決方案

- 宣告一些預期的成果

通常不可能開展所有提議的「專門活動」，因此團隊會在每個 90 天週期內投票選出最有成功可能性的「專門活動」。

心態 #8

投入許多小賭注

出於前面討論的原因，選擇少一點的「專門活動」比起選擇太多要好。確定要為 90 天週期選擇多少「專門活動」的一個很好的起始經驗法則，是將團隊成員的數量除以二。舉例來說，一個五人團隊每個週期的「專門活動」應該大約二個，不超過三個。

與傳統的產品規劃不同，這裡的目標不是努力制定要執行的完整計畫，而是識別出 最有成功可能性的「專門活動」，並進行同步評估。

90 天週期的剩餘時間（10 週）被分成五個 2 週的衝刺，並用於進一步測試和完善這些「專門活動」賭注。

心態 #9
以證據為本做決策

測試

選擇「專門活動」後，你將進入測試階段。「專門活動」提案者來設計實驗、成立子團隊並分配任務。然後正式開始第一個衝刺。

當人們想到測試時，他們通常只會想到運行評估型實驗。意即我們根據預期的成果，測試一組輸入假設（或假定），像是「如果我做 X，我預計得到 Y」。例如：

1. 如果我推出我的產品，我要得到 100 個新付費客戶。

2. 如果我跑這個廣告，它要驅動 1,000 個註冊。

3. 如果我建構這個功能，它要降低流失率到 40%。

評估型實驗是一種牽引力實驗，把預期成果連結到五個客戶工廠步驟之一（AARRR；參見第 3 章）。然而，急於進行評估型實驗通常不是最佳方法。為什麼？你從這些實驗中獲得的結果的效用，與輸入假設的品質成正比。換句話說，如果你把垃圾放進去，你會得出垃圾。這就引出了一個問題，你如何從更好的假設或假定開始？

這就是生成型實驗的用武之地。生成型實驗是幫助你發現新見解或秘密的發現／探索型實驗。這些見解在一開始通常並不明顯，但它們是實現突破和驅動牽引力的關鍵因素。

心態 #10

突破需要意外成果

生成型或發現型實驗能發掘關鍵見解，幫助你制定更好的假設，然後你藉由評估或牽引力實驗去驗證這些假設。

我想出一個簡單的記憶法：D-ARRRR-T。良好的驗證「專門活動」，應該先有問題才有解決方案，或者在牽引力（T）之前先有發現（D）。由於增加牽引力（T）是每個「專門活動」的最終目標，因此所有「專門活動」都應將結果與一個或多個客戶工廠指標（AARRR）連結起來。

當設計任何「專門活動」，考慮以下七問題會有幫助：

1. 發現（Discovery）：有沒有值得解決的潛在問題？

2. 獲取（Acquisition）：是否有夠多的人感興趣／受影響？

3. 啟用（Activation）：它是否提供價值？

4. 留存（Retention）：人們會回來？

5. 收益（Revenue）：有什麼影響（對收益或其他一些有意義的指標上）？

6. 推薦（Referral）：人們會告訴其他人？

7. 牽引力（Traction）：牽引力是否增加？

通常不可能在一個兩週衝刺中回答所有這些問題，這就是為什麼「專門活動」通常在一系列衝刺中進行測試。正如你將在下一章中看到的，D-AARRR-T 提供了一個有用的範本，設計出「專門活動」於每個衝刺中要測試的部分。

準備好你的第一個 90 天週期

現在你已了解 90 天週期如何運作的，讓我們介紹一些運行有效週期的先決條件。

集結對的團隊

雖然你可以自己開始建構產品，但重要的是，要認識到你的進度通常會受到可用時間（我們一天只有 24 小時）、技能組合（專業的詛咒）或世界觀（其他偏見）的限制。

出於我已經討論過的原因，優先建立一個具有跨職能技能和多學科世界觀的團隊非常重要。至少有另一個人幫助執行定期的現實檢查，會很有幫助。理想情況下，他會是一位共同創業者，但顧問、投資者，甚至由其他新創公司創業者組成的臨時委員會都可以擔任這個角色。

—— 筆記 ——

早期階段是靠好的團隊成功的，而不是好的想法。

好的團隊會迅速識別並消除壞想法，最終找到好想法。不好的團隊分不清好想法和壞想法，他們不是執著在壞想法太久，就是無可救藥地漏接好想法。

由於組建一支好的團隊總是比預期的時間長，因此透過與潛在候選人分享你的商業模式故事推銷來儘早開始會有所幫助，就像史蒂夫那樣。

以下是建團隊時需要考慮的一些補充準則。

忘掉傳統的部門

在早期的新創公司中，傳統的部門標籤像是「工程」、「品保」、「行銷」等會妨礙並造成不必要的摩擦。此外，當可交付成果是在孤島中創建，並由不同的內部關鍵績效指標（KPI）組合驅動時，你很有可能會遇到這樣的問題，此時你的整體生產力可能會以犧牲這些個別指標為代價而受到損害。例如：受傭金激勵的銷售團隊通常受成交率驅動，而不是學習和發現。

最好讓所組織出的創始團隊，圍繞著實現牽引力目標的共同使命。

從最小可行團隊開始

梅特卡夫定律（Metcalfe's law），即「溝通系統的價值大約以系統使用者數量的平方來成長，」若放在專案團隊上，會推論出：

> 一個團隊的效率大約是團隊成員數量的平方的倒數。
>
> — *Marc Hedlund*，Wesabe 的 CPO

隨著團隊規模的擴大，溝通會中斷並演變成群體迷思。有很多關於用盡可能小的團隊建構最小可行產品的論據，包括：

- 溝通較容易。
- 建構較少。
- 保持成本低。

關於團隊規模的一個好的經驗法則，是兩個披薩團隊原則：

> 任何團隊都應該小到足以用兩個披薩餵飽。
>
> — *Jeff Bezos*，Amazon 的創業者

實際上，大多數新專案通常從兩到三人的創始最小可行團隊開始，通常會發展成五到七人的核心團隊。一旦你的成長超過這些數字，將人們分成小而完整的團隊是很有幫助的，這些團隊仍然圍繞著實現牽引力的共同使命組織起來。

好的團隊是完整的

比起成員數量，更重要的是確保團隊擁有對的多樣性的技能組合和世界觀，才能快速迭代。如果你必須依靠共享外部資源來完成工作，你的學習速度會受到影響。

我喜歡將一個完整的團隊想像成一個混合了駭客、設計師和騙子角色的團隊。如果你不喜歡這說法，可考慮以下替代方案：

- 駭客、趨流行的人、騙子
- 開發者、設計師、交易者
- 建構者、設計師、行銷人員
- 你自己想其他的

你並不總是需要三個人來組成一個最小可行團隊。有時你可以用兩個人來擔任這些角色，而有時你只需要一個人。

我這樣定義他們：

駭客

如果你正建構產品，你的團隊中需要具有強大產品開發技能的人。擁有先前建構經驗，再搭配你要使用的特定技術專業知識是關鍵。

設計師

設計是關於美學和可用性的。在較新的市場中，功能可以優先於形式，但我們生活在一個越來越具「設計意識」的世界，形式不能被忽略。而且產品不只是功能的集合，而是「使用者流」的集合。你的團隊中需要有能夠提供符合客戶世界觀體驗的人。

騙子

剩下的都是行銷（和銷售）。行銷驅動了你產品的外部認知，你需要一個可以設身處地為客戶著想的人。良好的文案寫作和溝通技能是關鍵，還要能理解指標、定價和定位。

好的團隊在超能力上部分重疊

一個完整的團隊需要駭客、騙子和設計師技能組合的良好部分重疊組合（圖 6-3）。這是良好部分重疊的樣子。讓每個團隊成員說出他們 #1 和 #2 的超能力。例如，我的 #1 超能力是騙子，而我的 #2 超能力是駭客，因此可以寫成騙子 - 駭客。如果我要找共同創業者來使我的團隊完整，我會找超能力是駭客 - 設計師或設計師 - 駭客的人。

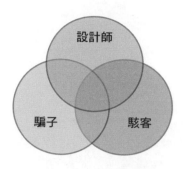

圖 6-3　核心團隊

外包你的關鍵技能組合要小心

我經常遇到試圖將這三個領域中的一個或多個外包的團隊，這通常是一個壞主意。雖然你可以外包早期原型或 Demo，要小心不要讓自己受制於別人的日程安排，因為這會限制你快速迭代和學習的能力。

—— 提示 ——

你永遠不應該外包的一件事是學習。

好的團隊對外負責

你的核心團隊需要被授權去做任何需要的事情以實現目標。如果他們必須不斷獲得許可才能測試想法，那將影響他們的速度。但另一個極端是授予團隊完全自主權，他們不對任何人負責，這也很危險。這是傳統的「臭鼬工廠」或研發模式，團隊會獲得大量預算並負責「創新」。有一件事是肯定的：所有的錢都會花光。

這樣的團隊經常搬到更具創意的空間，為自己留出空間，以不同於傳統業務的方式思考。雖然原則上是合理的，但當這種自主權不受限制時，也會培育出個人的熱情（或偏見）。

外太空內部創業類比

將內部創業視為向太空發射探索性探測器。如果你射得太遠，你會迷路，最終耗盡資源，然後靜靜死去。

即使你真的設法回來了，你也可能會帶回一些與核心業務格格不入的東西，以至於你會被某個副總裁幹掉。

成功的關鍵不是瞄準外太空，而是瞄準特定目標（儘管模糊）並與母星上的執行贊助者保持定期溝通。

目標是建立了一個值得追求的目標。定期溝通和對外負責管理期望並保障你的回程。

改編自與 Dell 早期內部創業者 Manish Mehta 的對話

正確的平衡是半自主——即建立一個外部問責制，讓團隊能自主探索解決方案，又同時堅守一定的核心商業模式限制和目標。

在實施持續創新框架（CIF）過程中，讓你的內部和外部利害關係人參與是關鍵。如果你在一家新創公司，這些利害關係人可以是外部顧問和 / 或投資者。在企業裡，他們可以是主題專家或執行專案贊助者。即使你是靠自己的創業家，我也強烈建議你為此創建某種臨時諮詢委員會。

好的團隊運用好教練

除了利害關係人之外，大多數新採用 CIF 的團隊，將特別受益於外部教練 / 促進者（不是核心團隊也不是關鍵利害關係人）。與利害關係人和領域專家（顧問）不同，教練聚焦在問對的問題，不是給予對的答案。這是控制偏見和客觀地識別出要解決的限制的關鍵。即使是 Steve Jobs、Larry Page 和 Eric Schmidt 都有教練[1]。今天的每一種主流方法——包括 Scrum、敏捷和精實六標準差—都是透過無數教練的工作傳播和發展的。CIF 也不例外。

---

[1] Bill Campbell，前美式足球員和教練。他被稱為兆美元教練，幫助建立了一些矽谷最偉大的公司，包括 Google、Apple 和 Intuit。

組建對的團隊是第一步。接下來是建立定期報告的規律。

建立定期報告的規律

雖然精實畫布和牽引力路線圖是完美的輕薄模型，可以定義、衡量和溝通商業模式進度以及讓自己對外部負責，但它們只有在你有動力定期重新審視模型時才有效。

其中隱藏一個問題。僅有動力是不夠的。一旦你完全沉浸在你的產品中，失去時間感狀態是很常見的。正如我們在史蒂夫身上看到的那樣，幾週很快就變成了幾月和幾年。

你需要一個強制機制，它不僅僅仰賴於動機，而是促使你重新審視你的模型。這就是建立定期報告規律的用武之地——作為你在 90 天週期內運行的一系列儀式來實施。

這儀式的概念不新。廣泛用在敏捷、Scrum 和設計思考方法論，以促使團隊溝通並推動當責制。如果你已經遵循其中一種方法，則很容易調整，只要在你現有的儀式去加入 90 天週期的相關條件。如果你還沒有在你的團隊進行任何儀式，現在是時候建立這個規則了。

在一個 90 天週期中，有六項儀式（圖 6-4）：

90 天週期起始會議

> 用於使你的團隊一致於關鍵目標、假設和限制

90 天週期規劃會議

> 用於對你最有成功可能性的「專門活動」下賭注

衝刺規劃會議

> 用於為即將到來的衝刺，定義實驗和分配任務

每日站立會議

> 用於快速確認，以更新團隊成員的日常任務並提出任何需要注意的障礙

衝刺審查會議

用於分享衝刺中的關鍵知識

90 天週期審查會議

用於提供 90 天週期的進度報告並決定下一步行動：轉向、堅持或暫停

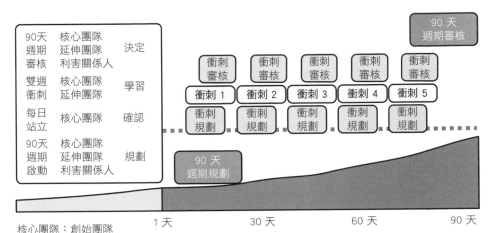

核心團隊：創始團隊
延伸團隊：教練、顧問、領域專家
利害關係人：投資者、執行贊助者

圖 6-4　90 天的報告規律

高效實驗的七個習慣

在商業模式設計階段，你依靠想法實驗來形塑你的想法。當你準備好進入商業模式 驗證階段時，你將依靠實際實驗，與客戶一起形塑你的想法。

以下是我對於設計和運行良好實驗的基本規則。但在我們開始之前，我想對比一下進行科學實驗和創業實驗之間的區別。

首先，目標不同。科學家尋求永恆的真理以揭開宇宙的奧秘，而創業家尋求暫時的真理以發掘商業模式運作的秘密（見解）。

其次，時間軸不同。創業者沒有無限的時間，而是需要將學習速度放在首位。出於這些原因，在許多情況下，同科學探究相同的嚴謹程度來進行創業探究，可能有點矯枉過正。創業不只是為了學習而獲取知識，而

是為了推動結果（又名牽引力）。我們的目標是快速鎖定噪音中的正確信號，然後加倍鎖定信號。

沿途測試一些基於直覺的捷徑（或預感）有時是在噪音中找到這些信號的最快方法。你如何平衡速度和學習之間的這種權衡？採用一套濃縮的七個習慣來運行高效的創業實驗。

1. 坦率地宣告你的預期成果

> 如果你只是看看會發生什麼，你總會成功地看到發生什麼，因為某些事情肯定會發生。
>
> — *Eric Ries*，《The Lean Startup》

就像科學家不只是單純地進入實驗室就開始混合一堆化合物來「看看會發生什麼」一樣，你不能在不知道你要尋找什麼的情況下進行實驗。

以下是這種偏見如何在我們身上蔓延的：假設你在夏季推出了一款產品，但沒有賣出去──這顯然是因為每個人都在度假。如果你的產品到了秋天仍然賣不出去，那可能是因為大家剛度假回來，還沒有準備好購買。然後，至少在美國，我們有萬聖節、感恩節和聖誕節，所有這些節日都會降低你的銷售額。按照這種邏輯，永遠沒有賣東西的好時機。

── 筆記 ─────────────────

相當聰明的人可以合理化任何事情，但創業家在這方面特別有天賦。

要避免掉落這種合理化陷阱，你需要採取更經驗主義的方法。與其簡單地等著看會發生什麼，不如提前宣布你的預期成果，並考慮季節性等因素。這說起來容易做起來難。不想提前宣布結果通常有兩個更深層的原因：

- 我們討厭被證明是錯誤的。
- 很難對未知事物做出有根據的猜測。

接下來的兩個習慣將幫助你克服這些。

2. 讓成果宣告成為一項團隊運動

如果你是一家公司的創業者或 CEO，你可能會迴避對預期成果做出大膽的公開聲明，因為你想顯得知識淵博並掌控一切。你甚至不必成為 CEO 就能表現出這種行為：如果你是一名提出新設計的設計師，對結果含糊其詞，比冒著宣布轉換率最後又被證明是錯誤要安全得多。

大多數人迴避預先聲明的根本原因，是我們將自尊與工作連在一起。自尊有利於加強負責任，但不利於經驗學習。

我知道有意識地將你的自尊從你的產品中分離出來並不容易。畢竟，你醒著的大部分時間可能都花在產品上。但在某些時候，你會知道，建構對的產品比「永遠是對的」更重要。這種思維轉換對於建立健康的實驗文化非常重要。

你可能會以另一種方式表現出你對宣布結果的恐懼：只做安全的聲明。走安全路線不會取得突破。你需要發展一種文化，讓人們有很多的意見、奇怪的預感和奇怪的直覺，然後還可以嚴格地測試這些東西。

這是我建議你開始的方式。不要將宣布預期成果的負擔放在一個人身上。相反，讓它成為一個團隊的工作。

過早尋求團隊共識會導致群體迷思。預期成果聲明特別容易受到 HiPPO 的影響。

讓團隊成員單獨先聲明成果，然後再比較紀錄較好。

因此，若以設計師提出新登陸頁面為例，設計師將先帶團隊了解他們的提案，然後團隊中的每個人都會獨立估算轉換率的潛在生產力提升。然後他們會比較他們的估算並討論如何達到這些數字。

我建議在運行實驗後，進行團隊範圍內的意見調查，然後將這些估計值與實際結果進行比較。如果你想找點樂子，你可以把這個練習變成一個遊戲，你可以給估計值最接近實際結果的人一個小的象徵性獎品。重點不是對或錯，而是關於你的團隊能樂於宣告預期成果。隨著時間，此練習就可以極大地幫助提高團隊的判斷力。

如果你是獨立創業者，在你運行實驗之前，寫下預期成果就更加重要了。

3. 強調預測，不是強調準確

人們迴避提前宣布預期成果的另一個原因是，他們覺得自己沒有足夠的資訊來做出有意義的預測。如果你以前從未推出過 iPhone app，你怎麼可能預測出預期下載率？

你需要接受這樣一個事實，即你永遠不會擁有完美的資訊 —— 而且無論如何你都需要做出這些預測。

這裡有三個方法來做這件事。

尋找類比物

在理想情況下，我們將能夠查找任何指標的預期轉換率。然而，出於競爭原因，大多數公司選擇對其客戶工廠的內部運作保密。

這些數字中的部分，可以像我們在第 3 章的費米估計練習中所做的那樣，透過一些研究拼湊起來。然而，最準確的預測將來自於隨著時間投資於提高你自己的判斷力。你必須成為自己客戶行為模式的專家。做到這一點的唯一方法，是預先聲明成果並從每一個成果逐步學習。

當你第一次開始宣布這些成果時，請有心理準備你的數字會相去甚遠。例如：你可能期望從你的 iPhone app 推出後每天有 100 次下載，但你發現只有 10 次。你的第一個猜測可能過於樂觀，但當你始終有 10 倍誤差時，你自然會開始調整你的期望以符合現實。

利用你的牽引力路線圖和客戶工廠模型

重要的是要記住，你不是憑空選擇數字，例如：每天 100 次下載。這些數字應該來自你的牽引力路線圖和客戶工廠模型。建構模型的第一要務，是你可以用它來預測你的客戶需要如何行為，才能使你的業務運作（即計算後果）；然後，你可以用實驗驗證這些預測正確與否。

從預測一定範圍開始，而不是預測絕對值

人們迴避做出預測的另一個原因，是因為他們覺得需要預測很準確。

—— 提示 ——

任何預測都好過沒有預測。

讓我們看一下 Douglas Hubbard 提出的另一種預測技術。評估不確定性是一項通用技巧，透過衡量改善來傳授。Hubbard 的技術基礎，是預測一個範圍而不是預測絕對值。他用我在工作坊中常用的預測練習來說明這種技術，請見下欄。

練習：波音公司 747 飛機的機翼有多長？

除非你從事航空業，否則在面對這樣的問題時，你可能會舉手投降。與其提出一個數字，不如把問題分成兩個，先解決 90% 信賴區間的上限，然後對下限做同樣的操作。讓我們試一試。

機翼長可能小於 20 英尺（6 公尺）嗎？

不，那顯然太短了。

我們對此有 100% 的把握。

那 30 英尺（9 公尺）如何？

繼續增加這個數字，直到你不想再提高為止。你應該以 90% 的確定性為目標。

把這個數字寫下來。然後對上限重複同樣動作。

機翼長能否大於 500 英尺（152 公尺）？

不，那顯然太長了。

我們對此也有 100% 的把握。

300 英尺（91 公尺）怎麼樣？那是一個美式足球場的長度。

> 繼續減少這個數字，直到你不想再降低。同樣，以 90% 的確定性為
> 目標並寫下這個數字。
>
> 你的答案對嗎？
>
> 正確答案是 211 英尺（64 公尺）。

當我在我的工作坊進行這個練習時，學生們經常從聲明他們不知道，到
猜到距正確答案 5 到 20 英尺範圍之內。你可以將同樣的技術應用到你的
生產力實驗中。轉換率的下限和上限已經設定出地板和天花板。讓我們
以獲取率或註冊率為例。我們知道它 不可能是 100%（沒有人做得到；
而它也不可能是 0%），對實驗沒有意義。透逐步調整你的下限和上限，
你可以猜在 90% 信賴區間下，註冊率為 20 至 40%。

這就是進步。隨著時間，你的信心會漸增，你的範圍會越來越小。

4. 量測行動，而不是說了什麼

所有評估型實驗都需要根據一項或多項客戶工廠行動（AARRR）來定義
預期成果。

然而，發現型實驗，可能更具挑戰性，因為質性學習可能是主觀的。問
任何創業家，客戶拜訪的狀況如何，通常都是正面的。這是工作中的確
認偏差，我們傾向於選擇性地只留存與我們既存世界觀一致的東西，而
忽略其餘的。與其試圖衡量使用者說了什麼，不如衡量他們做了什麼。

5. 將你的假設變成可反證的假設

僅僅提前宣告成果是不夠的。你必須讓它們可反證化，或能夠被證明是
錯誤的。我之前在討論科學方法時談到了這一點。要使一個模糊的理論
無效是極其困難的。可反證性是避免落入歸納主義陷阱所必需的，在這
種情況下我們收集足夠的資訊讓我們相信自己是對的。你可能已經從著
名的「白天鵝」例子中熟知這個陷阱。如果你見過的所有天鵝都是白色
的，那麼很容易宣告所有天鵝都是白色的。但只需要一隻黑天鵝就可以
推翻這一理論。

當看到以下商業模式的假設，上述問題隨之而現：「我相信因為我被視為專家，將會促使早期採用者使用我的產品。」要測試這個聲明，你可以在談話、發送推文連結或撰寫部落格文章提到你的產品。所有這些都可能驅動人們去註冊。但是你什麼時候宣告這個聲明有被驗證過？是當你獲得 10 個註冊、100 個註冊還是 1,000 個註冊的時候？這樣的預期成果是模糊的。

這種方法的另一個問題是，當你將一堆活動混在一起時，很難知道活動的因果關係。你的註冊真的可以全歸因於所有這些活動嗎？還是其他活動推動了大部分的註冊？

前面的陳述已經是很不容易的良好開端，但它還不是一個可反證的假設。它需要進一步完善，以使其更加具體和可測試。這是一個更好的版本：

- 寫一篇部落格文章將能驅動 >100 個註冊。

現在你有運行這個實驗的方法，且能清楚地衡量它是成功還是失敗。請記住，這 100 個註冊人數不是憑空而來 —— 它需要從你的牽引力路線圖和客戶工廠模型衍生出來。這裡的關鍵要點，是認識到畫布上的假設，通常不是從可反證的假設開始，而是從冒險開始。為了將冒險變成可反證的假設，你將它們重寫為：

- 「具體的可測試行動」將推動「預期的可衡量成果」。

到目前為止，我們已經介紹了你應該養成的兩個習慣，以便進行有效的實驗：預先宣告成果並使其可反證。但這還不夠 —— 預期成果聲明中還缺少一些東西。你知道缺了什麼嗎？

6. 對你的實驗進行時間限制

假設你進行實驗並決定在一周後檢查結果。一週後，你有 20 個註冊。你可能認為它是一個好的開始並讓實驗再運行一週。現在你有 50 個註冊，這達成了你想要的 100 個註冊目標的一半。此時你應該做什麼？

過於樂觀的創業家通常會陷入「再多做一會兒」實驗的陷阱，以期獲得更好的結果。這裡的問題是，當實驗不受控地運行時，幾週很容易變成幾個月。

正如歸納陷阱讓我們過早地宣告成功一樣，缺少時間限制讓我們無限期地延長我們的實驗。請記住，時間——不是金錢或人——是我們擁有的最稀缺的資源。解決方案是對你的實驗進行時間限制。然後我們可以將預期成果重寫為：

- 寫一篇部落格文章將能驅動 >100 個註冊（在 2 週內）。

像這樣建立一個時間限制，會幫你的團隊在之後的討論中設置一個不可妥協的界線，就算結果不佳，世界也還沒走到盡頭。

我建議在時間限制上更進一步：不是去估算運行特定類型實驗需要多長時間，而是將所有實驗限制在同一時間限制間距內。換句話說，定義一個時間限制，你的所有實驗都需要依該時間限制來調整，不管類型為何。向下修改目標以適應你的時間限制是完全可以的。例如，在我們的例子中，如果你認為自己無法在 2 週內達到 100 次註冊，但你認為可以在 4 週內完成，請將其分成 2 個實驗：

- 實驗 1：寫一篇部落格文章將能驅動 >50 個註冊（在 2 週內）。
- 實驗 2：寫一篇部落格文章將能驅動 >50 個註冊（在下 2 週內）。

如果在第一個 2 週實驗中你只有 10 個註冊，你會知道除非你採取一些改正措施，否則在接下來的 2 週內彌補差額的可能性很小。將時間限制視為在實驗中強制使用較小批量的一種方式。批量越小，實驗的回饋循環越快。

我已經在小型和大型團隊中應用過這種時間限制技術，而且效果相同。在施加時間限制之前，團隊將他們的實驗範圍從幾周的小實驗到幾月的大實驗都有。在較長實驗中，唯一可見的進度是團隊的建構速度，而這正如我們之前所說的那樣，是一個不可靠的進度指標。

我們制定了一個為期兩週的時間限制，並預先安排了與專案監督者的進度更新會議。這意味著團隊必須找到一種方法來建構、衡量、學習並準備好每兩週溝通一次業務結果。就像變魔術一樣，他們採取行動，找到創造性的方法將他們的「大」實驗分解成較小實驗。透過這些更快的回饋循環，團隊能夠及早知道幾個大型措施無效，並對其他有效措施產生更多信心。這兩種成果都是進步。

7. 使用對照組

進步是相對的。為了判斷實驗是否有效，你需要能夠將其與之前的狀態作為基準來比較。科學上的說法是建立一個對照組。

我將在本書後面概述將你的客戶工廠以每週批次（或群組）進行基準測試的步驟。每週批次是建立控制基準的合理起點：它們建立了一個你應該在實驗中要超過的基準。這是一種系列拆分測試，當你還沒有很多使用者或沒有同時運行重疊實驗時，通常是可行的。

也就是說，建立對照組的黃金標準是透過平行拆分測試。在平行拆分測試中，你只對使用者母體中的一個選定子群組做實驗，然後你將群組 A 與其餘母體（對照組）進行比較，來確定進度好不好。這也稱為 A / B 測試。

最後，如果你有足夠的流量進行測試，並且有多個可能存在衝突的解決方案需要測試，你可以運行 A / B / C（或更多）測試，讓多個想法相互競爭。

史蒂夫設立一個對外負責結構

史蒂夫成功讓喬西和麗莎承諾每週在他的新創工作 20 小時。他將這新訊息轉給瑪莉。

「做得好，史蒂夫。我非常期待再看見喬西和麗莎。」瑪莉說。

「可以邀請他們參與我們的談話嗎？」史蒂夫問。

「可以，當然。我甚至會說這是我繼續提供建議給你的必要條件。」瑪莉補充道。

她停頓了一下：「創始團隊需要 100% 一致，尤其是心態上。你在過去的幾週在改變你的心態上有很大的進步，從建構優先到牽引力優先。你最不想看到的就是你的團隊成員讓你滑回舊世界。」

「是的，我一直在想我要如何讓他們了解妳教我的一切。」史蒂夫回答道。

「這些模型的強大之處在於它們易於理解。但將它們付諸實踐是困難的。讓你的團隊趕上進度的最好方法是透過例子——透過實踐。我建議正式開始一個 90 天的週期，為儀式訂下日期，並遵循結構化流程。喬西和麗莎都非常厲害。他們很快就能感受這種工作方式。」

「關於模型很簡單這件事，你說的很對。當我向他們說明我的商業模式故事時，他們都沒有打斷我。他們馬上就明白了，喬西甚至讓我今天早上寄給他一份我的精實畫布和牽引力路線圖。」

「就是這麼回事。但是，請務必立即訂下行事曆。太多的創業家聚在一起只討論好事，但不好的東西通常是你找到最大突破的地方。打起精神來，史蒂夫，事情將變得更有趣了……」

在這次會面後，史蒂夫馬上跟其他人協調並為所有儀式和事件設定好日期和時間。

第七章

開始你的 90 天週期

正如你在上一章中了解到的，90 天週期的前兩周用於建立模型和排序確定優先順序。啟動 90 天週期之初，你要先整理好你的模型，然後召開 90 天週期啟始會議，在會議上讓你的團隊就目標、假設和限制調整為一致（圖 7-1）。

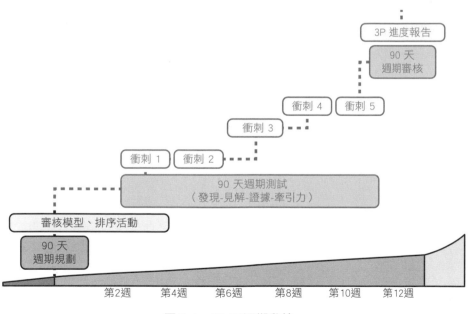

圖 7-1　90 天週期啟始

史蒂夫召開 90 天週期啟始會議

由於史蒂夫已經做好他的模型，所以他只要稍微更新一下就可以了。接著他召開 90 天週期啟始會議，會上他花了幾分鐘時間快速向喬西、麗莎和瑪莉說明他更新後的精實畫布和牽引路線圖——為他最重要兩個客戶區隔：軟體開發人員和建築師。

「我們之前大部分在討論軟體開發人員模型，其沒有任何更新，但我注意到你現在似乎對建築師模型更加興奮。能仔細說說嗎？」瑪莉問。

「嗯。」史蒂夫說：「我之所以保留軟體開發人員模型，主要是因為我最了解這個領域，並且心中有一些我們可以接觸的公司。但是，當我開始應用創新者的禮物來為建築師模型定價，我就明白我們可以定錨於當前 3D 成像解決方案的成本並可能收取更多費用。」

麗莎問道：「那是因為你的價格是根據建築師時薪來定價嗎？」

「是的。」史蒂夫回覆：「我認為我們的早期採用者將是客製化住家建築師，他們通常每小時收費 $250，而且客戶都想看到 3D 效果成像圖。建立單個成像圖至少需要 12 個小時，即 $3,000。如果他們一個月不止做一個（我認為不只一個），我們可以向他們收取 $3,000 至 $5,000／月的費用。尤其是我們可以讓他們在很短的時間內得到更好的 AR/VR 成果。」

喬西插話進來：「我不確定建築師是否在設計階段之後還使用這些模型，通常只有三個月。而且我們真的不知道他們通常為每個客戶創建多少成像圖。這可能會影響你的終生價值假設。」

「嗯……你是對的。」史蒂夫說：「如果我們假設他們一年有六個客戶，都會幫他們做 3D 成像圖，如果我們可以向他們收取每次成像 $1,000 的費用，那就是 $6,000／年或 $500／月。有趣的是，這與軟體公司的收費數字相同。」

瑪莉評論道：「我建議目前這兩個市場都使用相同的 $500／月為目標訂價。這是讓你的牽引路線圖發揮作用的最低定價，如果你發現你可以訂更高，那麼你隨時可以調整路線圖。」

史蒂夫將話題轉回會議議程：「聽起來不錯。所以，有了這些精實畫布，我們都應該清楚 我們開始事業的假設。關於我們 90 天的 OKR，關鍵目標是完成第 1 階段：即問題／解決方案契合，和鑑於我們對兩種變體的定價相同，我們需要在第 1 階段結束時以 $500／月的價格進行兩次試驗。」

「這很好也很清楚。」瑪莉說：「關於限制呢？你們怎麼想？」

其他人交換了一下眼色，然後看向瑪莉。

「你們告訴我。」她笑著回答。

史蒂夫嘗試回答：「好吧，在我們某次會議上，妳說這很容易用指標來發現。我假設我們需要先收集一些指標，然後才能做出決定 —— 大概是在我們推出 MVP 之後？」

「你不需要等到產品推出後才開始收集指標」瑪莉說：「記得 Demo- 銷售 - 建構。第一步是什麼？」

「好的。由於我們的客戶工廠尚未運行，因此第一步是將潛在客戶引入工廠。所以『獲取』會是限制？」

「沒錯，史蒂夫。」瑪莉說：「獲取或需求生成是你目前的限制。在你獲得潛在客戶之前，或者更好的有銷售流之前，最佳化任何步驟都沒有意義。請記住，你需要先創造夠多的客戶，而不必開發產品。」

「要如何在沒有產品的情況下創造客戶？」喬西一臉困惑的問。

史蒂夫和瑪莉互看彼此，瑪莉示意史蒂夫解釋。因此，史蒂夫在接下來的 15 分鐘，分享了使用 Demo－銷售 - 建構過程背後的邏輯和過程。他甚至向團隊其他成員分享了他之前與瑪莉討論過的快餐車和特斯拉個案研究。

「Demo－銷售 - 建構。我喜歡它很簡單。如果你不能銷售出 Demo，為什麼要建構產品？」麗莎笑著說道。

喬西插了進來：「我想接下來的工作是製作 Demo 並開始銷售它。」

史蒂夫又說：「或許我們還可以建一個登陸頁面，並打廣告驅動一些流量──」

瑪莉再次插話：「大家請記住，這是一個達成一致性的會議，不是腦力激盪或解決方案設計會議。如果你們都同意了限制，我們最好在這裡結束會議。你們都需要離開幾天並獨立制定一些『專門活動』提案以達到 90 天 OKR。讓我們約本週五再次會面，來審視你們的想法，並將我們的賭注押在最有成功可能性的『專門活動』上。我將轉發給你們一些有關問題／解決方案契合過程的補充資訊，這應該可以幫助你們開始。」

有了結論後，會議就到此結束。

問題／解決方案契合的劇本

產品生命週期的第 1 階段（第 4 章討論到「現在 - 接下來 - 之後」推出計畫中的「現在」）是要達成問題／解決方案契合。此階段是關於*在建構產品之前證明你的產品有足夠需求*。

你如何在不先建構產品的情況下獲得付費客戶？這是關鍵的推進問題，其答案可以將你的產品時間表縮短數月。更重要的是，到這個階段結束時，你的產品將是你*知道*客戶想要的，而不僅是希望他們想要的。

客戶不買產品，他們買一個更好的承諾

回想一下一些重要新產品的推出，例如：iPhone。購買第一代 iPhone 需要憑空想像，因為沒有什麼東西跟它很像。如果你像我一樣是排著隊購買第一代 iPhone 的早期採用者之一，你沒有機會先試用它。你可能看到賈伯斯在舞台上展示產品，愛上了產品的承諾，並決定購買產品。

因此，客戶購買的並不是真正的產品，而是對更好產品的承諾。你不需要一個可運行產品來承諾更好的東西，你需要一個提議（offer）。

一個提議由三事物組成：

- 獨特價值主張（UVP）

- Demo
- 行動呼籲（CTA）

正如我們之前所討論的，引起客戶的注意是第一場戰鬥。這就是你的 UVP 的任務，你述說著你的產品比既有替代品更好。

一旦你引起了他們的注意，下一步就是讓你的客戶相信你確實可以兌現你承諾的 UVP —— 這裡有點違反直覺。這也不是可運行產品的工作，而是 Demo 的工作。Demo 的技巧是展示盡可能少的內容，來說服你的客戶：你可以提供你的 UVP 以實現對他們的承諾。

一旦客戶接受你的 Demo，最後一步就是你希望客戶採取的特定 CTA 行動。這裡的目標是盡可能接近付費客戶。

客戶真正想購買的不是可運行產品，而是提議。這個見解是在沒有產品的情況下獲取客戶的關鍵。它打開了使用「Demo- 銷售 - 建構」策略的大門。

還沒被說服？

- 你若曾經支持一個群眾募資活動，你就是買一個「提議」，而不是成品。
- 銷售「提議」而不是成品，並不僅僅適用於小額採購，例如：手機。特斯拉銷售其最初的汽車時使用的「提議」，要求首付 $5,000，並在 10 天內完成 $45,000 的匯款，才能預購產品。
- 銷售一個「提議」不只是 B2C 產品。若你想立即完成一筆 B2B 大交易，但銷售越複雜，銷售流程就越複雜。你必須先售出 UVP，然後將 Demo 給多方，最後與合適的買家進行定價討論。這可能需要幾周到幾個月的時間。如果你沒能賣掉「提議」，你的產品就永遠不會進入試驗階段。

與流行的看法相反，你永遠不需要成品來完成與早期採用者的交易。根據你產品的技術風險等級（可行性），你有時可能需要一個 Demo 用的原型，但除非你的客戶特別要求，否則不要假設一定需要。

如何做出更好的承諾

你可以用多種不同的方式組合和測試「提議」。以下是一些最常用的「提議」「專門活動」：

冒煙（煙霧）測試

利用吸引人的預告頁面，以收集電子郵件地址。

登陸頁面

利用「提議」頁面，驅動一特定行動呼籲（例如：註冊）。

網路研討會

利用教育性網路研討會，以驅動意識。

預購

利用預購「專門活動」，以驅動預售量。

群眾募資

利用群眾募資平台，像是 Kickstarter，以資助一個專案。

直接銷售

利用「前景 - Demo - 交易」的銷售過程，以驅動銷售量。

黑手黨提議

使用精心編寫的客戶訪談來發現問題、設計解決方案，並建立一個你的客戶無法拒絕的提議。

根據我的經驗，我繪製了每個「專門活動」的有效性，在規模化 / 觸及與轉換率的關係圖上（見圖 7-2 ）。

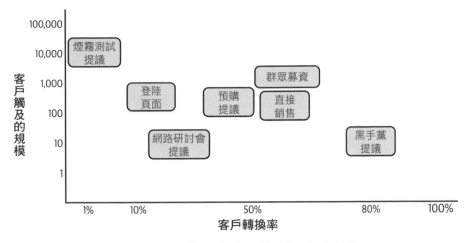

圖 7-2　不同「提議」「專門活動」的有效性

根據你的 90 天 OKR，你可以選擇一個或嘗試多個「專門活動」。

什麼時候完成問題 / 解決方案契合？

到了第 1 階段的結尾，你應該有能力依據證據，做出要不要繼續將你的商業模式推進到第 2 階段（產品 / 市場契合）的決定。

具體來說，你這時應該建好客戶工廠以：

- 反覆吸引、啟用、和引發你的早期採用者轉換（欲求性）。

- 根據你的牽引力路線圖，從早期採用者那裡獲得足夠的有形承諾（例如：預付款、意向書）。

- 清楚地定義你需要建構的最小東西（你的 MVP），提供價值給你的早期採用者並實現問題 / 解決方案契合，通常需要一到兩個 90 天週期（3-6 個月）。

史蒂夫召開 90 天週期規劃會議

團隊在周末聚在一起審視他們的「專門活動」提案。喬西和麗莎想要採取直接銷售的方法，但史蒂夫建議使用登陸頁面來吸引試用客戶。

瑪莉說：「雖然匆忙選一個，肯定比先建構 MVP 更快更好，但考慮到你們的狀況，這仍然不是最佳的下一步。」

他們全都看起來很困惑。

「上次會議不是要我們先從『提議』開始嗎？」史蒂夫問。

「是的，我說要從『提議』開始。然而，最有效的下一步不是推銷『提議』，而是先學習如何組合成合適的『提議』，」瑪莉解釋道。

仍然看到每個人臉上都是茫然的表情，她進一步闡述。

「讓我們先來看看登陸頁面專門活動。當然，你們可以用廣告將流量引到登陸頁面，但如果沒人註冊呢？你要怎麼知道如何做修正？登陸頁面可能會在標題、視覺效果、文案、價格、設計等方面失敗。沒有客戶回饋，這就變成了一個很多變數要最佳化的問題和一個不斷繞圈子的方法。」

史蒂夫想了一下：「就像我們之前討論的建構陷阱一樣，太急於建構MVP。」

「沒錯。」瑪莉說：「請記住，『提議』雖然比 MVP 更快，但仍然是你解決方案的替代品。如果你只用猜的，失敗的風險很高。更糟的是，如果沒有客戶回饋，最佳化陷阱就會隨之而來。」

麗莎接著說：「用直接銷售如何？我們不是當場就能得到客戶回饋？」

瑪莉回覆：「是的，你們要去現場。一個有效的面對面推銷是一件好事，但一個平淡無奇的推銷通常會很快變得尷尬。現在，你們只擁有吸引人的推銷理論；它仍很大程度上建立在未經檢驗的假設之上，而這些假設都是憑空想像的。例如：在此時，我們真的不知道軟體公司做了多少AR/VR 專案，或 3D 成像（特別是 AR／VR）會對家庭建築空間產生什麼影響。如果你對客戶問題、既有替代方案等的任何基本假設是錯誤的，那麼推銷就會失敗，並使產品定位為可有可無的，而不是必備品。」

麗莎點頭表示認可並問道：「當然，但即使我們在推銷中出現了部分錯誤，我們是否仍然能從潛在客戶學到東西並迭代改善它？」

「或許吧。瑪莉回答：「這很大程度上取決於你之前與潛在客戶的關係以及對話的框架。除非潛在客戶認識你、喜歡你並信任你，否則你通常不知道他們在想什麼。大多數時候，你只知道『提議』沒有達到目標，較無法深入了解並學習夠多以轉向更好的東西。你只會卡住，感謝潛在客戶抽出時間，然後禮貌地結束談話。這就失去了學習機會。」

「嗯……我明白妳的意思了。因為我們在那個領域還不認識任何人，我們可能無法有好推銷。」喬西說：「所以什麼是我們的最佳行動方法呢？」

「在推銷之前先學習。」瑪莉回應道：「建立吸引人推銷的方法，是先花必要時間深入了解客戶的問題。這聽起來可能很奇怪，但你真的有可能比客戶更了解客戶的問題。有了這種理解，你將處於最佳位置來設計對的解決方案，並組成一個吸引人的推銷——因為它解決了客戶想要解決的問題，擁有更高機率達標。」

「這就是妳之前說的，在進行『提議』專門活動之前，要先『了解我們的客戶』嗎？」麗莎問。

瑪莉回答說：「不是，該清單中的『提議』類型之一：『黑手黨提議』，已經將我說的這些步驟整合了。」

史蒂夫切入說：「妳最初提及『黑手黨提議』專門活動時，非常吸引人。但後來我發現它是所有『提議』類型中最無法規模化的，所以考慮到我們需要獲得的客戶數量，我選擇了其他更適合的一」

瑪莉打斷他：「是的，『黑手黨提議』專門活動是最無法規模化的，但它每單位時間的學習量最多。它還具有所有『提議』類型中最高的轉換率，因為它是一對一地親自交付給潛在客戶的。是的，它似乎比其他類型的專門活動所花費時間更長，但根據我的經驗，它是最快能讓你可重複銷售的方法。只要你重複銷售產品給 10 個人，如何從那裡擴大規模就會變得更容易。」

「這與直接銷售有何不同？」麗莎問。

「一旦你開始推銷，『黑手黨提議』專門活動就跟直接銷售非常相似。」瑪莉回應道：「但在推銷前，如何使用探索性對話來學習，更具戰術性。在你發現你的早期採用者標準、識別你真正的競爭者並深入了解問題之前，你無法推銷任何東西。還記得創新者的禮物嗎？在商業模式設計階段，你使用創新者的禮物，用思考實驗對你的模型進行壓力測試。但在此時，你將運行實際的探索發現實驗，來發掘和測試這些見解。」

「這聽起來很合邏輯。」史蒂夫評論道：「但我仍然懷疑如果我們不被允許推銷，我們如何讓人們向我們敞開心扉並提供給我們這些資訊。」

「這是好問題。」瑪莉承認：「早期的探勘策略絆倒了很多創業者。我有一堆資料會發給你們，告訴你們如何建立這些對話、進行訪談和獲取見解。花幾天時間處理這些資訊，然後讓我們再次見面，來開始你們的第一個衝刺。」

「黑手黨提議」專門活動

黑手黨提議是你的客戶無法拒絕的提議——不是因為你強迫他們，而是因為你創造了一個吸引人的提議：

- 解決客戶的首要問題
- 展示解決他們問題的解決方案
- 為他們提供清楚的入手方式

打造「黑手黨提議」

建立「黑手黨提議」比急於「推銷」或建立登陸頁面好。此類「提議」通常基於一堆未經驗證的假設（猜測），通常會導致糟糕的轉換率。此外，在客戶不購買時，嘗試對「提議」進行錯誤排除是一項多變量的挑戰。客戶會離開，到底是因為 UVP、Demo、定價、設計、文案還是其他原因？

出於這些原因，我提倡使用更系統化的三步驟方法，如圖 7-3 所示。

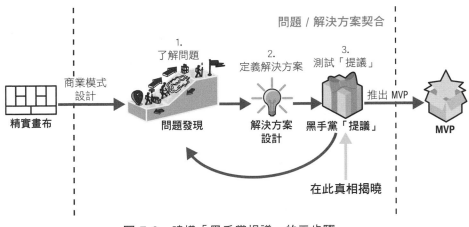

圖 7-3　建構「黑手黨提議」的三步驟

讓我們仔細看看各步驟。

1. 問題發現

由於精實畫布上的大多數初始客戶／問題假設，都是最好的猜測，而且往往只是觸及問題的表面，因此建構黑手黨「提議」要從更深入地了解客戶的問題開始。

深入了解客戶的最快方法，是透過面對面的訪談—不是建構登陸頁面、推出程式或收集分析數據，而是與人交談。

這問題探索的目標，是發現現狀（即既有替代方案）中值得解決的問題。不是透過「推銷」你的解決方案來做到這一點，而是透過研究人們目前如何使用既有替代方案來完成工作（圖 7-4）。

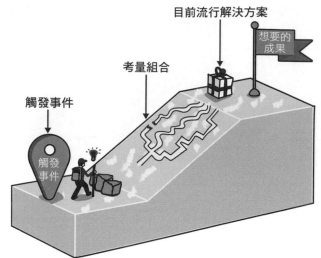

目前流行解決方案

想要的
成果

考量組合

觸發事件

觸發
事件

他們現在選擇什麼既有替代方案及為什麼？

圖 7-4　步驟 1: 問題探索 / 發現

2. 解決方案設計

問題若定義的好，就解決了一半。

— *Charles Kettering*，美國發明家

如果你能在客戶當前工作流程（現狀）中，找到夠大的困難處，那裡就是有機會造成轉換的地方（值得解決的問題）。下一步是設計或改進你的產品，調整到會引起轉換（圖 7-5）。

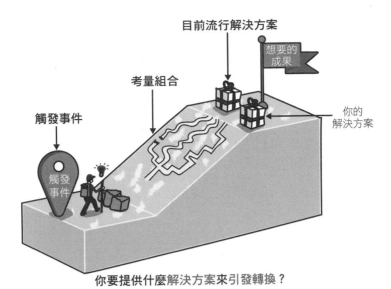

你要提供什麼解決方案來引發轉換？

圖 7-5　步驟 2：解決方案設計

3.「提議」提供

最後一步是將你的解決方案組成「黑手黨提議」，然後你將其「推銷」給客戶並迭代測試。行不行馬上就知道。

如果有夠多的客戶贊同你的「提議」，你就實現了問題／解決方案的契合。然後開始建構 MVP 的過程。有多少客戶才「足夠多」？這取決於你的牽引力路線圖。

進行「黑手黨提議」專門活動

「黑手黨提議」專門活動要能落在 90 天週期中。這是可能的，因為你在此階段還沒有建構可運行產品，只是「提議」，這是驗證產品需求的一種更快的方法。

圖 7-6 顯示了 90 天週期中「黑手黨提議」專門活動的典型。你最多保留兩個衝刺用於問題發現，一個衝刺用於解決方案設計，最多兩個衝刺用於提供「提議」。請注意，這些只是指南，你要花的時間可能會因你的產品和客戶區隔而異。

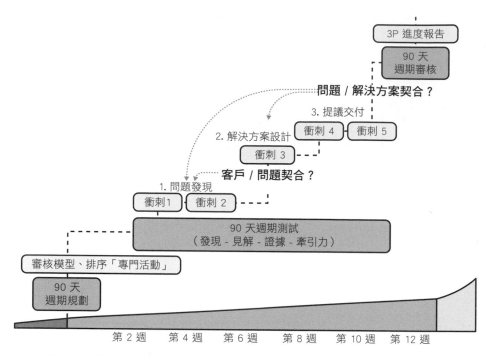

圖 7-6　使用黑手黨提議來實現問題／解決方案契合的典型 90 天週期

何時要使用「黑手黨提議」專門活動

由於實施此類「活動」需要大量的接觸互動，因此很容易跳過它，轉去其他看似更規模化的專門活動，如群眾募資或將流量吸引到登陸頁面。

這通常會導致次佳結果，原因如前所述。違反直覺的現實是，如果你慢慢開始，花時間專注於對的事情，你通常之後走得更快。

「黑手黨提議」專門活動，雖然不是最具規模化的專門活動，但卻是產生最高學習率的方法——也能成為最高的轉換率。

—— 筆記 ——

用「黑手黨提議」，從合格潛在客戶到付費客戶，你通常可以期望 60-80% 的轉換率。

出於這些原因，我明確建議從「黑手黨提議」開始——不論產品類型。此處所得的見解，能大幅地促進堆疊成更具規模性的「提議」，像是群眾募資、登陸頁面還是僱用銷售人員。

例如：在 2010 年，我使用「黑手黨提議」「活動」推出了本書的第一版（自行出版）。我最初的 MSC 目標是 3 年賣 10,000 本。使用 10 倍成長率，我將其解讀為銷售 100 本，或確保 1,000 個有興趣購買本書的人的電子郵件地址（合格的潛在客戶），作為我的問題／解決方案契合標準。

這是我如何堆疊我的「提議」以推出這本書：

- 使用「黑手黨提議」專門活動來確保 25 本銷售（4 週）。
- 使用「黑手黨提議」專門活動所學，建構出帶有預告頁面的煙霧測試「提議」專門活動，以收集電子郵件地址，並確保 8 週獲得 1,000 個合格的潛在客戶。

在達到我的問題／解決方案契合標準後，我開始寫這本書，花了九個月才完成。在此過程中，我持續開展多項專門活動來增加這本書的牽引力。包括：

工作坊專門活動

教授書中的概念，門票可獲贈未來會出版的書。

演講專門活動

進行主題演講，與會者可獲贈未來會出版的書。

預購專門活動

允許早期採用者購買未來會出版的書，但在寫的過程一章一章交付給他們。

這些專門活動幫助我與我的早期採用者，一起迭代地編寫和推出這本書。結果這是一本讀者都想要的書，圖書銷量超出了我的牽引路線圖。我在專案開始後的 18 個月內售出了 10,000 本，提高我的 MSC 目標到 100,000 本。

史蒂夫嘗試採取捷徑

史蒂夫看了瑪莉發給他的「黑手黨提議」專門活動資料。瑪莉表示：「最快深刻理解你的客戶的方法是面對面的訪談。」

「面對面訪談？那會花一輩子！」史蒂夫告訴自己。

於是他決定改用調查方法。史蒂夫找到了一種線上服務，付費後可以針對他的特定受眾，然後用剩下的時間來設計調查。他隔天就啟動它了。

結果很快地湧現，啟動後第二天他就有超過 100 個整齊表格化的回覆，還有一些花哨的圖表。當他發現超過 85% 的受訪者，將他的首要問題列為「必須解決」時，他喜出望外。

他立即地寫電子郵件給瑪莉：

> 我知道妳說過問題發現階段，最多可能需要四週。我使用了一種調查方法來加快速度，並得到一個強烈的信號，驗證了我的問題（85/100）。我有遺漏什麼嗎？我們可以進入解決方案設計階段了嗎？

他在發送電子郵件兩分鐘後收到回訊：「我們盡快見面喝杯咖啡吧。30 分鐘後我有空──約在常去那裡。」

瑪莉（再次）戳破史蒂夫的美夢

「我知道像你這樣的工程師渴望效率。」瑪莉開始說道：「我也是這樣。但調查不是問題發現的正確工具。」

「為什麼不是？」史蒂夫問。

「出於多種原因。調查假定你知道要問的問題是對的。由於調查是選擇題，你還需要知道可能的正確答案並列入選項中。在專案的最初階段，你不知道自己不知道什麼。」

她停頓了一下，然後繼續說下去：「當然，一旦你知道要驗證的正確問題和正確答案，就可以將調查方法用於問題驗證，但它們不是一種有效的問題發現工具。」

史蒂夫插話：「這個階段的目標不是要驗證精實畫布上的問題假設嗎？」

「是的，但大多數創業家最初在他們的畫布上列出的問題，通常都不是正確的。」

「為什麼會這樣？」史蒂夫詢問。

「因為大多數創業家心中已經有了解決方案，他們無法輕易略過它。創業家不問：『我的客戶最主要的問題是什麼？』而是問：『我的解決方案可以解決哪些最重要的問題？』」

史蒂夫看起來一臉困惑。

瑪莉繼續說：「記住，當你已經決定打造一把鐵鎚時，其它的一切都開始看起來像釘子，而你虛構了問題在畫布上來證明你的解決方案。當你把同樣的問題放在調查中，要人們去排列它們，當然他們可以用你調查中的選項去排序。但如果他們的首要問題不在調查裡，他們無法讓你知道，而你也永遠不會發現它。」

瑪莉為了讓他理解，補充道：「即使你讓人們回覆他們的問題，你也無法透過調查了解真正的『為什麼』。真正的『為什麼』通常有好幾個層次，要了解它的唯一方法是透過對話。你不知道他們到目前為止嘗試了什麼，為什麼沒有奏效等等。了解這些細節，是建立之後『黑手黨提議』的關鍵。」

「我明白妳的意思了……那麼從精實畫布開始有什麼意義呢？」史蒂夫問。

「重點是對你的商業模式進行快照，以觀點為基礎的事實。無論你的商業模式故事多麼吸引人，除非你有證據支持你的假設，否則它仍然只是一種觀點。任何商業模式中的首要起始風險，都源於你的客戶和問題假設。若你弄錯，畫布的其餘部分也會跟著錯。這就是為什麼問題/解決方案契合過程的第一步是問題發現。」

「讓人們看到自己對解決方案的偏見，有什麼意義嗎？」史蒂夫問。

瑪莉微笑:「在某種程度上,是的。像是創新者的偏見和創新者的禮物這樣的概念很容易理解,而且通常看起來是常識,但它們需要敏銳的自我意識才能在實踐中發現。你必須用時間磨練這種自我意識,因為認知偏見常悄悄出現,無意識下運作。我保證你會看到創新者的偏見,在這個過程中會多次浮現。」

史蒂夫笑了。

「在這個階段。」瑪莉繼續說道:「找到可貨幣化證據的痛苦,是你的首要任務,進行一對一問題訪談是你最好的行動方案。一對一訪談可能看起來效率不高,但你必須去體驗它,才能了解我說的『它們每單位時間包含的知識量比你可能做的任何其他事情都多』的意思。你也不需要像你想像那樣多的資料去開始尋找可操作的模式。」

「通常要多少次訪談才夠?」

「你在 5 到 10 次訪談之後會開始看到某種模式,但最好稍微多幾次,以確保你不會過早地得出結論。當你開始可以在人們說出之前,就能預測他們會說什麼時,你就知道自己已經完成了。我發現大約需要 20 次訪談才能做到這一點。」

史蒂夫點點頭:「好吧——我保證,不會再用捷徑。我會讀完妳發給我們的關於「黑手黨提議」專門活動的所有資料,我們會讓團隊一起開始我們的第一個衝刺。」

拜託,不要用調查或焦點團體法

當被要求做最少的事情向客戶學習時,許多創業者的第一直覺,會去進行一系列調查或焦點團體。雖然進行調查和焦點團體似乎比訪談客戶更有效,但從那些方法開始,通常不是個好主意。原因如下:

調查會假設你知道要問的正確問題

寫一份包含所有要問的正確問題的調查腳本,不是不可能,但很難,因為你還不知道正確問題是什麼。在客戶訪談期間,你可以要求澄清並探索你最初理解之外的領域。

> —— 筆記 ——
> 客戶發現，是關於探索你不知道你不知道的事。

更糟的是，調查會假設你知道正確答案

在調查中，你不僅要問正確的問題，還要提供正確答案選擇給客戶。你參加過的調查中，有多少次你回答問題的答案是「其他」？

> —— 提示 ——
> 最好的最初學習來自「開放式」問題。

你無法在調查中看見客戶

肢體語言線索與答案本身一樣，都是問題／解決方案契合的指標。

焦點團體明顯會有錯誤

焦點團體的問題在於，他們很快就會陷入群體思考，只會浮出少數人的意見，而這並不能代表整個群體。

調查對任何事情都有好處嗎？

雖然調查不利於初始學習，但它們可以非常有效地驗證你從客戶訪談中學到的東西。客戶訪談是一種定性驗證形式，對於使用「合理」小樣本來發現支持或不支持假設的強烈信號很有用。一旦你初步驗證了你的假設，你就可以使用你所學的，來製作調查並定量驗證你的發現。此時的目標不再是學習，而是展示結果的可規模化（或統計顯著性）。

先發制人和其他異議（或為什麼不需要訪談客戶）

說「去與客戶交談」跟說「建構人們想要的東西」一樣有用。當你被要求訪談他們，又無法向他們推銷你的產品時，與客戶交談尤其困難：

- 你的目標是誰？
- 你要跟他們說什麼？
- 你具體想學到什麼？

這些是我將在下一章中說明的一些問題，但首先，讓我解決一些反對訪談客戶的想法，以便你從系統中排除它們：

「客戶不知道他們想要什麼。」

　　許多人宣稱與客戶交談毫無作用，他們經常引用亨利‧福特的話：「如果我問人們他們想要什麼，他們會說更快的馬。」但隱藏在這句話中的，是一個客戶問題陳述：如果客戶說「更快的馬」，他們真的想要比他們既有替代方案更快的東西，只是這剛好是一匹馬。

　　在適當的背景下，客戶可以清楚地表達他們的問題，但提出解決方案是你的工作。或者，如賈伯斯所說：「知道他們想要什麼不是客戶的工作。」

「與 20 人交談不具統計顯著性。」

　　新創公司就是要為世界帶來一些大膽和新穎的東西。一開始你最大的挑戰是得到注意力：

　　當 10 人中有 10 人說他們不想要你的產品時，這在統計上具有
　　顯著性。

　　　　— *Eric Ries*

　　一旦你可以讓 10 個不同的人都說「想要」，雖然這可能不會立即具統計顯著性，但你要獲得統計顯著性的方法，是尋找說「想要」的人和說「不想要」的人之間的共同模式（見解）。然後，你可以在後續衝刺中測試這些見解，使用其他資料驗證它們。

「我只依賴量化指標。」

　　另一種常用的戰略是坐下來等，完全依賴量化指標。這種方法的第一個問題是，最初你可能不會有或無法吸引足夠的流量。但更重要的是，指標只能告訴你，訪問者會（或不會）採取的行動；他們無法告訴你為什麼會（或不會）發生這些行為。訪問者的離開，是否因為糟糕的文案、圖樣、定價或其他原因？你可以嘗試無窮無盡的修正你的組合，或者你可以直接詢問客戶。

「我就是客戶，所以我不需要跟其他人談話。」

解決自己的問題，是開始一個想法的好方法 —— 我自己的許多產品（例如：精實畫布）就是這樣開始的 —— 但這不是不與客戶交談的藉口。換個角度，當你同時扮演創業家和客戶的角色時，你真的能客觀地面對問題和定價嗎？

「我的朋友認為它是好想法。」

我提倡一開始就與任何人交談，但請注意，你的朋友和家人可能會根據他們對創業是否是種專業的看法，描繪（或描繪不出）美好的畫面。但是，讓你的朋友來練習你的腳本，並找到更多的人來訪談倒是不錯。

「當我一個周末就可以建構出一些東西，為什麼要花數週時間與客戶交談？」

「儘早發布，經常發布」是軟體開發人員幾年前為了促進更快的回饋而生出來的一句口頭禪，但花任何時間建構，即使是「小」版本，也可能是一種浪費。

首先，這些「小」版本幾乎從來都不夠「小」。但更重要的是，正如我們已經討論過的，你無須完成解決方案的建構，就可對其進行測試。

「我不需要測試這個問題，因為它顯而易見。」

問題對你來說可能會顯而易見，是因為：

- 你有廣泛的領域知識。
- 你正解決公認的問題，例如提高登陸頁面上的銷售或轉換率。
- 你正解決眾所周知但困難的問題，例如：尋找治療癌症或消除貧窮的方法。

在這些情況下，更大的風險可能與測試問題無關，而是與理解問題有關 —— 即哪些客戶受影響最大（早期採用者）、他們今天如何解決這些問題（既有替代方案），及你將提供的有何不同（UVP）。即使在這些情況下，我仍然建議在繼續定義／驗證你的解決方案之前，進行一些問題發現訪談以驗證你對問題的理解。

「我無法測試這個問題，因為它不顯而易見。」

　　你可能正在建構一個你認為不是為解決問題而設計的產品——例如：
電動遊戲、短影片或小說。我認為即使在這些情況下，也存在潛在的
問題，儘管更多的是源於欲望而非痛苦。與其向客戶詢問問題，不如
專注於他們試圖完成的更大工作，然後尋找他們遇到的障礙或困難，
這樣會更有幫助。我們將在下一章介紹如何做。

「人家會偷走我的想法。」

　　最初的訪談完全以問題為中心：你正在尋求發現客戶（已經遇到問題
的）所面臨的問題。所以，人們沒有什麼可以從你那裡偷走的。即使
當你開始推銷你的產品時，你也只是與合格的早期採用者分享你的
UVP 和 Demo（這不是秘密），這些人寧願付費買你的產品也不願自
己建構。

第八章

比客戶更了解
他們自己

如果你能比客戶更好地描述他們的問題，專業知識就會自動轉移——你的客戶開始相信你也有提供給他們的對的解決方案。行銷人員 Jay Abraham 將這種現象稱為「卓越策略」（Strategy of Preeminence）。

你可能在你的醫生診間經歷過這種情況：在接受診斷後，你相信他們已經奇蹟般地查明了你的病症，並趕快依處方拿藥——雖然醫生只是在遵循一個系統化排除過程，用專業知識所做的猜測嘗試解開你的症狀。

筆記

了解你客戶的問題，賦予你超能力。

本章向你展示如何使用問題發現衝刺，來深入了解你的客戶（圖 8-1）。

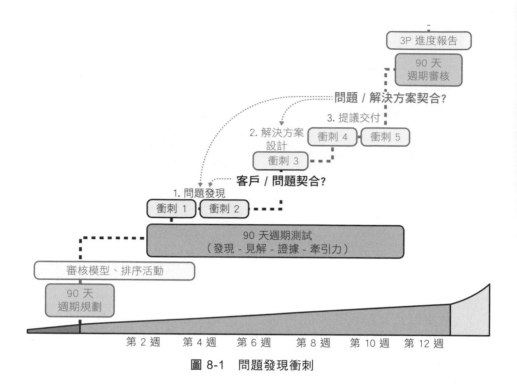

圖 8-1　問題發現衝刺

問題的問題

雖然從與客戶對話中發現問題的想法很簡單，但有效地做到這一點卻非常具挑戰性。你不能簡單地要求客戶列出他們的首要問題，原因如下：

他們可能不知道問題是什麼

人們去看治療師是有原因的。通常需要另一個人才能看穿表面問題找到根本原因。

他們可能不想告訴你

如果承認問題讓你的客戶感到脆弱或不舒服，除非他們了解你、喜歡你並信任你，否則他們會否認有問題。

你會對他們的反應有偏見

當你主導問題時，你會把焦點放在具體問題上，這往往會誇大客戶的反應。很容易見樹不見林。

他們可能會給你一個解決方案，而不是問題

他們通常會告訴你他們如何解決問題的想法，而不是與你一起充分探索問題。這裡很容易掉入無底洞。

出於所有這些原因，我建議在問題發現訪談中，甚至不要說出「問題」一詞。在這些對話中，你的目標不是驗證問題，而是發現問題。方法是不向客戶問問題，而是詢問他們目前使用既有替代方案的如何。找到他們故事中的摩擦點（掙扎、變通和煩惱），和 / 或他們期望和實際成果之間的差距，是你發現值得解決的問題的方法。

在深入探討問題發現衝刺的機制之前，讓我們用個案研究查看問題發現過程。

個案研究：使用問題發現訪談來驅動新屋銷售

想像一下，你是一位希望提高銷售並考慮投放廣告的房屋建築商。什麼時候是一年中投放廣告最糟的時間？

大多數人會說在假期季節（10 月到 12 月），此時人們不想被房屋廣告打擾。若這思維成立，如果只有少數人在假期找房子，為什麼要做廣告？保留你的廣告預算到新年，等到流量回升不是更好嗎？但如果我告訴你假期是投放廣告的好時機，他是這麼做到的？

一位房屋建築商有效地使用問題發現訪談來發現關鍵見解，這些見解幫助他建立了穩定的合格潛在客戶管道。他怎麼做到的：他一開始想先確定一年中大多數房屋售出的時間（三月到五月），然後有針對性地訪談那些在那段時間買房子的人。重要的是要認識到，他並不是想向這些人推銷自己的房子（還記得嗎，這些人都剛買房子），而是想向他們學習。具體來說，他想了解導致他們買房的一系列事件，從轉換觸發開始，這使他回到假期。

然後他發現了一些不同的故事，但有一個特定的群體脫穎而出。他的一些受訪者追溯了他們購買新房的第一個想法是假期派對（感恩節晚餐）後的早晨，他們在家裡招待別人。派對結束後的第二天早上，房子一團糟，這對夫婦在早餐時討論了換到更大房子的可能性。他們的房子，在

派對前一天還感覺很不錯，但現在他們覺得房子太小了（違背期望）。他們討論了他們的大家庭是如何成長起來的，並談到他們希望在未來舉辦更多的家庭聚會，而這需要更多的娛樂和生活空間。

節日派對作為**轉換觸發**，打破了他們既有替代方案（他們現在的房子），並促使這些購房者被動地尋找新家。使用轉換觸發來定錨對話，此時建築商要求這些購房者向他說明他們研究、尋找、購買和搬入新房，所採取的一系列詳細步驟。他記下了大量筆記，然後將它們處理成一組可操作見解。

接下來的假期季節，建築商準備好內容行銷專門活動。他寫了幾篇有用的文章，回答了購房過程中遇到的最常見問題（摩擦點）（從受訪者得到的問題）。他給出了像是在哪裡可以找到最佳抵押貸款利率、最好的學區、找搬家服務時要避免的陷阱、設計趨勢等方面的提示。

他將這些文章與他在假期投放的地區廣告連結起來，效果很好。到了一月初，當他的競爭者剛剛加大廣告支出以吸引新的潛在客戶時，他已經擁有穩定的合格潛在客戶管道。

聚焦在更大範圍：「待完成的工作」

正如我們在第 2 章中討論的那樣，產品在更大範圍中競爭，不同類別的產品競爭著同樣的待完成工作。在客戶訪談中了解更大範圍，是發現值得解決的問題的關鍵。讓我們用另一個個案研究，看看這是如何完成的。

個案研究：用問題發現訪談，來建造更好的鑽頭

> 人們不是想要四分之一英寸的鑽頭，他們是想要四分之一英寸的孔。
>
> — *Theodore Levitt*

哈佛大學教授 Theodore Levitt 提出了關注完整故事的好處而不是功能。換句話說，客戶不想要你的解決方案，他們想要你的解決方案為他們做的事情——即實現成果或完成工作。

假設你是一家鑽頭製造商，希望製造更好的鑽頭。你決定研究人們如何使用鑽頭，而不是追逐功能。排在首位的問題之一，是鑽頭經常斷裂。因此，你推出了一款「強度提高 40%」的獨特價值主張的新型鍍鈦鑽頭。

有一段時間銷售狀況很好，直到有一天有一種新產品出現在你的鑽孔機旁。雖然看起來似乎沒太大關係，客戶蜂擁購買這項新產品，鑽孔機的銷售額開始下降。那個新產品是 3M 製造的無痕透明膠條（Command Strips），它使人們無需鑽孔即可完成工作。

發生了什麼事？

雖然 Levitt 的見解，對我們從功能轉向注重成果的視角轉換產生了深遠的影響，但他的例子還遠遠不夠。四分之一英寸的孔代表一種功能性的成果，但這不是人們想要的，他們需要的是完成工作。區分差異的一種簡單方法，是注意到「四分之一英寸的洞」本身實際上是一種不受歡迎的成果。人們不想要四分之一英寸的洞，而是跟隨在四分之一英寸的洞之後的其他東西。這就是期望成果之所在──在更大範圍下。

── 筆記 ──────────────

功能存在於產品環境中，而成果和工作存在於更大範圍中。

要了解這個「更大範圍」，需要先縮小關注範圍。Levitt 的話，指的是一般人，但這太廣泛了。屋主僱用鑽頭的原因與建築工人僱用鑽頭的原因截然不同。

因此，第一步是將你的目標受眾，分成兩個更具體的客戶區隔，例如屋主和建築工人。然後，和以前一樣，你著手研究這些客戶區隔如何使用鑽頭。但是，與其將四分之一英寸的孔作為想要的成果，不如尋找更大的範圍，看看這四分之一英寸的洞是為了背後人們更想要什麼成果。

── 提示 ──────────────

追求想要成果，是你走出產品範圍空間並進入更大範圍的方式。

對於屋主來說，想要的成果之一可能是掛一幅畫。他們鑽一個洞來固定掛鉤，以便掛畫。牆上的一幅畫顯然比牆上的洞或鉤子更令人嚮往。此代表了一個期望的成果。

那麼更有趣的創新問題就變成了：你如何幫助客戶完成工作（掛畫）而不需要做他不想要的步驟（例如：鑽孔洞和使用鉤子）？此時 3M 的無痕膠條出現。這個解決方案不需要鑽孔，所以沒有洞，不用搞的亂七八糟，而且掛畫也變得比以前更簡單也更便宜。

專注於四分之一英寸的孔，可能有助於鑽頭製造商贏過其他鑽頭製造商。但他們仍然可能輸掉這場在更大範圍的戰場上的戰爭。

發現更大範圍

快速了解更大範圍的有效方法，是應用來自作者 Kathy Sierra 的練習：

- 不要建立更好的（XX）。建立更好的（XX）使用者。

這裡有些例子：

- 不要建立更好的（相機）。建立更好的（攝影師）。

- 不要建立更好的（商業模式帆布）。建立更好的（創業家）。

- 不要建立更好的（鑽頭）。建立更好的（DIY 屋主）。

專注於讓你的客戶更好，而不是讓你的解決方案更好，是一種突破產品範圍的方式。你超越了產品的直接功能和好處，轉而關注客戶期望成果或待完成工作。當然，挑戰在於，這種拓寬視角可能會導致識別出比你可以合理承擔的更多的客戶工作。你要聚焦在哪裡？現實情況是，大多數創業家都停留在自己的產品範圍中，從不思考任務或功能之外的問題。那是個錯誤。

—— 提示 ——

提升到你可能超出範圍，也比留在雜草堆中更好。

工作的範圍太窄，你可能會被更能處理更大工作範圍的競爭者取代。工作的範圍太廣，你可能會把自己分得太散。那麼，你要如何確定合適的工作範圍呢？

界定更大的範圍

正確的工作範圍，介於你解決方案的「直接功能利益」和「讓你的客戶變得更好」之間：

1. 從你的客戶使用了你的解決方案後可立即實現功能利益或成果開始。

2. 如果此成果仍在你的解決方案範圍內和／或尚不理想，請尋找之後會發生的結果來進階。

3. 當答案超出範圍時即停止。

應用這些步驟在四分之一英寸鑽頭上（圖 8-2）：

1. 為什麼做 DIY 的屋主要買四分之一英寸鑽頭？
   要得到一個四分之一英寸的洞（功能性步驟，還不是欲求性的）。

2. 為什麼他們想要一個四分之一英寸的洞？
   要能裝上掛鉤（功能性步驟，還不是欲求性的）。

3. 他們為什麼要轉緊裝掛鉤的螺絲？
   為了掛一幅畫（工作，欲求性的）。

4. 他們為什麼要掛一幅畫？
   為了裝飾他們的房屋（工作，欲求性的）。

5. 他們為什麼要裝飾房子？
   為了展現自己（工作，欲求性的）。

6. 他們為什麼想展現自己？
   開始往形而上學。

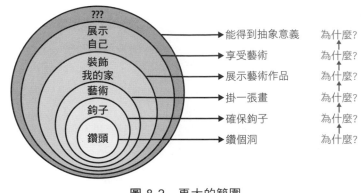

圖 8-2　更大的範圍

—— 筆記 ——

更大範圍是你找到創新空間的地方。

深入到更大、更具體的範圍

一旦你確定了更大的範圍有重疊處，選擇一個來進一步探索。理想情況下，你所選擇的應該受到你特定的可望成功性和可行性的限制。

根據你需要找到的問題的大小，來定義你的可望成功性限制，以使你的商業模式發揮作用。請記住，這來自你的牽引力路線圖。在我們的例子中，「掛一張畫」的範圍是一個 $10 至 $20 的問題，但一旦你移動了範圍到為了藝術或為了裝飾住家，你可能會發現這是價值數百或數千元的問題。

根據核心能力限制，來定義可行性限制。換句話說，是否有你不想參與競爭的領域？如果你是一家鑽頭製造商，你想進入膠水產業嗎？

一旦你定義好了正確的更大的範圍，就要深入探索工作如何完成並尋找困難處（值得解決的問題）。

進行「問題發現」衝刺

問題發現衝刺在兩週的時間內運行，並利用一對一訪談來了解客戶為什麼以及如何選擇既有替代方案來完成工作。

在訪談過程中，扮演記者或偵探的角色並表現出好奇會很有幫助。你的工作是揭開一系列事件的轉換觸發點開始，從受訪者尋找所選的既有替代方案，到他們最近遇到的替代方案為止。

每次訪談後，你都把這些見解放在客戶力畫布上。我們將在本章後面介紹如何做。

與一般看法相反，模式的出現並不需要大量的訪談。只需 10-15 次重點訪談，你通常就可以發現 80% 的見解。正如瑪莉在上一章中向史蒂夫解釋的那樣，當你不再從訪談中學到任何新東西時，你就知道你已經完成了——換句話說，當你只需問幾個特定的問題，就能夠準確預測受訪者將要說什麼時，你就可以結束了。

廣符合 vs. 窄符合的「問題發現」衝刺

雖然立即對你的早期採用者進行訪談很誘人，但此時的危險是變得太窄太快落入局部最大值陷阱（第 1 章討論過）。一種更有效的方法是讓自己進行兩批訪談（在兩個衝刺中）：一個廣符合問題發現衝刺，另一個則是窄符合問題發現衝刺。

在廣符合問題發現衝刺期間，你的目標人群是最近購買和 / 或使用既有替代方案的人。正如我們在房屋建築商個案研究中看到的那樣，建築商最初並沒有針對他的早期採用者，而是針對最近買房的人。

一旦你進行了廣符合問題發現衝刺後有初步發現，你就可以進一步確定理想的早期採用者。那是你進行窄符合問題發現衝刺以驗證你的見解的時候。

根據經驗，準備好進行兩次問題發現衝刺（廣符合和窄符合），並在 4 週內訪談 20 至 30 人。這大致相當於每週與 5 到 8 個人交談，並留出一些時間來處理你的學習成果。

在問題發現衝刺結束時,你應該能夠展示客戶／問題契合(還有證據)。
當你確定了一個夠大的值得解決的客戶問題時,你就實現了客戶／問題
契合。我將在本章末更詳細介紹確定客戶／問題契合的標準。

進行問題發現衝刺——無論是廣符合或窄符合——包括三個步驟:

- 發現潛在訪談人
- 進行訪談
- 捕獲見解

讓我們仔細看看每一個項目。

發現潛在訪談人

由於問題發現的目標,是了解人們目前如何使用既有替代方案完成工作,
因此你應該針對最近嘗試使用精實畫布上列出的一種或多種流行的既有
替代方案的人員。如果你不確定客戶使用的既有替代品是什麼,請將注
意力轉移到觸發事件上:

- 當客戶遇到「觸發事件」,他們「使用可能的既有替代方案」。
- 例子:當創業家突然湧出一個想法,他們去新創的聚會。

使用此練習,你可能會得到間接甚至互補的解決方案,這沒關係。你可
以使用這種方法找到潛在的訪談人進行訪談,並透過訪談發現與你設想
的產品直接競爭的實際既有替代方案。

在尋找訪談候選人時,請牢記以下一些補充準則:

**根據他們最近轉換到(或使用)既有替代方案的時間,來定位潛在
訪談人**

> 由於記憶能維持的時間很短,因此最好針對在過去 90 天內購買或使
> 用過既有替代方案的人。這個時間框架足夠短,可以讓人們回憶起重
> 要的細節,但也足夠長,可以讓他們充分嘗試既有替代方案,才能夠
> 評估它是否完成了工作。

建立學習的框架，而不是推銷的

在推銷中，由於大部分時間都是你在講話，客戶很容易順著你的話說，或者徹頭徹尾欺騙你。問題在於從推銷的一開始，關於什麼是對客戶來說「對」的產品，你已經有既有想法。在推銷「對」的解決方案之前，你必須先了解「對」的客戶問題。在學習框架中，角色是相反的：你設置情境，然後你讓客戶說。你不需要知道所有的答案，每一次客戶對話都變成了一個學習機會。以學習框架為主導，你可以在其中尋求建議，不賣任何東西，也是一種有效的解除武裝的技巧，它可以讓你的訪談人放鬆警惕，更暢所欲言。

從你認識的人開始

找人訪談一開始可能極具挑戰性。從你認識的、且符合你目標人群的人開始。一些人擔心從認識的人那裡收到的回饋可能有偏見。我的觀點是，有與人交談都比不與人交談要好。然後用他們得到兩三個層外的其他人來訪談。這不僅可以幫助你練習並熟悉你的訪談腳本，而且是得到介紹其他訪談人的有效方式。

請求介紹

下一步是請求你的「一級聯絡人」（即認識的人）介紹他們認識的且符合你目標群的人。最好提供一個訊息範本，你的聯絡人可以簡單地剪下貼上並轉發該範本，以節省他們的時間。這是我過去使用過的例子：

嗨「朋友」，

希望你一切都好……我有一個急事請教。

我有一個產品想法，我正在嘗試與婚禮攝影師進行驗證。我的目標是與當地攝影師交談，以更好地了解他們的世界並評估是否值得購買該產品。

如果你能將下面的消息發送給你認識的符合此目標的人，我將非常感謝。

（如果你想要做一些更改，請隨意。）

您好，

我們是一家位於奧斯汀的軟體公司，目前正在開發一項新服務，以簡化攝影師線上展示和銷售照片的方式。我們專門建構線上更好更快的工具，能進行修圖、存檔和銷售。

我很想您抽出 30 分鐘的時間，來幫助我們了解您當前的工作流程。我不賣任何東西，只是尋求建議。

謝謝您，

Ash

強調當地

如果人們能認同你，他們通常願意見面。上面的電子郵件在正文中強調了「奧斯汀（美國城市名）」，這在安排與當地攝影師的會面上非常有效。

可以回饋給這些訪談者

將訪談變成「真正的採訪」，並提供一篇報導、podcast、部落格文章或影片作為交換。這會激勵你的受訪者與你交談，以換取你跟他們或公眾分享的見解。

給訪談者一些報酬是可以的

由於發現訪談旨在收集事實資訊，而你不會推銷你的解決方案，因此可以提供報酬以促進招募。一張 $25 至 75 的禮品卡可能是對 30 到 45 分鐘訪談的合理報酬，具體取決於你的目標客戶區隔。

史蒂夫開始第一次問題發現衝刺

史蒂夫與瑪莉、麗莎和喬西召開了衝刺起始會議。他們都從黑手黨提案專門活動開始。他們計劃在下一個衝刺中，對 2 個業務模型變體進行 10 場問題發現訪談：軟體開發者和住家建設。

「那麼我們如何確定目標對象？」喬西問。

「嗯，『軟體開發人員』這個比較容易，」史蒂夫回覆：「我認識一堆做 AR/VR 工作的開發者和機構，我可以輕鬆地安排 10 次訪談。但建築師那部份我就不太確定了。你們中有人認識可以跟我們談談的建築師嗎？」

「沒有認識的，但我可以問問。如果沒有，我以前做過很多陌生拜訪，」麗莎回答道。

「對於住家建設，採取雙管齊下的方法可能會有所幫助，」瑪莉插話說道：「你們當然會想嘗試安排與建築師會面，但如果可能的話，我會優先考慮友人介紹的而不是陌生拜訪，原因我們在上次會議中討論過了。此外，我認為針對這些建築師的客戶，也就是從那些剛剛建造完自己住家的人著手，會容易得多，也更有好處。」

「這是一個有趣的想法。也是為了獲得最終客戶的觀點嗎？」喬西問。

「沒錯。」瑪莉回答：「你需要從多個角度看待一個想法，我總是盡可能地接近最終使用者，再用我的方法逆向工作。我保證建築師在建造客製住家時看到的問題，與屋主的觀點大不相同。」

「完全同意。我可以想像建築師關注的是效率和流程，而屋主是我們可以找到大量情感能量的地方——『更大的範圍』。」喬西補充道。

「我也喜歡那個方法，瑪莉，但為什麼你為什麼說與屋主交談會容易得多？」史蒂夫問。

瑪莉笑了：「因為每個人都喜歡談論自己，尤其是當他們剛剛完成他們引以為傲的事情時。如果你們有朋友或朋友的朋友剛剛完成住家建設專案，請先與他們交談。然後訪問建築師網站尋找最近完工的房屋，並直接與屋主聯繫。只需敲敲他們的門，稱讚他們的房子，讓他們知道你正在對新住家建設進行市場調查。請求 30-45 分鐘的時間，並為他們提供 50-75 美元的禮物卡。我認為這樣做不錯。」

「妳讓它聽起來好簡單。」史蒂夫笑。

「訪談人們很簡單，但我們會因為對談話想太多而感覺困難。」瑪莉說：「記住，這不是推銷。走出你的舒適圈，用好奇心，大部分讓對方說話。你們會驚訝地發現，一旦他們開始說，要讓他們停下來是多麼困難。」

「好的，妳的話我記住了。」史蒂夫帶著懷疑的微笑回答：「所以我們將採訪三組人：軟體開發人員、建築師和屋主。我們兩個一組進行，每組進行五次訪談。大家可以嗎？」

喬西和麗莎點點頭同意。

進行訪談

就像任何值得培養的技能一樣，進行訪談在開始時可能會有點不舒服。但是只要稍加練習（和一些指導方針），它就是一項非常寶貴的技能，將對整個產品生命週期很有用。請記住，持續創新需要與客戶建立持續的學習週期，知道如何與客戶交談方法是最有效的學習方式。

這裡有一些你如何開始的準則：

最好是面對面訪談

除了發現肢體語言暗示外，我發現與人會面會建立一種親密感，是你用電話訪談無法得到的。這在客戶關係建構上很重要。如果無法進行面對面的訪談，請盡可能使用視訊。

挑選中性的地點

我更喜歡在咖啡店進行第一次訪談，以營造更輕鬆的氛圍。在訪談者的辦公室做這件事，會讓它更「像公事」，讓人感覺更像是推銷——不應該是這樣。話雖這麼說，我會同意在訪談者選擇的任何地方會面。

要求充足的時間

問題發現訪談通常持續 45 分鐘，才不會讓人感到倉促。我建議你預約一個小時的時間，然後如果你早點完成，就早點結束。

考慮把訪談時間的安排外包

這段時間最大的浪費是等待——等待人們回覆你，然後還要協調彼此的日程安排、時差等。如果你做好一些前期工作，可能將後續任務委派給虛擬助理或線上日曆安排工具。

這是我的做法：

- 我編寫所有訪談電子郵件請求的底稿。
- 我空出下午時間，所以能較容易訂下訪談時間。
- 所有電子郵件都要抄送附本給我，以便我可以在需要時進行干預。

成對進行訪談

如果你還有其他團隊成員，那麼兩人一組進行這些訪談總是有幫助的。這樣，你們可以輪流提問，而另一個作筆記並思考其它問題。稍後兩人再拿出筆記互相查看，這對確認是否有偏差很有幫助。

問問題，不要作出斷言

這些訪談的目的是學習，而不是推銷。你如何判斷業者何時在推銷？當他們動嘴的時候。避開這個缺點的方法，是在這些訪談中少說多聽。一個好的技巧是每個句子以問題開始或結束（一旦訪談開始）：

- 你能詳細說明一下嗎？
- 你期待發生什麼？
- 那天是什麼時候？

聚焦在事實，而不是假設上

發現訪談的黃金法則，是關注客戶過去實際做了什麼，而不是詢問他們未來可能（或可能不會）做什麼。

避免問這樣的問題：

- 如果 Y 的話，你會做 X 嗎？
- 在未來，你會買 X 嗎？
- 在未來，你會做 Y 嗎？

假裝你是一名記者。你的工作是揭開原始故事並捕捉事實，而不是虛構。

別問客戶「問題」

由於我已經介紹過的原因，請避免向你的客戶詢問問題。你通常只會得到表面的「問題」或錯誤的「問題」。相反地，讓你的客戶聚焦在他們如何使用既有替代品並尋找摩擦點。例如：如果 15 年前你問人

們有關計程車的問題，他們可能會說「沒禮貌的司機」和「車子很髒」。但這些答覆都不會引致共乘服務的發明。

如果你專注於研究他們如何*使用*計程車，你可能會看到當人們要搭飛機時，他們：

- 在航班起飛前一天晚上預訂計程車
- 比所需時間提前兩個小時搭車（還有起床），以避免計程車可能遲到的問題
- 多次致電計程車公司，確認車會來

這些令人討厭的問題和變通方法，會發現值得解決的問題。

盡量深入，保持好奇心

當你訪談客戶時，你會經常發現，在你破冰之前，他們只會給你一些簡短的回答，僅涉及表面問題。更深入的方法是保持好奇心，不要假設任何事情，並接續詢問符合條件的開放式問題，例如：

- 你是如何做那件事的？
- 你說的 X，是什麼意思？
- 我有一點困惑……我們可以慢慢來，你可以告訴我 Y？

追尋更大範圍

正如我們在本章前面所述，你需要尋找想要的成果，跳出產品範圍並進入更大的範圍，而那裡是待完成工作所在的地方。

錄下訪談（如果可能的話）

如果訪談者不介意錄音，那麼錄下訪談，你可以再次收聽並與你的團隊成員分享，甚至使用文字記錄服務進行錄音會非常有幫助，這會讓後端處理變得更加容易。

重新建立事件的時間序

將對話圍繞你正研究的既有替代方案的選擇／購買事件，將有助於訪談的開始。然後，你從那裡往回推，去發現導致選擇此既有替代方案的一系列觸發事件。最後，將時間序向後推進，探索既有替代方案的使用情況，一直到最近的使用情況。

圖 8-3 是訪談最近加入健身房的人的時間序例子。

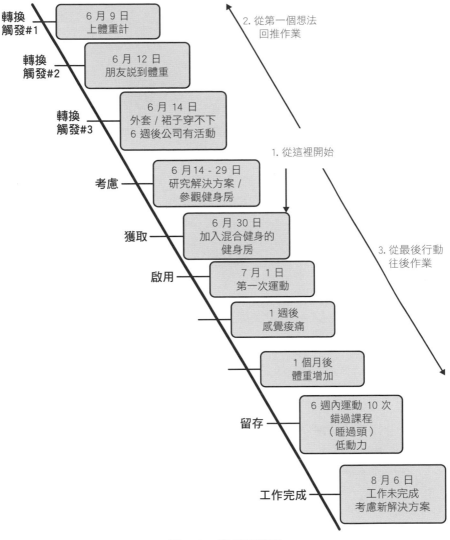

圖 8-3　客戶時間序

使用後設腳本

由於時間有限，你需要在訪談中專注於關鍵目標，以最大化你的學習。這時有一個後設腳本會很有幫助。

問題發現訪談的後設腳本（30–45 分鐘）

歡迎（開場階段）

（2 分鐘）

簡要地開場，說明訪談如何進行：

非常感謝你今天花時間與我們交談。

我們正在研究人們如何以及何時做「待完成工作」。我想強調這不是推銷。我們的目標是向你學習，而不是推銷或任何事物給你。

訪談中沒有錯誤的答案。我們只是想要了解你原本的故事。你可以把我們想成在拍攝紀錄片。我們是製片人和導演，我們想了解所有細節，以便知道完整故事。

可以嗎？

像後設腳本一樣進行腳本的其餘部分。最好的問題發現腳本就是沒有腳本。這麼說吧，準備好幾個問題確實有幫助。但記住要保持好奇心，嘗試詢問簡短的、開放式的問題來拼湊出客戶的故事。

圍繞所選的既有替代方案或之前已完成／嘗試完成的工作（設置錨點）

（5 分鐘）

問一些具體問題讓受訪者回想該購買（或僱用）事件：

你什麼時候註冊了「既有替代方案」？

你上次使用「既有替代方案」是什麼時候？

隨著回憶迅速消退，詢問具體細節以幫助挖掘受訪者的記憶。附加效果是能進一步解除他們的武裝，並讓他們回答更多：

你還記得那是星期幾嗎？

你是獨自一人還是你和其他人一起？

你說你在網路上搜尋的，你記得你用什麼關鍵字查到的嗎？

尋找觸發事件（轉換觸發的第一個想法）

（5 分鐘）

回到時間序的更早前，並嘗試了解一系列觸發事件，是什麼促使受訪者「僱用」所選的既有替代方案：

好的，所以你在「這天」買了這產品。你記得是什麼促使你購買？

你接下來做了什麼？

什麼時候你第一次意識到你需要一個新的「產品」？

如果你什麼都不做會發生什麼？

你說你想要更好的某事物。你能定義一下你當時認為什麼是更好的嗎？

探索選擇的過程（獲取）

（5 分鐘）

深入了解他們是如何選擇出既有替代方案：

接下來發生了什麼？你能告訴我們你的選擇過程？

你還考慮了什麼？

你在哪裡聽過關於「既有替代方案」？

你為什麼選擇「所選的既有替代方案」？

你介意分享你為「所選的既有替代方案」支付了多少費用嗎？

請受訪者澄清模糊的用語：

你如何定義簡單？

你說這是健康的選擇。你能告訴我你是如何判斷某樣東西是健康的嗎？

探索早期的使用（啟用）

（5 分鐘）

將時間回到產品剛入手後，並請他們分享他們首次的使用印象。 如果你聽到掙扎或潛 在的摩擦，請深入挖掘：

我想要你回到你剛註冊／收到「既有替代方案」時。請告訴我們你開箱的過程。

你花了多長時間來設置它？

然後你做了什麼？

你如何判斷這產品有用？

探索再次的使用（留存），如果適用的話

（5 分鐘）

繼續探索目前使用，找看看掙扎和 / 或摩擦：

那麼，你多久使用一次「所選的既有替代方案」？

你最後一次使用 [所選的既有替代方案] 是什麼時候？

接下來是什麼？（下一個高峰）

（5 分鐘）

確定工作是否成功完成，以及受訪者的下一步：

所以在一開始，你想要一個產品能完成「想要的成果」。你「所選的既有替代方案」費用如何？

接下來是什麼？

完成（後續步驟）

（3 分鐘）

感謝受訪者撥空。離開前，你仍然還有一件事要做，和另外兩個問題要問。即使你還沒有準備好談論你的解決方案，如果受訪者符合你潛在的早期採用者標準，你需要提供一個引子來使他們保持興趣。你的大方向概念或 UVP 非常適合。

然後請求允許保持聯絡或問後續問題。最後，要求推薦其他潛在受訪者：

正如我們在開始時提到的，我們只是在進行早期研究，但根據你的回答，我們認為我們正在建構的產品可能很合適。我們的產品旨在「說明 UVP」。

幾週後跟你聯絡，給你看看 Demo 可以嗎？

此外，由於我們處於早期階段，我們希望與盡可能多的人交談學習。你願意向我們介紹更多「像你這樣的人」嗎？

為了訪談，史蒂夫寫了一個後設腳本

由於史蒂夫以前從未進行過這類訪談，他決定寫下一個後設腳本以供訪談住家建築商使用。他的目標不是列出詳盡的問題清單，而是組織好訪談流程並寫下一些他可以在訪談中提出的學習問題。

歡迎（開場）

（2 分鐘）

非常感謝你今天花時間與我們交談。

我們正在為一家當地大型建築公司做一些早期的行銷研究，正在研究的是客製住家設計過程。我們在「建築師網站」上看到你的家，順道說一句，你家很漂亮，想知道你是否願意與我們分享你的設計經驗。

訪談大約需要 45 分鐘。我們知道你的時間很寶貴，為了感謝你花時間，我們將提供一張價值 $75 的禮物卡。

如果能繼續的話：

我想強調這不是推銷。我們的目標是向你學習，而不是銷售或推銷任何事給你。

訪談中沒有錯誤的答案。我們只是想要了解你的原始故事。你可以把我們想成在拍攝紀錄片。我們是製片人和導演，我們想了解所有細節，以便知道完整故事。

可以嗎？

定錨在所選的既有替代方案（設下錨點）

（5 分鐘）

你的家在什麼時候完工？

你什麼時候搬進來的？

這是你第一個客製的房子？

花了多長時間建造？

找尋觸發事件（切換觸發的第一個想法）

（5 分鐘）

所以建構花了「這麼長時間」。我想回到更早以前，你對建造客製住宅的第一個想法。是什麼原因促成的？

你怎麼知道你想要自建還是購買？

你想要得到或實現什麼？

探索選擇過程（獲取）

（5 分鐘）

接下來發生了什麼？你能說一下你的選擇過程嗎？

你是如何選擇建築師的？

你還考慮了什麼別的？

探索早期使用（啟用）

（5 分鐘）

那麼，你選擇了你的建築師後，下一步是什麼？

設計階段用了多長時間？

你看了什麼東西來選擇設計？

如果適用的話，探索重複使用（留存）

（5 分鐘）

你是如何選擇材料的？

那花了多長時間？

建造成本如何？什麼時候發生？

設計和預算之間的來來回回狀況如何？（如果有的話）

下一步是什麼？（下一個高峰）

（5 分鐘）

所以一開始，你想建造你夢想中的住家。你覺得有達成嗎？

你是否希望對你的住家做任何進一步的改變或修改？

總結（後續步驟）

（3 分鐘）

非常感謝你的參與。這是給你的禮物卡。我知道這只是一個小小的心意，但我們非常感謝你邀請我們進入你美麗的住家。

最後一個問題：你是否碰巧有朋友也自建了自己的家？我們正在嘗試與盡可能多的人交談，非常感謝你能幫我們介紹。

捕獲見解

每次訪談後，你最終都會獲得大量原始資料，難以追蹤。當你進行更多訪談時，這種狀況只會加劇。

這些訪談的最終目標不是創建 20 頁的客戶研究報告，而是將你的學習，總結為可操作的見解，描述出最常見的客戶旅程故事。對於任何市場，沒有無止盡的客戶旅程故事。模式很快就會出現，大多數市場都會重複出現 3 到 5 種故事。

你如何找到這些模式？一方面，你的大腦自然會尋找到模式，並會自動在你的訪談中尋找相似之處。但是，問題在於你的大腦很容易被愚弄：

> 第一個原則是你不能自己愚弄自己，因為你是最容易被愚弄的人。
>
> ― *Richard P. Feynman*，美國理論物理學家

會發生這樣的狀況是因為我們的認知偏見。這裡需要特別注意的兩種較常見的偏見是**確認偏見**和**近因偏見**。

確認偏見，是我們傾向於更加關注符合我們自己世界觀的（例如證明我們的解決方案合理的問題）事，較少關注不相關的事情。

近因偏見，是指我們更重視剛發生的事情（例如：連續三次聽到某個特定「問題」），即使這是異常值，我們也會視其為全體的樣貌。

避免這些偏見的方法，是採用實證方法在客戶力畫布上捕獲和排列你的見解（圖 8-4）。

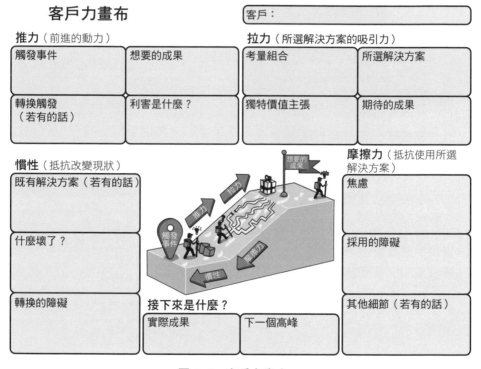

圖 8-4　客戶力畫布

以下是有效獲取訪談見解的一些指南：

每個訪談結束後立即總結你的見解

每次訪談後預留 5-10 分鐘，將你的原始筆記歸類放到客戶力畫布中。我通常會在我的時程表中留出一個小時的客戶訪談時間，目標是在 45 分鐘內結束訪談，後面的 15 分鐘進行後處理。

避免群體迷思

如果你是成對訪談，最好個別創建客戶故事，然後彼此比較筆記以避免群體迷思。

按時間順序填寫客戶力畫布

雖然問題發現訪談的流程很可能不會按時間順序排列，你的目標是將客戶故事重構為按時間順序排列的一系列因果事件。

按照以下顯示的順序，總結你的訪談見解。這是發展客戶故事推銷的極佳實踐，我們將在第 10 章中介紹。

填寫客戶力畫布

推力（前進的動力）

確定受訪者的環境發生了什麼變化，促使他們完成工作：

觸發事件

首先確定第一次想法浮現，和什麼後續事件，使他們從什麼都不做，變成被動尋找，再到積極尋找解決方案。

轉換觸發（如果有的話）

如果此人完成工作，是從舊方法轉換為新方法，請找出導致他們轉換的因果事件。這可能是由於：

- 他們當前解決方案的不好經驗
- 他們的情境發生了變化
- 覺察事件，例如：在醫生那進行年度體檢時，被診斷出患有高血壓

想要的成果

　　他們旅程一開始時想要的成果是什麼？他們將使用什麼具體指標來衡量成功？

利害是什麼

　　忽略觸發事件而不採取任何行動的後果（如果有的話）是什麼？

拉力（所選解決方案的吸引力）

確定是什麼吸引了他們選擇其所選擇的解決方案：

考量組合

　　為了該工作還考慮了哪些其他既有替代方案？

所選解決方案

　　列出該工作所僱用的所選解決方案。記下他們找到所選解決方案的地方（管道），以及他們支付的費用（如果適用）。

獨特價值主張（承諾的成果）

　　所選解決方案的具體吸引力是什麼？換句話說，為什麼他們選擇這個解決方案而不是其他的？

預期成果

　　他們希望透過所選解決方案實現什麼目標？具體上什麼指標是他們會用來衡量成功的？

慣性（抵抗改變現狀）

列出他們舊方式的阻力。這可能來自他們已經用於完成工作的既有解決方案，或者如果這是他們第一次嘗試這項工作，則可能來自現有的習慣。

既有解決方案（如果有的話）

　　如果他們目前正使用解決方案（舊方法）來完成工作，請在此處列出。否則，將此欄位留空。

什麼壞了？

　　由於轉換觸發，他們現有的解決方案出現了哪些具體問題？

轉換的障礙

　　識別出任何會阻止他們轉換解決方案的現有習慣或轉換成本。

摩擦（抵抗使用所選解決方案）

列出人們使用他們所選解決方案時遇到的阻力。這些通常是由於對變化的焦慮和其他採用的障礙（如可用性問題）引起的。

焦慮

列出人們在開始使用他們所選解決方案時表達的任何恐懼或擔憂。

採用的障礙

列出人們在使用所選解決方案時遇到的任何挑戰。

其他細節

使用其他所選解決方案所捕獲的見解。

接下來？

統整人們的現在狀態

實際成果

使用所選方案後那個人體驗到的實際成果

下一個高峰

他們的下一個行動？工作完成的好嗎？他們會持續使用所選的解決方案或考慮使用新解決方案？

練習總結出客戶旅程故事

當你完成客戶力畫布時，使用以下故事範本在每次訪談中表達你的主要見解：

當客戶遇到切換觸發時，

他們的期待有落差（有什麼利害）。

於是他們開始考慮一些新的解決方案（考量組合）。

他們選擇了一個新的解決方案，因為（獨特價值主張）。

是什麼阻止了他們切換（阻力）。

是什麼促使他們切換（拉力）。

他們有什麼焦慮（摩擦）。

他們現在在哪裡（下一個高峰）。

將你的客戶力量畫布，分類成不同「工作」的客戶區隔

當你完成每個客戶力畫布時，尋找圍繞觸發事件、期望成果和既有替代方案的常見模式，並創建一個或多個基於工作的客戶群（圖 8-5）。

圖 8-5　基於工作的區隔標準

具有相似觸發事件、期望成果和既有替代方案的人，往往表現得較相似，因此可以歸類成一個群體（圖 8-6）。

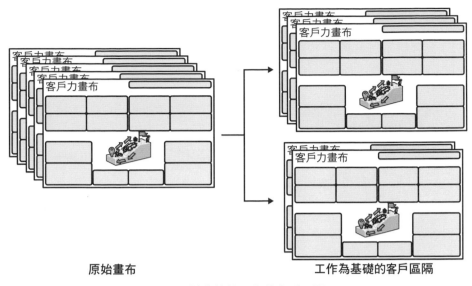

圖 8-6　創造基於工作的客戶區隔

舉例來說，在房屋建築商的個案研究中，建築商發現主要客戶故事集群顯示於表 8-1 中。

表 8-1　房屋建築商個案研究中的最佳客戶故事集群

轉換觸發	想要成果	所選解決方案
假日派對	想要一個更大的房子以獲得更多的娛樂空間（成長中的家庭）	選 3000 平方英尺的房子（約 84 坪）
假日派對	想縮小規模，因為我們不用娛樂空間（獨居老人）	選 1200 平方英尺的房子（約 34 坪）
要生寶寶	想要兩個額外的房間和一個後院	搬到郊區
為工作而搬家	想靠近工作地點	選了工作 5 英里以內的家

現在換你了

前往 LEANSTACK 網站（*https://runlean.ly/resources*）：

- 下載空白的客戶力畫布範本。

- 上傳你的訪談腳本建立你的線上客戶力畫布。

史蒂夫審視廣契合問題發現衝刺的結果

史蒂夫開始了會議:「誰會想到訪談客戶可以這麼有趣?從這些客戶力的角度來思考產品,非常有意思!它甚至讓我更了解我是如何購買產品的。」

「我看你很快就克服了怯場。」瑪莉說。

「是的,擁有後設腳本是一個很好的安全網,我發現一旦談話開始,就很容易讓對方繼續說話。甚至在我停下來思考時,也許是因此感覺到我的困惑,人們會一直說話以填補空白。」

瑪莉笑了:「你碰巧用了一種很進階的訪談策略。你可以從談判策略中學到很多關於訪談的知識。Chris Voss 出了一本很棒的書《Never Split the Difference》(FBI 談判協商術),我強烈推薦你們閱讀。那麼你們從訪談中學到了什麼?」

喬西示意史蒂夫告知最新情況。

「嗯,我認為軟體開發者模式是一條死胡同。AR/VR app 的需求仍然不多。我們訪談過的五個機構中,只有一家最近為一家媒體公司完成了一個大型 VR 專案。他們告訴我們,雖然這個領域有很大前景,但他們的許多客戶仍然只是試試這技術,還沒有足夠的信心冒著品牌風險採用其作為主要 app。我認為這個行業需要先看到一個突破性的 app,為其他人鋪平效仿的道路。」

「像這樣全新的新技術通常會遇到這種情況。」瑪莉說:「房屋建設商那邊怎麼樣?那些訪談進行得如何?」

「那些很有趣。」史蒂夫回答:「但我不認為我們已經了解了整個故事。你說得對,這裡有兩種截然不同的觀點。我們只和三個建築公司談過,他們在意的都是生意。他們在高級住宅設計方案中會包含 3D 成像,用於幫助客戶看見空間。其他客戶可以付費做出成像,這非常接近我們估計的 3,000 至 5,000 美元。但有趣的是:他們在辦公室用電腦向客戶展示成像圖,但只提供彩色平面圖給客戶。他們拿不回 3D 模型。」

「他們中有人使用 AR/VR 嗎？」瑪莉問。

「沒有。其中一位提到曾經在一次會議上看到過 Demo，也認為這項技術有很大的潛力，但他們說太貴也太複雜。我很想給他們看 Demo，但喬西在桌子下踢了我一腳。」

喬西笑了並輕拍史蒂夫的背：「我們不應該談論解決方案。我本來還想問他們，如果這個過程較容易，他們是否會做更多的成像。但我自己打住。」

瑪莉笑了：「這是正確的決定。那麼，屋主方面的故事是怎樣的呢？」

「我們發現這很有趣。」史蒂夫回答道：「我們與五位屋主進行了交談一其中三位說成像圖是標準方案的一部分，但他們其中一個是付錢買的。他們都說第一次看到成像圖時，他們才真正看到自己的家『從平面圖上活了起來』那是他們的原話。」

「是的，他們非常興奮，有一些人還留著副印本。」喬西插話進來：「我發現有趣的是，在他們能夠想像他們的空間之後，他們開始要求進行更多修改，這使設計時程晚了至少二週。在一個個案中，甚至花了三個月才完成設計。」

「每次修改設計後，他們有得到更新的成像圖？」瑪莉問。

「沒有得到全部，這肯定是讓人很不悅。」喬西回答：「有一位屋主要了模型文件，然後自己建成像圖。」

「真有趣。他是建築師還是設計師？」

「都不是，但他非常精通技術。他自學了如何使用建模軟體，我想他甚至買了一套，這樣他就可以把專案視覺化並進行更改。」

「那是一個很棒的訊號。然後發生了什麼？」瑪莉問。

喬西和史蒂夫對看了一眼。然後史蒂夫開始說：「那時我們就結束對話了。我想如果我們能夠建一個 APP，客戶就能用手機視覺化他們的家，這將大大加快設計過程。」

「當然，這當然可能，情況肯定是這樣，但我希望你能探索屋主在設計過程之外接觸這些模型後產生的影響。」瑪莉回答說：「模型是否在成本、材料選擇或家具選擇中發揮了作用？如果是，影響了什麼？」

麗莎最後插話了：「在我們的談話快結束時，其中一位屋主簡單提到使用平面圖購買 IKEA 家具。顯然，IKEA 提供全方位的設計服務，他們使用平面圖來建議房間的家具擺設。」

「這正是你們在下一輪『窄契合』訪談中需要做的探索──發現這些建築模型的『更大範圍』。」瑪莉說：「我有一種感覺，它們被僱用來做很多項工作。」

什麼時候要結束「問題發現」？

在每個問題發現衝刺結束時，審視你的工作為基礎客戶力畫布，先確定你是否有發現最主要的客戶旅程故事。

正如我們所討論的，在任何客戶區隔中通常都有三到五個主要故事。如果你仍然在每次訪談中發現新資訊，請規劃進行另一批訪談和進行另一個問題發現衝刺。

但如果，你最近的訪談所得跟你之前進行的訪談所得相似，並且你已經識別出一些清晰的模式，那麼你可能已經發現了所有主要故事。接著可以開始測試你的主要故事集群是否為客戶／問題契合──即它們是否代表了一個足夠大的問題值得解決。

測試客戶／問題契合要問兩個問題：

是否發現既有替代方案存在著足夠大的問題以引起轉換？

尋找既有替代方案上的摩擦和／或不滿的證據。這些可能會是煩惱、變通辦法、可用性問題、未滿足需求或欲望，和／或期望成果、承諾成果和實際成果之間的差距。

目前是否花夠多時間、金錢和精力在既有替代方案上？

這是你測試問題是否值得解決的地方。根據你的牽引力路線圖檢查你的費米估計假設（定價和客戶生命週期）。

如果這兩個問題的答案都是肯定的，那麼你就可以繼續進行解決方案設計衝刺，你將設計一個解決方案來引發轉換。

Altverse 團隊發現了一些額外的「待完成工作」

團隊在他們的窄契合問題發現衝刺結束時再次集合，以回顧他們的學習。史蒂夫開始說道，「所以，我們再次拜訪精通技術那位屋主，有趣的是，就在上週，他還用了這個模型來佈置他的辦公家具。他甚至拿出模型給我們看。他還提到用它與景觀設計師一起設計景觀。他承認這些模型很簡陋，但他和他的家人已經用它做了很多決定。」

麗莎插話：「我們還與另外 10 位剛完成住家建設的屋主進行了訪談，開始出現一種模式。設計週期時間是一個很大的痛點。他們講述了很多關於他們希望如何在三個月內完成的故事，雖然很快能形成了第一個概念，但達到預算範圍內的最終設計花了他們兩倍的時間。」

喬西補充說：「這裡也是建築師的痛點。由於他們收取的設計費用是固定的，所以當設計階段花費兩倍的時間時，它直接影響了他們的盈虧。」

「所以你認為有更好的視覺化來回確認，會幫助他們更快地達成最終設計共識？」瑪莉問。

史蒂夫插話：「我知道我們不應該考慮解決方案，但除了更好的視覺化之外，由於我們將在模型中選擇所有材料，因此我們可能能夠即時產生粗略的成本估算。」

「那是一個有趣的想法，史蒂夫。」瑪莉回應：「考慮像這樣的新工作解決方案並沒有錯。我只是不想讓你急於建構它。這樣說吧，在我看來，你們至少發現了三項待完成工作：視覺化設計、設計定價和佈置空間。我感覺到這裡有一個足夠大的問題值得解決，這足以來測試客戶／問題契合。」

「酷──所以下一步是什麼？」史蒂夫問。

「下一步是運行解決方案設計衝刺，設計出可能會導致轉換的最小可行產品。」

第九章

設計解決方案
以引起轉換

為了讓人們僱用你的產品，他們必須解僱其他東西。
— Clayton Christensen

在問題發現衝刺結束時，你應該已經識別出一個或多個客戶故事群，它們代表了一個或多個足夠大的值得解決的客戶問題。如果有足夠的時間、金錢和努力，你幾乎可以建造出任何東西。挑戰在於你的時間、金錢和精力永遠不足夠。然而，無論如何你都必須建出一些非凡的東西，而且要快。請記住，學習速度是新的不公平優勢。這就是你的最小可行問題（MVP）出現的地方。

筆記

MVP 的「藝術」，是競相提供足以造成轉換的最小解決方案。

你會想要解決在「問題發現」期間發現的所有問題，是很正常的，但這樣做很容易導致範圍太大。不要自動假設所有內容都必須包含在你的 MVP 中。而是從零開始，並使用接下來的兩週衝刺來設計一個解決方案，以實現轉換（圖 9-1）。

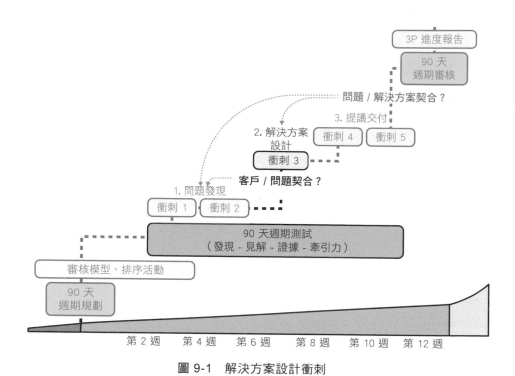

圖 9-1　解決方案設計衝刺

史蒂夫學到「禮賓服務 MVP」

「我已經制定了我們需要用於家庭建築個案的最小功能集。它能夠接收 2D 平面圖，不到五分鐘的時間就能成像出沉浸式 3D 模型。建築師可以接著從目錄選單中選擇材料。目錄將放入一些常用材料，但任何人都可以用手機拍下真實材料照片，生成目錄中的新材料。最後生成的模型可以在手機或平板電腦上查看。當然，我們可能必須加上更多功能，但這將是最小的開始。」

「這聽起來很棒。」瑪莉說：「建好這些需要多長時間？」

史蒂夫輕輕嘆了口氣：「我們可以在 2 到 3 週內 Demo 一個版本，但最快需要 4 到 6 個月才能準備好一個 MVP。」

「6 個月！」麗莎驚呼道：「如果加入一些兼職開發人員，我們可以加快速度嗎？」

史蒂夫回答說：「我不這麼認為。其中很多技術都很新，要讓兼職人員跟上速度，可能就需要三個月的時間。還有我不想跟公司以外的任何人分享核心程式。」

「我同意你們兩個的看法。」瑪莉說：「外包對這類產品很少有效，而且6 個月太長了。我們需要找到一種方法，在不到 2 個月的時間內讓一些東西運行起來。」

「那是不可能的！」史蒂夫插話。

瑪莉舉起手：「等等……回到你剛才說的話。你說你可以在接下來的 2 至3 週內 Demo 一個版本。為什麼那個不能成為 MVP ？」

「核心的成像引擎已經好了。」史蒂夫說：「但它沒有使用者界面。我可以 Demo 這些模型的成像，但我必須使用腳本從命令行驅動整個過程。我一直在尋找自動化這些步驟的方法，看看我們是否可以建構一個奧茲大帝（Wizard-of-Oz）MVP，但仍然需要太多手動步驟。建構出對的 UX的使用者界面是喬西加入我們的重點。我們還必須建構一堆東西，例如：使用者角色和權限，以真正將引擎產品化──」

瑪莉再次打斷史蒂夫。「所以模型成像的步驟是手動的──那在手機上查看怎麼樣？」

史蒂夫回答說：「那個完成了。就是我們第一次見面時，我給妳看的同一個 app。」

「我不明白為什麼你現在不能推出你的 MVP。你就是產品，史蒂夫。」史蒂夫的臉上浮現出困惑的表情。

「這是應用禮賓服務 MVP 的完美之處，這是精實創業運動推廣的另一種驗證秘訣。我想 Manuel Rosso 可能是在將這個詞應用到他的新創公司Food on the Table 之後，創造了這個詞。」

「它是如何運作的？」喬西問。

瑪莉解釋說：「歸根結底，客戶想要的是成果，而不是產品。禮賓服務
MVP 背後的基本理念，是使用服務或顧問模型為客戶提供價值。除非我
看漏了一些東西，否則你已經擁有了成像和查看 AR/VR 模型的所有部
分，只是沒有最終使用者產品的外皮。而那不是最有風險的東西，所以
暫時跳過外皮，只要將模型作為服務提供就好。」

「這非常有道理。」喬西說：「建築師無論如何都需要幾天時間建構出 3D
模型，所以這應該可行，因為他們並不期待一個完全自動化的產品。」

史蒂夫也說：「這一定可行，但它無法規模化。我大概半天內可以把一個
模型轉成 AR/VR 模型。較複雜的可能需要一天時間。」

「你的牽引力路線圖每個月只需要接待兩個客戶。」瑪莉評論道：「我想
暫時這樣做沒問題。」

史蒂夫點頭：「好的，這簡單。」

「但你要記住。」瑪莉繼續說：「禮賓服務 MVP 並不代表最終產品；這是
一種競爭交付價值和測試最大風險假設的戰術。在此過程中，與傳統服
務不同，你的目標是用更加自動化和可規模化的產品取代你的人工部分。
做到這一點的最佳方法，是透過增加投資來提高效率。你的目標是將模
型成像時間從一天減少到五分鐘。」

史蒂夫打消了疑慮：「我現在完全明白了。這是另一種曲棍球桿玩法並分
階段增加牽引力。」

「沒錯。」

「還有更多的 MVP 方法？」史蒂夫詢問。

「有的。」瑪莉回答：「還有一些也可以應用在這裡。但我認為禮賓服務
是讓你能趕快交付的方法。」

「我們如何為禮賓服務 MVP 定價。」麗莎問：「因為人們習慣於付費較多
給服務，較少給軟體產品？我們是否現在收較高費用，以後再調降呢？」

「問得好，麗莎。」瑪莉回覆：「第一要務是根據你們可以提供的價值，為你們的產品決定一個合理價格。使用禮賓服務 MVP，你們當然可以選擇現在收取服務費用，並隨著時間隨著產品化而降低價格，或者從一開始就從產品價格開始。它通常會因你們的客戶是誰而不同。例如：B2B 客戶習慣於為服務支付更多費用。」

「這有道理。」麗莎說：「妳可以對制定合理定價提供一些指導嗎？」

瑪莉回答說：「可以，這就是你們在解決方案設計衝刺期間要做的工作。除了我們剛剛討論的可行性限制外，你們還需要解決欲求性和可望成功性的問題。下次我會把一些資料發給你們。」

進行「解決方案設計」衝刺

解決方案設計衝刺的運行時間是兩週，你可以使用從問題發現衝刺中獲得的見解，來設計解決方案（MVP）的第一次迭代以引起轉換。

MVP 只強調可望成功性，可能是因為這往往是設計產品時最容易被忽略的，但對的解決方案，需要同時平衡欲求性、可望成功性和可行性，以造成轉換並使你的商業模式起作用。

在接下來的幾節，我將介紹一個循序漸進的審查過程，從你的問題發現衝刺中獲得的見解，分別從欲求性、可望成功性和可行性來看。請記住，不同的觀點可能會把你拉往不同的方向。三種觀點在此相交，找到正確的平衡是門藝術。這些步驟可能需要執行多次。

處理欲求性

若要引起轉換，重點會是問題和承諾。承諾等同於你的 UVP，而做出吸引人 UVP 的最佳方法，是解決客戶很困擾的問題。

—— 筆記 ——————————————————

引起轉換的產品，向客戶承諾了更好的完成工作方式，而不會遇到他們目前正在苦苦掙扎的問題。

此外，正如我們之前所說的，要引起轉換，你的承諾要比既有替代方案好很多。逐漸變得更好（20-30%）是不夠的——你需要更好 3 到 10 倍。

由於你的 MVP 目標是競相交付價值，因此好的 MVP 只需要解決最小的問題子集，而且這些問題解決後，仍會產生一個夠大的承諾，保證轉換用你的產品。

本節的其餘部分將引導你如何思考這個過程。

第 1 步：識別出主要困難處

問題可能會在客戶旅程的任何地方突然出現，但回顧一下你的客戶力畫布，並識別主要的困難處。

一般會來自：

- 不滿意（例如：工作沒有全部完成）
- 使用所選解決方案過程中的摩擦
- 選擇解決方案過程中的摩擦

要識別出你的產品將能處理的主要困難處是，你要：

尋找和處理「不滿意」

請記住，所有待完成工作，都始於一個引發未滿足需要或欲求的觸發事件，即在當前成果和期望成果之間有差距。首先要評估的是客戶期望成果與實際成果之間差距的大小。換句話說，先從檢查「工作」是否做得夠好開始。

如果答案是否定的，且期望成果與實際成果之間的差距夠大，那麼這可能是你的 UVP 基礎。如果你可以承諾並交付更好的成果，則未滿足的預期成果會成為最有效的轉換觸發。

如果你發現工作做得夠好，不用失望。許多產品引起轉換不是因為提供了更好的成果，而是因為更容易完成工作，這是下一個要關注的熱點。

尋找和處理「使用中的摩擦」

使用過程中的摩擦，將在你的談話中，表現為煩惱、變通辦法和 / 或可用性問題。不要低估這類問題，它們同樣可以有效地引起轉換。

這裡有一些例子：

- Uber 不一定能讓你更快到達機場。它先讓汽車／計程車預定過程變得更容易，然後轉向體驗的其他部分，例如支付。

- CD 不一定能提供明顯更好的音質；但它們可以立即播放你想聽的歌曲。

尋找和處理「選擇的摩擦」

如果你注意到人們在解決方案選擇過程中陷入困境，這可能代表一個「無消費者」市場。人們的工作之所以找不到適合解決方案，可能是產品的成本、複雜性和／或定位。

例子：

- 由於 Covid-19 大流行，視訊會議軟體的使用在 2020 年激增，我們現在認為這是理所當然的。但你知道視訊會議技術可以追溯到 1870 年嗎？！直到一百 年後，AT&T 才推出第一款商業包裝的視訊會議電話，30 分鐘的通話時間收收費 $160/ 月（相當於今天的 $ 950/ 月），每增加一分鐘收費 $0.25。在隨後的幾十年裡，技術不斷發展，公眾網路被建立，成本下降，使用視訊會議電話才成為主流。在這整個時間軸中，我們可以看到許多可能對視訊會議功能感興趣，但因費用太高而無法消費的客戶區隔。

- 在 2001 年，一家澳洲葡萄酒公司推出了第一款低成本酒，名為 Yellow Tail，並成為業內最賺錢的品牌之一。這是一個經典的藍海策略個案研究，在 W. Chan Kim 和 Renée Mauborgne 的《藍海策略》（Harvard Business Review 出版）一書中有所描述，它處理了選擇過程的摩擦問題。在這個個案中，該公司發現，有很大一部分客戶有消費葡萄酒的欲望，但對選擇葡萄酒的過程感到沮喪，因為選擇葡萄酒的過程充滿了各種葡萄品種、年份、價格等複雜規則。所以 Yellow Tail 推出了一款葡萄酒，很容易選擇（紅酒或白酒）、易於飲用（不需要開瓶器，且開瓶後味道很好），且定價低於 $10（定位是要跟一手啤酒的價格比，而不是跟優質葡萄酒比）。

第 2 步：造出吸引人的承諾

一旦你識別出主要困難處，就將你的注意力移到制定一個不同的、更好的承諾上。以下是一些要遵循的準則：

記住不要只在功能上變得更好

在感知和權衡何謂「更好」上，情感在其中扮演重要角色。這就是為什麼我們專注於想要的成果並追求更大背景——與客戶的欲求保持一致。

識別出能更好的「軸」

根據你在上一節中發現的問題或困難，找出你要改善的關鍵屬性。如果你要繪製一個二乘二的矩陣，將你的產品與替代方案進行對照比較，那麼 x 軸和 y 軸分別是什麼（例如：速度與品質）？

這不是一個詳盡的列表，但可以參考作為 x 軸和 y 軸 ：

- 速度
- 成效
- 健康
- 永續
- 簡單
- 可規模化
- 有機的
- 實踐性
- 安全
- 流行
- 隱私
- 專業性
- 獨特性

例子：

a. LEANSTACK：簡單和實踐性（實踐勝過理論）

b. Tesla：永續和成效

c. iPhone：聰明（無實體鍵盤）和易於使用

走向極端

在尋找更好的軸時，很容易選擇流行的軸。但受歡迎的地方通常也很擁擠。可往邊陲走。

與你的目的一致

不要將識別這些軸，簡單地視為一次性定位練習，然後就忘記了。對的軸應該與你的價值和目標保持一致。它們應該是所做一切的核心。這就是你隨著時間持續建立差異化的方法。

不要用猜的

最後，不要編造這些東西。更好的軸應該來自你的客戶發現訪談。它們應該是你的客戶非常關心的事情。他們期望的成果和與當前替代方案之間的權衡，通常是發現這些的好地方。

處理可望成功性

找到一個保證能轉換的「問題」是不夠的，它還需要是一個值得追求的商業模式機會。這歸結為價格和人。正如我們之前所述，這兩者是相關的：價格決定你的客戶，反之亦然。

由於你商業模式的可望成功性已經受到你的 MSC 目標和費米估計假設的限制（見第 3 章），所以要從把這些限制施加在你的「問題」和「UVP」上開始。

請記住，對於給定的 MSC 目標，推動可望成功性的最可行槓桿，是你每年每位使用者平均收益（ARPU）。現在是重新審視你的 ARPU 目標值，並查看哪些故事集群可以實現該目標的時候了。

第 1 步：設一個合理價格

和以前一樣，你的目標不是最佳定價，而是既有替代方案和你 UVP 的合理定價。以下是一些指南：

挑選對的既有替代方案

由於既有替代方案通常會為你的定價設定錨點，因此應盡可能取代較高價格的替代方案。在下一章，你將學習如何有效地使用價格錨定來做出更有效的推銷。將多個替代方案，合為一個更廣的類別是完全可以的。

給「更好」一個價格

可貨幣化問題的最佳證據是錢花去哪裡。此外，記下花費了多少時間和精力，因為此資訊也可用於為你的 UVP 賦予價值。根據你對更好的承諾，從那裡開始下手。

別忘記留存率

ARPU 是價格和使用頻率的函數。探索觸發事件發生的頻率。至少每月重複一次的觸發事件，非常適合訂閱服務，這是一種很好的戰略，可以用來將你的產品確立為新現狀。

依照你的費米估計假設來確認

使用你輸入的定價和使用頻率來計算你的預期 ARPU。如果這與你費米估計出的目標 ARPU 不一致，你需要重新審視你的問題並訂出更大的承諾。

第 2 步：識別你理想的早期採用者

既有替代方案和費米估計的限制，可能會縮小你可望成功的客戶故事集群。現在你要進一步精煉你的早期採用者選擇標準。

請記住，問題發現的目標不是針對早期採用者，而是針對活躍客戶（既有替代方案的使用者）。你理想的早期採用者可能是這個活躍客戶區隔的一個子集，但他們也可能是這些活躍客戶的過去狀態或未來狀態。

---- 筆記 ----

一個關鍵的見解是認識到，識別理想的早期採用者，更多的是時間點問題，而非是誰的問題。

客戶在什麼時候最有可能考慮轉換到你的產品？那就是你理想的進入點。

---- 提示 ----

提供止痛藥的最佳時機，是當你的客戶感到疼痛時。

你可能想把客戶極度困難的時候，即你識別出的主要困難處，假設為進入點。有時情況確實如此，但更常見的是這些進入點，很難從外部檢測到，因此很難以它為目標。例如，你如何找出乘坐計程車體驗不佳的客戶？有些時候，可以儘早引導你的客戶，以完全避免既有替代方案——例如：在假期期間瞄準潛在客戶的建築商。

由於這些原因，你通常不得不考慮時間序中的不同進入點，可能在主要困難處之前或之後。

以下是你要如何思考這個問題：：

早期採用者是願意轉換的人

時間線上的第一個重要事件是轉換觸發。此時客戶從現狀的慣性進入考慮階段（被動尋找新解決方案）時。請記住，如果是新工作，其現狀可能是什麼都沒做，如果是重複性工作，則可能是重新僱用相同的產品。

如果是人們正在考慮的新工作，除非情境推力大於他們的慣性，否則他們什麼也不會做。這就是理想目標所在。很多人都想變得更健康、更富有、更聰明，他們時不時會下定決心去改變，但卻沒有付諸行動。這些人不是你的早期採用者。

在尋找早期採用者時，首先要考慮的是尋找已經歷過轉換觸發並採取了一些行動的人。

弄清楚理想的早期採用者從哪裡轉換

在上一節中,你應該已經識別出你想要取代的既有替代方案。下一個要考慮的問題是,是否更容易讓人們從既有替代品轉向你的產品,或者從他們既有替代品之前使用的產品(可能什麼都沒有)轉向你的產品。你的答案將取決於你在哪裡找到了主要的困難處。

定義你的轉換觸發

回想一下第 2 章,共有三種類型的轉換觸發:

1. 糟糕的體驗(使用既有替代方案時)

2. 情況有變

3. 對問題的新認識和 / 或更好的方法

如果你的 UVP 是基於人們使用既有替代方案後體會到的問題(使用過程中的不滿意或摩擦),則轉換觸發落於「糟糕的體驗」。則你的早期採用者可能需要是既有替代方案的活躍客戶。要了解客戶在使用既有替代方案多久以後,才意識到這一點。你理想的進入點可以表述為:

- 「x 週」前開始使用「既有替代方案」的「客戶區隔」。

以下是一個例子,我在 2010 年推出了一個分析產品 USERcycle。USERcycle 的 UVP 是:沒有更多的數字,而是可操作的指標。我們幫助新創公司創業者不再淹沒在不可操作的數據海洋中,而是更有效地使用一些可操作的指標來提高他們的轉換率。

我們的問題發現訪談,結果顯示出:

- 大多數創業者一開始都沒有用指標,因為他們優先考慮推出產品而不是分析。

- 第一次觸發事件通常是在推出後 30 天,此時他們的轉換率低於預期。

- 他們找到的第一個既有替代方案是 Google Analytics 和 / 或其他一些免費分析產品。他們還沒有經歷過「被指標淹沒」的問題,因此他們還不能代表我們的早期採用者。

- 在發布後的第二個月或第三個月之間的某個時間，他們被淹沒在數字中，無法提高他們的轉換率。
- 那是我們理想的切入點。

另一方面，如果你的 UVP 針對的是第一次進行新「工作」的人，或由於意識事件而促使改善他們目前工作方法的人，那麼你的早期採用者可能是剛剛經歷過轉換觸發的人，你理想的切入點可以表述為：

- 「x 天」前經歷過「轉換觸發」的「客戶群」。

例子：

- 一位新手爸爸承擔了新的育兒工作
- 有人被診斷出患有高膽固醇，並被促使考慮更健康替代方案

處理可行性

處理了欲望並制定好限制條件後，你應該至少開始定義 MVP，它可以引起轉換並使你的商業模式發揮作用。下一個任務是確保你可以夠快地將其提供給早期採用者。多快才算快？兩個月如何？

為什麼是兩個月？從你的客戶購買你的提議（我們將在下一章介紹提議交付）的那一刻起，大多數人只願意等待最多兩個月的時間來尋求解決方案，否則就會轉向其他替代方案。如果你的產品的建構和推出時間比這更長，那麼你將來很可能不得不進行另一個問題發現衝刺，因為那段時間可能會發生很多變化。

— 筆記 —

請注意，兩個月是你從實現問題/解決方案契合點到建構出 MVP 所需的時間，而不是從現在開始的兩個月。你還需要用「提議交付」衝刺來定義和驗證 MVP 承諾。你需要看遠一點並解決建構時間限制的原因，是你不想承諾那些無法快速交付的東西。

這引出了下一個重要問題：你能設計出一個可以在兩個月或更短時間內建構和發布的解決方案？

只要用一點創造力思維和跳出框架思考，任何類型產品的 MVP 都可能在這個時間限制內推出。歸結為**包裝**——即如何包裝你的 MVP，以提供價值給早期採用者。

一些準則如下：

允許自己從小東西做起並分階段擴大規模

請記住，分階段推出思維背後的策略，是限制你的初始推出，給一小批理想的早期採用者。如果你不能讓 10 個理想早期採用者達到目的，你怎麼會認為你可以讓成千上百的客戶做到這一點？

當你從小處著手並分階段擴大規模時，你可以進行得更快。你不需要可規模化的管道或基礎設施，且可以專注於提供價值給你的客戶。

重訪你的早期採用者

如果你的早期採用者群體中有一部分，可以從更小的 MVP 開始，請考慮從那裡開始。然後利用 JIT（just-in-time）方法來發展你的 MVP，並漸漸讓其他早期採用者參與進來。

在其他情況下，你可以將你的 MVP 轉向完全不同的早期採用者群，以降低你在解決方案（MVP）上的風險，稍晚再回到你最初的早期採用者群。例如，我曾經指導過一個團隊，他們正開發一種針對女性的高效鈣片。即使他們的產品已經準備就緒，他們仍然需要 6 到 9 個月的時間，才能取得法規許可。為了保持前進的氣勢，他們轉向法規要求不那麼嚴格的不同早期採用者群——寵物和馬。

考慮非傳統 *MVP*

建構 MVP 最常見的方法是縮小範圍並建構可提供 UVP 的最小功能集。這是 *1.0 版 MVP* 驗證方法。還有另外三個驗證方法，可讓你比傳統方法走得更快：

禮賓服務 *MVP*

在準備好「解僱」你自己之前，你就是產品。此方法使用服務模型為客戶提供價值，同時你逐漸自動化價值交付中最低效的部分，直到你最終以可擴大規模的產品取而代之。我自己的很多產品，包括 Lean Canvas 和這本書，都是從禮賓服務 MVP 開始的，我先在工作坊進行教學（和學習），接著才是更具規模化的產品包裝。

奧茲大帝 *MVP*

「假裝」它，直到你準備好做出它。在這裡，你透過拼湊現有解決方案，來縮小初始 MVP 的範圍，而不必從頭開始建構所有內容。我們之前提過 Tesla 的例子就是如此。你的 UVP 可能來自一種組合既有解決方案的新穎方法，其整合後大於部分之和，或它可能來自你把新組成加入所提供的解決方案組合。

初入門 *MVP*

提供進入客戶世界所需最小的 UVP。許多創業家建構產品像製造瑞士軍刀一樣，他們試圖一次改變客戶環境太多。你必須了解到，在瑞士軍刀流行之前，各單獨的工具都是普遍的。如果你的工具不是這種情況，請專注於一次轉換一個工具。

MVP 的 5P

MVP 的 5P：問題（Problem）、承諾（Promise）、價格（Price）、人員（People）和包裝（Packaging），是定義 MVP 的關鍵要素。一旦你設計出一個解決方案，請用以下問題來確認你是否涵蓋了所有基礎：

問題

你是否正在解決可能導致轉換（欲求性）並使你的商業模式發揮作用（可望成功性）的最小問題子集（可行性）？

承諾

你的 UVP 是否與眾不同且吸引人（欲求性），它是否傳達了價值（可望成功性），它是否夠短期足以具體和可衡量（可行性）？

價格

你是否根據既有替代方案（可行性）和你的 UVP（欲求性）為你的產品設定合理價格，這也使你的商業模式發揮了作用（可望成功性）？

人員

你是否識別出一個理想的早期採用者群，該群體具有高於平均水準的轉換動機（欲求性），使你可以有效地觸及（可行性），並且目前在問題上花費了夠多的時間、金錢和精力（可望成功性）？

包裝

你能否以引起轉換（欲求性）並使你的商業模式發揮作用（可望成功性）的方式，快速建構和推出你的 MVP（可行性）？

史蒂夫嘗試 MVP 的 5P

對於 MVP 的 5P，史蒂夫寫了如下：

問題

首次客製房屋的屋主很難將建築計畫完全視覺化。

- 2D 平面圖缺乏深度。

- 既有的 3D 解決方案昂貴、複雜且不逼真（電子遊戲般品質的成像）。

承諾

幫助你的客戶更快地設計、建造和愛上他們夢想中的住家。

- 在幾分鐘內將 2D 平面圖變成沉浸式的 VR 模型。

- 使用逼真的內容客製模型以建立好萊塢品質的成像。

- 將設計週期時間縮短一半，從 6 個月縮短到 3 個月。

價格

目前的替代方案成本大約 $3,000 至 $5,000，可創建一個模型。

- 軟體：$2,000

- 模型耗時：10 至 20 小時

我們可以提供 $1,000 / 模型或 $500 / 月價格的建模即服務套裝。

我們必須測試他們會選擇哪種定價模式……我想是第一個。

人們

早期採用者：客製住家建築師。

套裝

禮賓服務 MVP。

- 使我們能夠在不到 4 週的時間內推出（速度）。

- 無須客戶訓練／入職（簡單）。

- 使我們能夠交付客戶想要的（期望的成果）。

那天下午，史蒂夫帶領團隊其他成員完成了設計：「除了設計視覺，還有許多額外的『工作』我們可以承擔，譬如設計定價或裝修房間，與我們的零售家具商業模式連結起來。但我認為最大的共同點是在設計階段從新屋主開始。而建築師是完美的進入管道。」

「我同意。」喬西說：「試圖讓屋主在沒有建築師的情況下創建模型，可能會變得一團糟。但是我們的客戶是誰？建築師還是屋主？」

「當屋主將其模型用於其他工作，才會漸漸展開更大的商業模式，」史蒂夫回覆。

「我一直在想辦法讓屋主成為我們的客戶，想讓建築師將 Altverse 帶到屋主面前。我認為有個簡單的解決方案，是用雲端支援所有內容，並提供帳戶給建築師和屋主，屋主擁有模型──這樣他們就可以隨時察看。」

麗莎點頭：「這確實夠簡單，但我們必須看看建築師對此有何看法。他們可能用過一堆雲端解決方案了，所以我不覺得這是問題。」

喬西拋出了一個想法：「嘿，也許我們可以幫助建築師，使用這些成像圖輕鬆展示他們的專案組合，並漸漸建立一個目錄或各種市集。」

「喬西，這想法很好。」瑪莉說：「我認為一旦你們創建的模型多到一種程度，就會出現許多有趣的路徑。我同意將屋主定位為模型的所有者。」

「好吧，這就是我們要做的。用這種方式設置 app 不會花很長時間。我可以在兩週內用好。」史蒂夫說。

麗莎問：「那麼在那之前我們要做什麼呢？更多訪談？」

「不是訪談。」瑪莉回應：「是推銷（Pitch）。你們快準備好賣這個了。是時候組合你們的黑手黨提議了。」

第十章

交付一個客戶
無法拒絕的黑手黨提案

> 給他們一個他們無法拒絕的提議…
>
> ─改編自《教父》

隨著「問題發現」和「解決方案設計」衝刺的完成，你現在擁有所有要素，可以組合它們並提供吸引人的黑手黨提議。

在接下來的兩個衝刺中（圖 10-1），你將把煞費苦心收集到的所有見解用於測試。這是真相揭曉的時刻。你的目標是確保從早期採用者那裡獲得足夠的有形承諾，以保障建構你的 MVP。

在深入研究「黑手黨提議交付」衝刺之前，讓我們看看黑手黨提議的實際樣子。

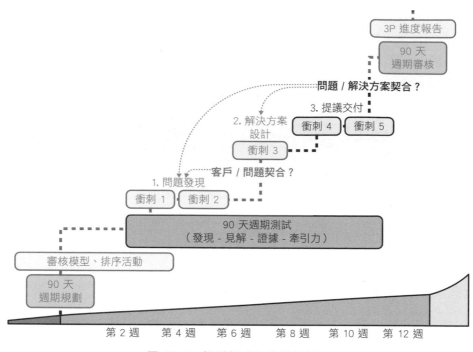

圖 10-1　提議組成和交付衝刺

個案研究：iPad 的黑手黨提議

我仍然記得賈伯斯（Steve Jobs）在 2007 年推出初代 iPhone。在他的主題演講開始時，他先宣布 Apple 公司將以一款革命性的新裝置進入智慧手機市場，該裝置將三種裝置合而為一：音樂播放器、PDA、和電話。然後他很快指出了現有智慧手機的問題：手機 40% 的空間都被塑膠鍵盤佔據了（不智慧），而且不太好用。在展示 iPhone 之前，他暗示了它效果非常好的 UVP：如果你能擁有一部全螢幕手機會怎樣？如果可以不用觸控筆來控制手機，而是可以用手指呢？那非常與眾不同且吸引人。當他進行 Demo 時，我以為他在表演魔術，因為我以前從未見過像這樣的使用者介面。我被說服了，甚至在 iPhone 正式發售時排隊購買。

三年後，有傳言稱 Apple 將推出一款新的平板裝置──iPad。然而，這一次，我持觀望態度。在 iPad 出現之前，我早就是幾款平板的早期採用者，但對這些平板電腦都沒特別有好印象。雖然我抱持懷疑，但我仍然

看了發布會，最後我再次購買了該產品。到了今天，我家裡的 iPad 數量超過我家人數量。按照這個邏輯，你可以說 iPad 比 iPhone 更成功。但那是怎麼發生的？你還記得賈伯斯是如何推銷 iPad 的嗎？即使你沒有現場看主題演講，你能猜一猜嗎？

他本可以上台說：「我們是 Apple，我們打造易於使用的好產品。我們打造了世界上最好的平板，所以買一個吧。」當然，問題是當時除了一小部分創新者和早期佈道者之外，沒有人在使用平板電腦。當該類產品別尚未存在時，要如何推銷呢？答案是你進入待完成工作所在的更大範圍，來*超越*類別的限制。

當賈伯斯開始 iPad 主題演講時，他談到了每個人已經使用筆電和智慧型手機，並思考中間是否有空間。該產品要想成功，就必須比筆電和智慧型手機在某些關鍵方面做得更好。然後他滔滔不絕地說出了其中的一些事情：瀏覽網頁、電子郵件、照片、影片、音樂和閱讀電子書。然後，就像 iPhone 的發表會一樣，他很快說出他希望 iPad 取代的既有替代品為小筆電（Netbook）。如果你不記得小筆電，這是一個用於描述小又便宜的筆電的行銷用語。接下來，他繼續描述小筆電的問題：「它們只是廉價的筆電，各方面都做得不太好 —— 它們速度慢、螢幕品質差、軟體運作慢。」這些都合理化了 iPad 推出的需要。

你知道賈伯斯在這裡做了什麼嗎？他識別出一些既有替代方案無法好好完成的「待完成工作」，並承諾使用 iPad 更好地完成這些工作 —— 重點不是新工作，而是人們已經在做的舊工作與既有替代品。這是創新者的禮物。

當他開始 Demo iPad 時，他做了一個比較：「iPad 是如此比筆電更貼心，比智慧型手機功能更多。」Demo 的作用不是訓練你的客戶如何使用你的產品，而是要突顯出差異處和更好的地方。Demo 中提到各種工作，而 iPad 將這些工作做得更好。這就是*情感購買*發生的地方 —— 客戶開始想像自己以一種更新更好的方式，實現他們想要的成果。但這還不是黑手黨提議。

當談到定價時，賈伯斯在螢幕上放了一個數字：$999。然後他提醒聽眾，專家認為 iPad 最接近的競爭產品是小筆電，因此他們認為 iPad 的定價應該相似，「不到 $1,000」。然後他向聽眾保證，Apple 公司沒有聽專家的話，而是非常努力讓 iPad 起價不是 $999，而是 $499。整場發表會爆發出掌聲，非常高興能以 $500 購買到該裝置。

你可能認為這種戰略是價格定錨，你以高價吸引客戶，然後透露你的價格較低。然而，賈伯斯所做的是將價格定錨提升了一層。他沒有隨便訂一個高價來吸引觀眾，而是精心挑選了既有替代品（小筆電）的價格。他才剛用 30 分鐘讓觀眾相信 iPad 比這些替代方案更能完成多項工作。將 iPad 的起始價格設置為小筆電的半價，使其輕易轉成**理性購買**。

這就是黑手黨提議，一種客戶無法拒絕的提議。

進行「提議交付」衝刺

提議交付衝刺在兩週時間內進行，你要先組一個，然後一對一地向「合格」早期採用者潛在客戶推銷你的產品。

在產品推銷期間，大多數創業家從不提起他們的競爭者，不是他們認為自己沒有競爭者，就是他們不想讓客戶轉向競爭者。這是一個錯誤，因為你的客戶很老練，他們無論如何都會貨比三家。難道你更希望他們進行比較時，你因為不在場而毫無發言權嗎？

—— 筆記 ——

你的競爭者必然存在，不要忽視它，揭露它是你的工作。

一個好的產品推銷，承認普遍的既有替代方案（你真正的競爭者），然後繼續展示你的解決方案為何更好。你已經看到賈伯斯在他推銷 iPhone 和 iPad 的一開始，是如何做到這一點的。說出競爭者及其存在的問題，可以讓你的解決方案大放異彩。

賈伯斯是一位出色的說故事者，你可能想知道如何才能像他一樣自然地表達自己的想法。這需要準備和練習。

組成好的推銷的第一個關鍵，是使用好的客戶故事推銷範本。使用範本的一個常見恐懼，是怕聽起來很勉強。別擔心這個。我們天生喜歡故事，當我們遇到一個好故事的開頭時，我們會情不自禁地被吸引進去。我將展示一個有效的故事推銷範本，它建立在有史以來最流行的故事情節之上，在下一節會說明。

一旦你的故事推銷組合好，下一個關鍵是練習。像賈伯斯這樣有說故事天賦的人，在上台之前，都要進行數百小時的練習。好消息是，如果你一直有做好前幾章所說的，你就已經在練習客戶故事推銷範本的一部分了。

由於推銷的本質是目標導向，模式很快就會出現。有效還是無效，你很快就知道。然而，繼續保持學習心態非常重要。這些推銷的目標，不僅是吸引一些客戶，而是建立一個可重複的銷售流程。

可重複的銷售來自積極的傾聽和不斷的測試，你在其中仔細分析出促使客戶購買的關鍵因素見解。當你的推銷奏效時，你會加倍努力。當無效時，你更深入地了解原因並做出調整。

根據經驗，要準備運行 2 個提議交付衝刺，並在 4 週內向 20 至 30 人推銷你的產品。大概每週推銷 5 到 8 個人，並留一些時間來處理你學習到的東西。

在提議交付衝刺結束時，你應該能夠最佳化你的黑手黨提議，至少 60-80% 的合格潛在客戶，轉為你特定的客戶行動呼籲。要達成目標需要進行迭代測試，最好要運行一、兩個提議交付衝刺才有辦法。現在，請放慢速度嚴格地測試你的關鍵見解，你以後才能走得更快。

根據你的 90 天牽引力路線圖目標，你可能需要擴展黑手黨交付專門活動，以達成問題／解決方案契合。我將在本章後面分享如何做。

進行一個提議交付衝刺有三步驟：

- 組成你的提議
- 交付你的提議
- 最佳化你的提議

讓我們深入探討其中的每一個步驟。

組成你的提議

在本節中,我將向你展示如何使用有史以來最流行的故事情節來勾勒你的推銷:英雄之旅,由 Joseph Campbell 在他的《The Hero with a Thousand Faces》(千面英雄,New World Library 出版)一書中介紹。

這個故事弧出現在歷史上各種史詩故事中,今天仍在大多數好萊塢熱門電影中使用。《星際大戰》、《哈利波特》、《灰姑娘》 —— 它們都有用。同樣的故事情節也可用於提供吸引人的產品推銷。

創作任何故事的第一步都是定義人物 / 角色。

定義你客戶故事推銷的人物

所有的故事都需要人物。你認為誰是英雄之旅故事的重要人物?是的,一個英雄和一個反派。問問你自己:

誰是你故事中的英雄?

> 這可能會讓人感到意外…但你不是產品推銷中的英雄,你的產品也不是。英雄是你的早期採用者。

> 你實際上也不想成為這個故事中的英雄。回想一下《哈利波特》或《星際大戰》等電影。英雄之旅的故事是一個轉換的故事,開始於一個痛苦的主角,他不情願地接受了成為英雄的召喚。

反派呢?

> 這個比較容易。是的,反派才是你真正的競爭者。你真正的競爭者代表你的解決方案想取代的既有替代方案:

> - 就 iPad 而言,是小筆電(Netbook)。
> - 就 iPhone 而言,是其他智慧型手機。
> - 就 iPod 而言,是其他 MP3 播放器和可攜式音樂裝置。

請記住,你真正的競爭者不僅為比較功能奠定了基礎,而且還為定價奠定了基礎 —— 因此請謹慎選擇。

那麼，你適合什麼角色？

你是引導英雄完成從平凡轉換成英雄的人。是導師人物。是《星際大戰》中的歐比王，《哈利波特》中的鄧布利多，《灰姑娘》中的仙女教母。

你的產品適合哪裡？

你的產品是你送給英雄的禮物，使英雄的轉換成為可能。

讓我們用《星際大戰》電影為例，看看英雄之旅的故事弧，是如何作用的：

《星際大戰》故事推銷

這部電影介紹了我們的英雄角色路克，他是一個普通的年輕人，他在銀河系的一個偏遠星球上，感到無聊。（**現狀**）

然後發生了改變一切的事情（**轉換觸發**）。

帝國風暴兵現身尋找莉亞公主隱藏在機器人（R2-D2）中的秘密計畫。幸運的是，當帝國風暴兵到達路克所住星球的村莊時，路克正在執行任務，但不幸的是，他的叔叔和阿姨未能倖免。（**利害是什麼**）

這些計畫是阻止建造大型武器（**死星**）的關鍵。一旦武器完成，整個銀河系都可能處於邪惡帝國的統治之下（**危急關頭**）。

雖然路克想幫助摧毀這武器（**期望的成果**），但他沒有特殊的力量，也無法戰勝控制邪惡帝國的強大黑暗領導反派：黑武士（**問題／障礙**）。

然後我們的主角從我們的導師人物歐比王（這就是你）那裡得到了一份禮物——一把光劍（**產品**）。

我們的英雄不情願地接受了行動呼籲。他一路上遇到了幾次挫折，但最終將自己變成了強大的絕地武士。這份禮物和絕地訓練（**UVP**）幫助我們的英雄摧毀死星並拯救世界。

你認得這個故事情節嗎？是的，客戶力模型也遵循著英雄之旅的故事情節。我們可以用客戶力量模型上視覺化一個故事推銷，如圖 10-2 所示。

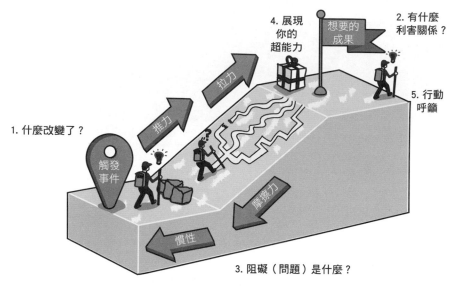

圖 10-2　客戶故事推銷範本

列出你客戶故事推銷的大綱結構

編劇常用三幕故事的結構（其可以追溯到亞里斯多德）來組成他們的故事：開始、中間、結尾。這些通常被標記為設置、抗衡和解決。

我以同樣的方式組織我的客戶故事推銷。此外，由於我們希望在結尾引起轉換，我加上第四幕，即行動呼籲：

- 幕 1：設置（分享更大範圍）

- 幕 2：抗衡（打破舊方式）

- 幕 3：解決（展示更好的新方法）

- 幕 4：行動呼籲（要求轉換）

接下來，我將引導你組裝完成你的客戶故事推銷的每個部分的步驟，用三種不同的產品推銷說明：

- 持續創新框架（CIF）
- Tesla Powerwall 電池
- iPad

第 1 幕：設置（分享更大範圍）

第 1 幕為你的推銷設置了更大範圍。它將你的客戶確立為主角，並指出一個重大且相關的變化（轉換觸發），這會增加利害並激發對預期成果的緊迫感。你在此需要考慮以下事項：

為什麼不直接處理問題呢？

出於同樣的原因，我們在問題發現訪談中沒有直接向客戶詢問問題。客戶通常對他們的問題了解得不夠深入和／或不想承認他們有問題，直到他們了解你、喜歡你並信任你。想像一下必須將 CIF 推銷給一家大公司的創新主管。如果你立即開始攻擊他們目前的產品建構方式，你會讓他們產生防備，更難突破。

從更大範圍（而不是問題）開始的另一個原因，是它可以激發客戶對更大更好願景的贊同。在下一節中，我們將看到 Elon Musk 如何重新建構 Powerwall 電池推銷，以分享更廣的清潔能源願景，而不僅僅是談論更好的電池。

最後，請記住，更大範圍是「工作」所在，它超越了類別。特別是當你推銷一個新類別定義產品時，例如 iPad，從更大範圍開始會有幫助，就像賈伯斯所做的那樣。

選擇一個外在引起的轉換觸發

最好的轉換觸發，來自世界上發生的**無法否認的**外在轉換，而不是你個人試圖自利而引起的轉換：

- CIF 的外在轉換觸發是全球創業復興。今天，建構產品比以往任何時候都更便宜、更容易，這意味著全世界有更多的人「正在新創」。創業無所不在。
- 馬斯克將氣候變化作為重大相關變化，為他的 Powerwall 推銷，設定出更大範圍。

- 賈伯斯不需要在他的 iPad 推銷中明確講出轉換觸發，因為幾年前他已經講過，在 iPhone 推出後——稱它為後 PC 時代的開始。也是在那時，Apple 將品牌名稱中的「電腦」一詞去掉，改為「Apple Inc.」。

增加利害

行為經濟學家 Amos Tversky 和 Daniel Kahneman 發現了一種稱為損失規避（*loss aversion*）的現象，即人們傾向於避免損失，而不是獲得同等收益。換句話說，簡單地承諾用新方法做一些事情會更好是不夠的。為了讓轉換觸發有效，它還需要說出堅持舊方法（現狀）的負面影響（危機）：

- 全球創業復興的機會在於，今天任何人、在任何地方都可以創辦公司。但更多的產品為客戶創造了更多的選擇，從而刺激了更多的競爭。面對所有這些新競爭，什麼都不做會很快讓你的商業模式變得不亮眼。這會產生危機。

- 馬斯克（Elon Musk）用工廠煙囪的圖，和預測 3,000 年的二氧化碳排放量指數成長率的圖表，傳達了氣候變化的危機。

展示贏家和輸家

或者，引用因改變新方式而大獲全勝的贏家、和因堅持現狀而失敗的輸家的例子，來支持你對利害的主張。

CIF 推銷的贏家名單包括 Airbnb、Dropbox、Google、Facebook、Netflix 和 Amazon 等公司。這些公司都擁有持續創新的文化。輸家名單則包括 Blockbuster、Kodak、Nokia、RadioShack 和 Tower Records 等公司。所有這些公司都失敗了，因為他們無法擺脫現狀而被超越。

用你的承諾來「挑逗」

用超能力「挑逗」你的客戶所需，來結束你推銷的第一幕，以克服轉換觸發帶來的障礙：

- CIF 超能力：學習速度是新的不公平優勢。如果你能在競爭中勝出，你就贏了。

- 馬斯克將未來描繪成一個零排放世界，由天上的大反應爐——即太陽——提供動力。

- 賈伯斯用可結合三種裝置的革命性 iPhone，來「挑逗」你；另外用超越類別定義的產品 iPad，它比智慧型手機和筆電都更好。

第 2 幕：抗衡（打破舊方式）

第 2 幕是你說出你將要取代的特定既有替代方案（真正的競爭者），描述既有替代方案為何不足（問題）並打破它。這裡有一些準則：

說出你真正的競爭者

你真正的競爭者，就是你正想用你的解決方案去取代的既有替代方案。這是你客戶故事中的反派：

- 就 CIF 而言，是執行心態（建構產品的分析 - 計劃 - 執行方式）。

- 就 Powerwall 而言，是現在的電池。

- 就 iPad 而言，是小筆電。

列出你真正競爭者的問題

在這裡，你描述既有替代方案的問題，做為阻礙你的客戶實現其期望成果的障礙，這些問題現在因轉換觸發而加劇。

這個列表應該是你的客戶已知的煩惱和變通方法的組合，可能還有一些你發現到的更深層問題，這些問題讓你看起來像一個專家：

- 用舊方法建構產品的方式（執行心態）所存在的問題是：太慢進入市場、制定虛構的計畫、做出安全的賭注而不是大賭注，及建構沒人想要的東西。

- 馬斯克列出了現有電池的七個問題：昂貴、不可靠、整合性差、壽命短、效率低、不可規模化和無吸引力。

- 賈伯斯將小筆電描述為運行緩慢、螢幕顯示品質低下且軟體笨拙的產品。

打破舊的方法

在第二幕結束時，你應該已經打破了既有替代方案，成為對你的客戶來說可行的替代方案。統整「為什麼」來作為第二幕的總結：

- 這種工作方式（執行心態）從來不是為了速度和持續創新而建立的。

- 馬斯克在這段的最後說，現有的電池「很爛」。

- 賈伯斯在這段的最後將小筆電描述為，「只是便宜的筆電，但在任何方面比不上筆電。」

第 3 幕：解決（展示你更好的新方法）

第 3 幕是你展示你的「禮物」（你的新方式），並展示它如何幫助你的客戶克服你剛剛提出的障礙，並實現他們期望成果的地方。這是你 Demo 的任務，要記得，這是情感購買發生的地方。

你的 Demo 不一定是一組漂亮的螢幕截圖或一個工作原型，而是一個**精心編寫的陳述**，幫助你的潛在客戶看見你的獨特價值主張，並相信你可以實現它。

Demo 中應該要有他們當前的現實（充滿他們既有替代方案的現有問題），並能看到你為他們設想好的未來樣子（用你的解決方案解決了這些問題）。

以下是一些可以幫助你編寫出好的 Demo 腳本的指南：

Demo 需要是可實現的

我有朋友在設計工作室，他們有特殊團隊專門在建構早期使用者 Demo。這些 Demo 是銷售過程的很大一塊，非常受重視，但它們通常依賴於最終產品建構 時所用的技術。雖然它們在銷售方面非常有效，但它們讓執行團隊的工作變得非常困難，因為有很多較「華而不實」的元素很難或不可能重建。這導致向客戶承諾（和銷售）的內容與最終交付的內容不一。

Demo 需要看起來真實

另一種極端，即依賴簡單的線框或草圖。雖然它們兜起來更快，但它們需要客戶對成品有堅定信念，我會盡量避免這種情況。

你的「Demo」看起來越真實，你就越能準確地測試你的解決方案。

Demo 需要能快速迭代

你可能會在提議交付訪談期間，獲得有價值的可用性回饋，而你會需要在隨後的訪談中快速整合和測試這些回饋。若你將 Demo 外包給外部團隊，則你的迭代能力會受他們的日程安排影響，最後將可能傷害到自己。

demo 需要最小化浪費

使用交付產品的最終技術以外的任何方式來創建 Demo 都會造成一些浪費。對於我自己的 Demo，雖然我一開始會使用紙畫草圖、Photoshop 和 Illustrator 快速製作原型，但我會在某個時候將它們轉為 HTML/CSS，長期來看可以減少浪費。

Demo 需要用看起來真實的資料

不要使用「虛擬資料」（亂數假文，*lorem ipsum*），而是用「看起來真實的」資料，這些資料不僅可以幫助你的螢幕排版，還可以成為你解決方案的陳述。正如 A List Apart 的 Jeffrey Zeldman 所說：「內容先於設計。沒有內容的設計不是設計，而是裝飾。」

想像完美的之前 - 之後的廣告

問問自己，是否可以做出一段 30 秒的短廣告，來展示之前 - 之後的客戶故事：

- 故事中的人物有誰？
- 故事會如何開始？
- 人物會遇到什麼問題？
- 他們將如何解決這些問題？

保持簡短，但不要太短

好的 Demo 需要設好必要的情境，快速到達你的「梗」（你的 UVP）。目標是在 5-10 分鐘內完成你的 Demo。

挑選最好的 *Demo* 格式

Demo 的目標是用盡可能少的東西展示出你的 UVP，以最大化學習速度。不要立即做到接近工作原型，但要考慮展示產品的最佳格式。按照偏好度排列，會是：

- 數位產品：
  - 口頭展示
  - 截圖或樣機
  - 可點擊原型
  - 工作原型

- 實體產品：
  - 口頭展示
  - 草圖或 CAD 圖表
  - 實體原型
  - 工作原型

- 服務產品：
  - 口頭展示
  - 流程圖表以展示它如何運作
  - 可交付樣本（例如：報告）

  舉例來說：

  — CIF 的 Demo 可以只用簡報來發表。

  — 馬斯克用現場演示，展示了他們所在的演講廳是由電池供電的。

  — 賈伯斯結合使用簡報和 iPad 現場演示，來展示它如何在某些工作中比筆電更好。

第 4 幕：行動呼籲（要求轉換）

在第 4 幕中，你可以清楚地闡明你希望客戶採取的具體下一步行動。太多的創業家跳過這一步，只滿足於客戶的口頭承諾，因為這較容易做。這裡的心態之一是「降低註冊摩擦」。我們希望讓客戶盡可能容易說「好」並同意嘗試我們的產品——希望我們提供的價值漸漸能贏得他們的買單。

口頭承諾的問題在於它們很容易說出，也很容易打破。這種方法不僅會延遲驗證，因為說「好」太容易了，而且缺乏強烈的客戶「承諾」也不利於最佳學習。這裡是你行動呼籲的指南：

別降低註冊摩擦──提高它

此時你的工作是找到至少和你一樣對你正在解決的問題充滿熱情的早期採用者。你要做的不是降低註冊摩擦，而是提高它。

定位你的 MVP 是一種極有價值的東西

太多的創業家對他們的 MVP 感到害羞，並用代號像 *alpha* 和 *beta* 來描述它們。用 Alpha 和 Beta 代表你的產品不夠完美，在你的客戶開始使用它之前就想請求原諒。

如果你已經完成了前幾章中概述的所有工作，仔細研究和定義你的 MVP，你不應該為此感到侷促不安，而應該為此感到自豪。在客戶故事推銷中，你的 MVP 是你送給客戶的禮物，可以幫助他們克服障礙並實現他們想要的成果。你應該這樣定位它。

我更喜歡使用搶先體驗，而不是使用 alpha 和 beta 代號，這表明你的 MVP 是一種極有價值的東西，只會發布給少數人。當你將 MVP 標記為搶先體驗產品時，它也表示了稀缺性，這有助於提高購買慾望──尤其是對於早期採用者而言。

從第一天開始收費

如果你有一個直接的商業模式（買家在場），你應該總是在你的行動呼籲中包含你的定價模式，出於我們之前討論過的所有原因：

- 價格是你產品的一部分 。
- 價格決定了你的客戶。
- 價格是你較具風險的假設。

提示

即使你選擇從免費試用或試用期開始，你也應該預先告知定價。

在買家不在場的較複雜銷售中，請潛在客戶介紹買家。如果他們真的開始幫你介紹，他們仍然是在付費給你——不是用財務資本，而是用他們的社會資本。

永遠不要問客戶他們願意付多少錢

你能想像賈伯斯在 iPad 推出之前問你，你願意付多少錢買嗎？聽起來很可笑，對吧？然而，你可能在某些時候向客戶詢問過「大概價格」。

好吧，讓我們後退想一想。客戶沒道理會說一個天價。他們可能真的不知道如何回答你，而這種問題只會讓他們不安。

若客戶沒有問題，你不能（也不應該）說服客戶有問題，但你通常可以（並且應該）說服客戶為你的產品支付「合理」的價格，這個價格通常高於你和客戶都認為的。

建立你的定價故事

很多人在向客戶提供定價模型時會感到尷尬或有罪惡感。但是，如果你已經完成了研究，並且一直關注客戶故事，那麼你的潛在客戶已經對你的新方式進行了情感上的購買。

提供你的定價模型，就是要根據既有替代方案和你承諾提供的價值，為你的產品制定合理的價格。沒有必要讓情緒進入。請記住，這是理性購買發生的地方。

清楚地列出接下來會發生什麼

一旦你分享了你的定價模型，就清楚地列出接下來會發生的步驟，並開始銷售。

史蒂夫跟團隊分享他的客戶故事推銷大綱

史蒂夫將以下內容發布到團隊聊天視窗裡：

這是我到目前想到的：

第 1 幕：設置（分享更大的背景）

重大相關變化：由於疫情，人們花更多的時間在家裡，且升級了他們的生活和工作空間。這引發了擁有新房和改造的需求激增。

提高利害：這些新買家中有很多是首次購屋者。他們較年輕，Instagram 和 Pinterest 伴隨他們長大，對個性化和設計的要求更高——但他們缺乏建屋經驗。

用你的承諾挑逗：他們希望能夠設計出完美的生活空間，以表達他們的獨特個性，但又不想花大錢。

第 2 幕：抗衡（打破舊方式）

當前的作法（2D／3D 成像）有缺點。

2D 平面圖缺乏深度。

現在的 3D 解決方案昂貴、複雜、又不真實（電腦遊戲般的成像品質）。

第 3 幕：解決（揭示你的更好新方法）

我們的解決方案可幫助你的客戶，在虛擬實境中看到你的設計概念模擬出的樣子。讓我秀給你看。

（這裡我們讓建築師瀏覽參考模型，我目前正建構中）。

第 4 幕：行動呼籲（要求轉換）

麗莎，妳在這方面比我厲害得多，所以我會依妳的。但我猜在這裡我們將討論搶先體驗、禮賓服務模型等，希望我們能以 $5,000／月的價格定價。這金額蠻高的。

麗莎回應：這很棒，史蒂夫，謝謝你傳這個給我們。是的，我對 CTA 有一些想法，我會嘗試在定價上更加把勁推動它們 :) Demo 的進展如何？

史蒂夫：幾乎快好了，我等不及讓你們看看了。我應該在周末可以做好它，然後交給你和喬西。

喬西：太好了，史蒂夫。根據你之前給我看的，我很想知道建築師對 Demo 的反應。

史蒂夫：我也是，但我必須趕快把 Demo 準備好。要做的工作總是比想像的多，但我仍堅持我的期限。

交付你的提議

組好你的提議後，你現在就可以交付它了。iPad 和 Powerwall 的推銷都是在演講台上傳遞給會議室裡滿滿的人。但你不會用這種方法開始，而是與你的問題發現訪談一樣，你將先一對一地進行。以下是準備黑手黨提議的一些指南：

明智地選擇你的目標

針對新舊潛在客戶的組合：

使用符合你早期採用者標準的舊潛在客戶

你應該已獲准繼續你之前的問題發現訪談。如果這些潛在客戶中的任何一個，符合你的早期採用者標準，那麼這些潛在客戶都是合格且熱情的。安排一個與他們進行後續的對話，以提供你的黑手黨提議。

混合一些新的潛在客戶

每批推銷將新的潛在客戶與舊的混合在一起，是一個好主意，這樣你就可以用「初始者的思維」測試所有的見解。你之前的推銷應該已經產生了一些推薦，你可以好好運用。

測試新管道

此時也要開始測試你在早期衝刺識別出的其他管道，這可以幫助你開始建構可重複的客戶工廠。

要求充足的時間

你仍在早期推銷期間學習，因此請為此分配足夠的時間。我建議要求 45 分鐘，但目標是在 30 分鐘內完成。

做紀錄（如果可以的話）

與問題發現訪談一樣，如果潛在客戶願意被記錄，請記錄下來以供學習和訓練之用。

維持學習心態

黑手黨提議推銷是關於測試你從問題發現衝刺中收集到的見解。如果你的見解確實切中要害，你應該會在整個推銷過程中看到明顯的共鳴

跡象，反映在受訪者的身體語言上——點頭、微笑和開放回饋，都是好現象。如果你沒有看到這些，請不要強力推銷。而是要轉成去了解原因。

它有助於在你客戶故事推銷的每個幕之間建立一個簡短的心理休息時間，以評估你是否達到了該部分的目標。如果沒有，你就需要去探索為何無法達到。

利用後設腳本

除了你在上一節中創建的任何支持簡報和 Demo 之外，編寫你的「提議交付」後設腳本很有幫助。這不僅可以讓你保持在正軌上，還是一個很好的訓練和文件工具，可用於你準備好交接和 / 或最佳化你的推銷專門活動。你將在以下欄中找到一個範例腳本，其中包含一些補充的交付指南。

黑手黨提議推銷腳本（30 分鐘）

歡迎（開場）

（2 分鐘）

簡短地說明你要如何進行這場會議

非常感謝你今天花時間與我們談論我們的「產品」。在跟其他公司進行多場訪談，了解他們如何做「待完成工作」後，我們開始建構「產品」。但在我們深入之前，想再向你們問幾個問題，了解你們如何做「待完成工作」，以確保我們所做的方向正確。

可以嗎？

收集合格標準（測試「客戶 / 問題契合」）

（5 分鐘）

提出一些合格的問題來測試是否契合。如果你之前已經訪談過 / 鑑定合格過該潛在客戶，則可以跳過此部分，除非自上次訪談他們以後你有發現其他問題。請記住，這不是一次全面性的問題發現訪談，而是一次機會讓你識別出你的潛在客戶，是否具你定義中理想早期採用者模樣的關鍵識別特徵。

你目前如何做「待完成工作」？

你目前使用什麼解決方案？

（詢問其他合格者以確定他們是否契合。）

如果你確實遇到了之前問題發現衝刺中未發現的新見解，保持好奇心並深入挖掘。問題發現完成於你聽過所有的故事後。

如果有契合，請繼續。否則，讓受訪者知道不契合和為什麼。你們彼此將多節省 30 分鐘。

第 1 幕：設置（分享更大範圍）

（2 分鐘）

在你的推銷中分享更大範圍，藉由：

- 提出大的相關變化（轉換觸發）
- 提高利害
- 顯示贏家和輸家
- 用你的承諾挑逗

在我們的研究中，我們還發現許多公司，像你們一樣，使用「舊方法」在做「待完成工作」。

但由於「轉換觸發」，我們今天生活在一個新世界中——我們做「待完成工作」的方式已經從根本上改變了。

「舊方法」在「舊世界」運作良好，但在「新世界」不再適用。

「新方法」幫助你實現「更好的預期成果」。什麼都不做會導致「什麼利害關係」。

為了在「新世界」成功，你需要「用你的承諾挑逗」。

第 2 幕：抗衡（打破舊方法）

（3 分鐘）

非常具體地說明為什麼舊方法（你真正的競爭者）不再有效。

「舊方法」不是用來處理「切換觸發」的。這就是為什麼…

- 理由一

- 理由二
- 理由三

如果你在問題發現期間做的夠徹底，那麼你應該在此時看到共鳴跡象，並贏得潛在客戶的信任。這也打開了好奇心，潛在客戶想知道你是如何解決這些問題的。

留意肢體語言和其他非語言暗示。在推銷時能夠看到你的潛在客戶會很有幫助。當你引導他們聽你的推銷時，經常停下來與他們核實，並留意是否有任何跡象表明他們沒有聽懂你的故事。當發生這種情況時，停下來問他們是否有問題。

第 3 幕：解決（揭示你更好的新方法）

（*10 分鐘*）

這是推銷的核心，也是情感購買發生的地方。請記住，一個好的 Demo 的藝術在於保持簡短和清晰。用 Demo 引導你的潛在客戶，並向他們展示你如何實現你的獨特價值主張。

讓我快速向你展示，我們如何解決這些問題並完成「待完成工作」：

- *展示功能 1*
- *展示功能 2*
- *展示功能 3*

所以這就是我們的產品能做到的。有沒有任何問題？

與其繼續下一步或定價，不如在這裡暫停，讓潛在客戶採取下一步。除非潛在客戶看了 Demo 後對其價值買單，否則請先確保以下有做到：

- 如果他們對 Demo 不了解，請深入探討。
- 如果他們喜歡 Demo 但不是客戶（買家），請尋求推薦。
- 如果他們詢問定價或後續步驟，再繼續腳本中的下一幕。

潛在客戶有可能會問到你 Demo 中沒提到的其他功能。不要立即急於同意他們，而是問問你的潛在客戶他們為什麼想要它，以及他們

將如何使用這個新功能。在這個階段承諾試試新功能，而不是直接承諾做入 MVP 中是完全可以的。當你稍後對這些功能請求進行後處理時，你需要根據 MVP 的範圍權衡它們，準備刪除它們或將它們安排在產品路線圖的後續未來版本中。

第 4 幕：行動呼籲（要求轉換）

（5 分鐘）

讓你的潛在客戶知道你正處產品發布過程的早期階段，不是在進行公開發布或尋找測試版使用者，而是在尋求確保搶先體驗的客戶。

既然我們選擇承擔這麼大的問題，我們決定使用分階段推出方法，先與一小群精心挑選的客戶一起測試我們的產品。

從我們目前討論的所有內容來看，你是一個完美的人選。我們很樂意讓你成為我們搶先體驗小組的一員。

這是一個不一定要做但強烈推薦的步驟，透過將你的產品作為極有價值的東西並引入稀缺性來幫助提高購買意願。

其次是價格定錨。這是一個眾所周知的戰略，但在推銷過程中很少使用。最好不要跳過這一步。如果你的提議中有任何風險逆轉或退款保證，請一併說明。

所以，讓我們接下來談談定價。

為了確定我們產品的合理價格，我們查看了既有替代品，我們希望我們的定價模型與我們提供的價值保持一致。

大多數人在既有替代品上花費了 \$X 並達到「當前成果」。我們已經向你展示了我們如何幫助你實現「更好的成果」，從而幫助你創造／節省「價值」。我們想讓我們的產品成為一個想都不用想就會選的選擇，這就是為什麼我們選擇不以 \$X 定價而是以「說明你的定價模式」來定價的原因。

定價中你會得到高觸及新客戶進入，我們將幫助你設置「平台」並讓你啟動和運行，以及每月聯絡確認。我們只對我們的早期搶先體驗客戶這樣做，因為我們高度重視早期客戶的成功。一旦我們更廣泛地開放產品，我們很可能會對這些選項收取更多費用。

總結（後續步驟）

（3 分鐘）

展示你的定價模型後，暫停並閱讀肢體語言提示。立即評估潛在客戶的反應。這是最佳化定價的關鍵。如果他們接受了你的定價，請記下他們是猶豫還是欣然接受，然後繼續下一步以繼續銷售。如果他們欣然接受，這通常表明你產品被感受到的價值高於你的想像，你應該在後續推銷中測試更高的價格。

如果他們需要更多時間來做出決定，請主動向他們寄送一些後續資料（例如你的介紹簡報）和再連絡的目標日期。

如果他們不接受你的定價，請更深入地了解其不接受的理由。

最佳化你的提議

最佳化你提議的第一步，是每週測量你的客戶工廠指標。首先要確定最佳化的關鍵限制。最後，找出根本原因並制定打破限制的方法，你將在後續提議中對此進行測試。

每週衡量你的客戶工廠指標

將特定使用者行動對應到客戶工廠中的每個步驟。在啟動之前，我建議用以下方式定義你的客戶工廠步驟：

1. 獲取：新潛在客戶量

2. 啟用：預定 Demo 的次數

3. 留存：Demo 後的追蹤次數（複雜銷售）

4. 收益：接受提議的人數

5. 推薦：透過推薦獲得的潛在客戶數量

發布後，你將以不同的方式重新定義這些步驟；我將在第 12 章中更詳細地說明。如果你可以使用第三方工具來衡量其中的一些指標，這很好，但不要想太多。一開始手動測量這些步驟是可以的。

在 LEANSTACK，我們推出的每一個新產品，我們通常都會製作簡報，每週放一張，每週一早上手動填寫這些（見圖 10-3 ）。

—— 筆記 ——————————————————————————

你可以從 LEANSTACK 網站，下載空白的客戶工廠儀表板範本（*https://runlean.ly/resources*）。

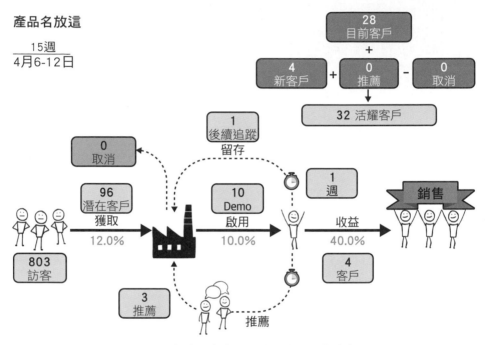

產品名放這

15週
4月6-12日

圖 10-3　客戶工廠產品推出前的指標儀表板

確認你的關鍵限制

一旦你設定了每週指標的基準，從你的行動呼籲步驟（收益）回推並尋找瓶頸。

瓶頸就是你發現以下狀況的地方：

- 很多人在等（長週期）

- 很多人離開（高放棄率）

排序你的首要瓶頸，作為要先去解決的限制。

制定打破限制的方法

請記住，限制僅指向首要瓶頸；它不一定會告訴你它為什麼會發生。如果你的限制是由於很多人在一個步驟中等待，那麼你很可能遇到資源（人員）限制。例如：由於追蹤不力，你可能每週產生 10 個潛在客戶，但每週只進行 5 個推銷。在這種情況下，尋找使該步驟自動化的方法（例如：使用日曆行程安排工具）或取得額外幫助（例如：虛擬助理）。

如果你的限制是由於很多人在某個步驟離開，那麼這很可能是由於（銷售）流程限制。例如，潛在客戶不會購買，因為他們認為你的定價太高，或者人們可能不註冊 Demo 是因為你的承諾（UVP）沒有引起他們的注意力。在這種情況下，解決方法通 常是要去對這些未解決的反對意見進一步分析，而這可以從推銷過程中積極傾聽、對推銷進行後處理或簡單地詢問潛在客戶來完成。

史蒂夫與團隊會面，審查他們的首次推銷交付衝刺的結果

麗莎先開始講：「因為長假，我們的一些推銷延遲到了下週，所以我們只完成了一個推銷。」

「我為 Demo 未及時產出承擔了部分責任，」史蒂夫承認道：「我對成像品質不是 100% 滿意，因此又花了幾天時間進行調整。」

「記住，完美是完成的敵人。」瑪莉插話道：「史蒂夫，我知道你想展示最好的解決方案，但學習的速度勝過完美。你必須衡量客戶既有替代方案，而不是用你的理想標準來衡量你對*夠好*的定義。」

史蒂夫默默地點頭表示同意。瑪莉然後詢問推銷進行得如何。

「建築師喜歡這個 Demo，但對我們的定價猶豫不決。」麗莎回答道：「我們嘗試定錨 3D 成像的成本，但他不使用 3D 成像。他將 3D 成像和 VR 描述為『有很好但沒有也可以』的東西，並且非常堅定地認為不應花更多成本。」

瑪莉點點頭：「當然。首先，不要氣餒，因為這只是一次談話。早期推銷是很好的學習機會，它們是你迭代最佳化推銷的方式。我的建議是進一步對潛在客戶進行資格預審。目前的推銷旨在將公司從 3D 成像轉換為『VR 即服務』。如果他們目前並沒有創建 3D 成像圖的話，你要為他們建立另一份推銷，或取消這些潛在客戶作為早期採用者的資格。」

「妳比較推薦哪一種方法呢？」麗莎問。

「讓客戶採用全新技術總是比較困難，這就是為什麼我支持取消目前沒有使用 3D 成像的潛在客戶資格。」瑪莉回答道。

「我同意。」喬西插話：「我認為要求他們換軟體解決方案的這種轉換比較容易，而不是新增。」

「很好的觀點。」瑪莉回應：「所以，是的，讓我們專注於公司資格預審，目標是在接下來的兩週衝刺中進行更多的推銷。」

「我正在做。」麗莎說：「我正在安排與七家公司的 Demo，我會在預訂 Demo 之前對它們進行資格預審。」

你什麼時候完成「提議交付」？

當發生以下任一情況時，你就完成了提議交付：

- 你達到了你的問題 / 解決方案契合的牽引力標準，正如牽引力路線圖所定義的那樣。

- 你的時間用完了──也就是說，你的 90 天週期結束了。

在這兩種情況下，請著手審查你的 90 天週期，並利用你所學對下一步行動做出基於證據的決定。

第十一章

進行 90 天週期審查

在 90 天週期結束時，無論你的客戶工廠指標結束在哪裡，你都需要召集你的團隊召開 90 天週期審查會議。

此時，你可以回顧所做的事情和學到的知識，並決定下一步怎麼做。許多團隊的共同遺憾是等待太久才改變他們的想法。他們堅持一個失敗的想法或驗證活動，希望事情最終會好轉，直到為時已晚。90 天週期的回顧（圖11-1）讓你負起責任，迫使你面對當前的現實，並為下一個週期做出決定——堅持到底（堅持）、轉向或暫停。

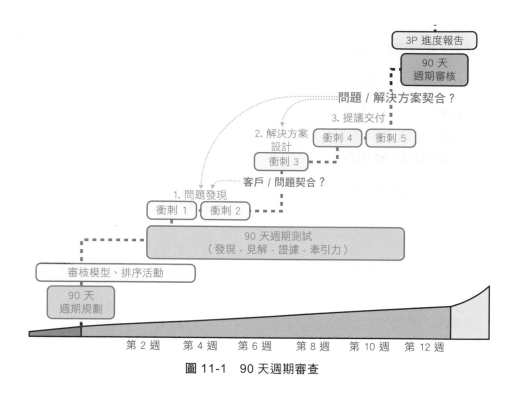

圖 11-1　90 天週期審查

史蒂夫召開預審前會議，只跟瑪莉

「如果我們沒達到 90 天 OKR 怎麼辦？我知道我們只需要兩個客戶註冊……但是如果都沒有人註冊怎麼辦？」史蒂夫問瑪莉。

「首先，我想提醒你，你不僅需要兩個客戶註冊，還需要建構一個系統（客戶工廠），以便在接下來的幾個月中每月重複註冊兩個客戶。」瑪莉回應道。

史蒂夫緊張地笑了起來：「是的，這更可怕。如果我們無法成交任何客戶，可以嗎？我們可以延長牽引力路線圖的里程時間表嗎？」

「你說呢？」瑪莉說：「請記住，你的牽引力路線圖代表了你提出的最小成功標準曲線，史蒂夫。試著把它想成海平面。當你走進海中並潛到海平面之下，會發生什麼？」

「屏住呼吸？」史蒂夫回答。

「是的，沒錯。但你只能屏住呼吸一下子。雖然短期待在海平面以下沒關係，但你應該盡可能快地爭取超過海平面。」

「什麼是盡可能快？」史蒂夫問。

「好吧，統計資料表明，由於早期階段的高度不確定性，超過三分之二的商業模式需要大幅調整。因此，團隊沒達到他們的第一個 90 天 OKR 並需要額外的 90 天週期來尋找問題／解決方案是很常見的。」

「好吧，這讓我感覺好多了。所以如果我們沒達成任何銷售，理論上我們可以調整方向，再給自己另一個 90 天來實現問題／解決方案契合嗎？」

「從理論上講，是的。但請記住，轉向仍然需要以學習為基礎。決定你下一步行動的不僅僅是達到或未達到目標，而是你在 90 天週期中學到的東西。」

瑪莉停下來喝了一口咖啡，然後繼續說下去：「史蒂夫，我能感覺到你有點焦慮。這次談話還有其他要講的嗎？」

「是的……我正在盡我所能為 90 天的審查做準備。自從我將麗莎和喬西帶入這個專案後，我不想讓他們失望，不想看到他們因為我們沒有達到目標而離開。」

「我明白，史蒂夫，但請記住他們是這個專案的共同創業者，跟你負同樣的責任。使用這個框架的力量來自於讓所有參與者負責——尤其是你們的商業模式。」

史蒂夫輕笑。「嚴肅一點來說。你聽說過史托克戴爾悖論？」

「我記得在 Jim Collins 的《Good to Great》（從 A 到 A+）一書中讀到過。不就是要面對殘酷的事實嗎？」

「在這裡，我把它放到我的手機上，這樣我就可以隨時看它：

> 每一家從 A 到 A+ 的公司，都信奉我們所謂的「史托克戴爾悖論」：無論有多困難，你都必須堅定不移地相信自己能夠且最終會取得勝利，同時要有紀律面對當前現實中最殘酷的事實，無論它們是什麼。

「這也是練習 CIF 的關鍵。嚴格挑戰你的信念，但要相信你自己和你的團隊，相信你最終會獲勝。」

為了會議準備

你將用 5 到 10 分鐘的商業模式進度報告，來進行 90 天週期審查會議，報告中將包含引導你的團隊看精實畫布和牽引力路線圖中的初始假設／目標，以及你在 90 天週期做了什麼，以及接下來要做什麼。

如果你在進行衝刺、記錄實驗、捕捉見解和衡量指標方面一直遵守紀律，那麼 90 天週期審查所需的準備工作並不多。

在本節中，我將介紹你需要收集／更新的成果要件，以整合成進度報告，以及該報告應該是什麼樣子。在下一節中，我將介紹如何進行審查會議。

收集／更新成果要件

對於每個你曾探索過的商業模式變體，你都需要更新電梯簡報、精實畫布和牽引力路線圖。

電梯簡報

根據你從「提議交付」衝刺中獲得的最新知識，重新審視並更新你的電梯簡報。提醒一下，這同第 5 章中的範本：

> 當「**客戶**」遇到一「**觸發事件**」，
>
> 他們需要做「**待完成事項**」以達到「**想要的成果**」。
>
> 他們通常會使用 「**既有替代方案**」，
>
> 但因為「**轉換觸發**」，這些「**既有替代方案**」有「**這些問題**」。
> 如果這些問題得不到解決，那麼「**有什麼利害**」。
>
> 所以我們想用「**獨特價值主張**」建構出一解決方案
>
> 來幫助「**客戶**」達到「**想要的成果**」。

你可能已經注意到，你的電梯簡報本質上是「黑手黨提議」專門活動中第 1 幕和第 2 幕的更濃縮版本。

電梯簡報的目標，是精簡描述出你產品存在的原因，要說出：

- 它是為了誰（客戶區隔）
- 什麼變了（轉換觸發）
- 結果是什麼不對了（用既有替代方案），而這需要修正

你的電梯簡報是任何對話、推銷或商業模式更新的強大開場，這就是為什麼保持更新並儘可能練習講它很重要的原因。

精實畫布

確保你的精實畫布（圖 11-2）也反映了你的最新想法，尤其是在客戶區隔、問題、解決方案、你的 UVP 和定價（收益流）方面。

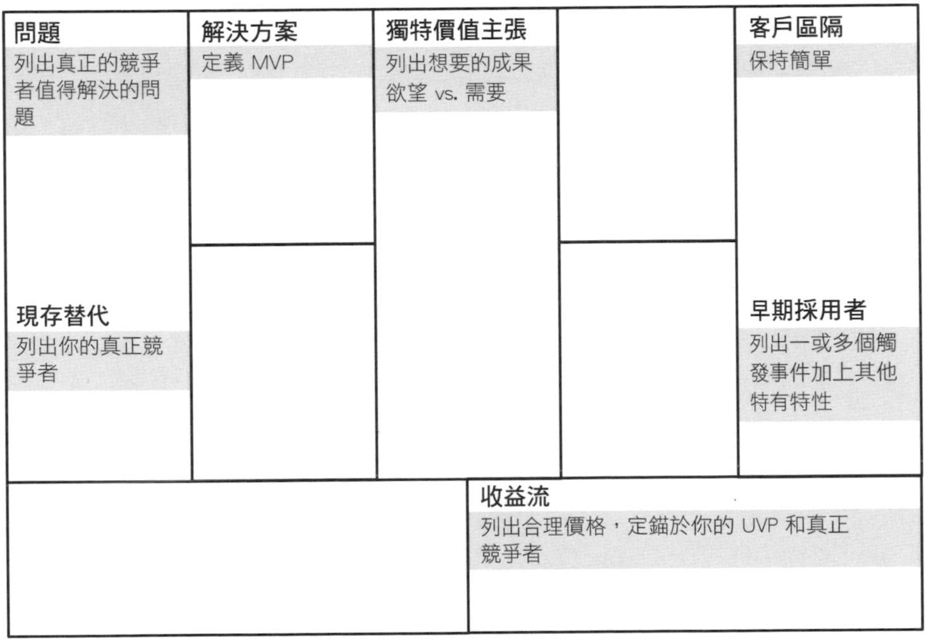

問題 列出真正的競爭者值得解決的問題	解決方案 定義 MVP	獨特價值主張 列出想要的成果 欲望 vs. 需要		客戶區隔 保持簡單
現存替代 列出你的真正競爭者				早期採用者 列出一或多個觸發事件加上其他特有特性
		收益流 列出合理價格，定錨於你的 UVP 和真正競爭者		

精實畫布從商業模式畫布修改而來，CC BY-SA 3.0 授權

圖 11-2　保持你的精實畫布在最新狀態

如果自 90 天週期開始以來，你還沒有重新審視過你的精實畫布，你可能會驚訝於你的想法在短時間內發生了多大的變化。跟傳統的商業規劃不一樣，這不代表是不好的跡象，而是一種前進。

留下你的精實畫布在 90 天前的樣子——這反映了你當時的想法。在你的回顧會議期間，你將用你的最新版本取代以前的精實畫布以突顯出你所學到的內容。

牽引力路線圖

同樣也重新審視你的牽引力路線圖。首先驗證你的費米估計輸入假設有沒有任何變化，例如你的定價模型。如果它們有發生變化，請更新你的牽引力路線圖，同時保持你的 *MSC* 目標不變。如果你有更改牽引力路線圖，請記得留下 90 天前的舊版。

—— 筆記

請記住，你的 MSC 是你對商業模式施加的無法協商的限制，只有經過深思熟慮和團隊／利害關係人同意才能更改。如果改變是必需的，你就必須在 90 天週期審查中提出。

接下來，畫出你的實際牽引力指標——例如：註冊開始試用的客戶數量，並將其畫在你的牽引力路線圖上（圖 11-3）。這是溝通你的商業模式是否有進展，最有效的視覺方法。請記住，牽引力是目標。

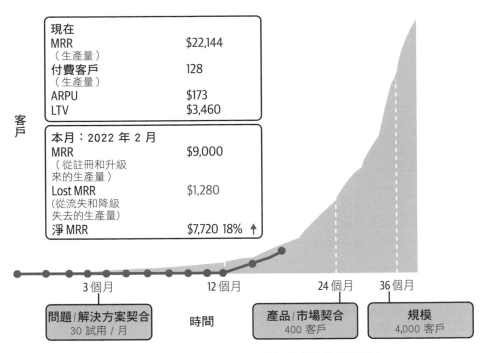

圖 11-3　畫出你的實際牽引力到你的牽引力路線圖上

組合成進度報告

在第 5 章中，我提供了一個包含 10 張簡報的商業模式報告範本。你需要為你的 90 天週期審查做出一個類似的報告，說明會議背景並報告你從週期開始時的假設、你在週期中的行動、關鍵要點和結果以及下一步。以下部分詳細說明了每張簡報要包含的內容。

設置背景

開場簡報應該要說明會議的背景：

簡報 1: 審查 90 天週期的目標

分享 90 天週期的大方向目標（例如，實現問題/解決方案契合）並總結你在探索的商業模式變體數量。如果不止一個，則從成功的模式開始。

簡報 *2*：電梯簡報

　　用視覺化說明你的電梯簡報。

我們想了什麼

接下來，從當前 90 天週期的開始，回顧你的想法：

簡報 *3*：精實畫布快照

　　分享從週期開始你的精實畫布快照，並強調你的關鍵假設。

簡報 *4*：牽引力路線圖快照

　　分享從週期一開始你的牽引力路線圖快照，並強調實現你的 90 天目標所需要達到的關鍵結果。

我們做了什麼

接下來的簡報應該說明你在這個週期中做了什麼行動：

簡報 *5*：驗證專門活動

　　描述你在 90 天週期開始時選擇的驗證專門活動。

簡報 *6*：實驗

　　總結你進行的實驗——例如：訪談人數、推銷次數等。

我們學了什麼

以下簡報應展示你透過這些行動所學到的和獲得的東西：

簡報 *7*：見解

　　總結你的主要所學。在這裡，疊加最新的精實畫布和 / 或更新的牽引力路線圖，並強調是什麼造成這些變化，這會很有用。

簡報 *8*: 牽引力

　　在你的牽引力路線圖上顯示你的實際牽引力，並總結你的專門活動結果。

下一步是什麼

最後，說明你的未來計畫：

簡報 9：當前限制

分享在你的商業模式中，你對下一個待解決的限制的看法（如果它已經改變）。

簡報 10：3P 後續行動

結合牽引力指標和限制評估來提出 3P 後續行動：堅持、轉向或暫停（persevere、pivot 或 pause）。

還記得在本書簡介中的想法迷宮的圖嗎？產品 / 市場契合的旅程將充滿直路（堅持）、曲折（轉向）、死路和回溯（暫停）。以下告訴你如何決定採取何種行動：

- 如果你達到或超過了 90 天牽引力目標，你應該**堅持**。在你的牽引路線圖中強調你的下一個 90 天目標，並描述你下一個 90 天週期的關鍵目標（例如，建構和推出 MVP）。

- 如果你沒有達到 90 天的牽引力目標，但發現了一些可能在下一個 90 天週期中修正你商業模式的關鍵見解（例如，轉向不同的客戶區隔）此時你應該**轉向**。請注意，不以學習為基礎的轉向只是「到處試試」策略。為了使轉向令人信服，請準備好分享你建議背後的證據。

- 如果你沒有達到 90 天的牽引力目標，並且已經用完資源或發現足夠的證據來證明此商業模式會走入死胡同，你應該**暫停**。

進行會議

以下是運行有效的 90 天週期審查會議的一些指南：

邀請誰

邀請你的核心團隊，以及任何延伸團隊成員，例如：顧問和投資者。

要求充足時間

我建議安排 45 分鐘。

運用簡報和講義的組合

與早期的商業模式故事簡報一樣，你的精實畫布和牽引路線圖快照是完美的講義，以避免在引導你的聽眾完成進度更新時受到干擾。

運用 *20/80* 法則

規劃在 10 分鐘內（佔會議時間的 20%）交代進度更新，並利用剩餘時間進行討論、徵求回饋和推動決策。

向你的投資者（外部的利害關係人）徵求建議

你的投資者不只能談錢，如果你以正確的方式讓他們參與進來，他們可以成為解開商業模式限制的寶貴資產。他們看過很多新創公司，可以是新戰略的寶庫讓你的商業模式成長。讓他們知道你需要他們，否則他們不會與你分享這些。

不要做這些：

- **不要玩成功劇碼。** 許多創業家傾向只向外部利害關係人分享好消息，並儘可能地隱藏任何壞消息。隨著時間，這會造成不可持續的巨大差異。相反，尋求與你的利害關係人合作。他們想要你想要的：一個有效的商業模式。

- **不要盲目地聽從他們告訴你的。** 另一種陷阱是想要聽從所有給你的建議，尤其是當它來自你尊敬的人或投資者時。如果自行確認，只會分散你的注意力或偏離正軌，並不會有幫助。

要做這些：

- **客觀地分享你的進度更新。** 你向外部利害關係人提供的資訊，與你向核心團隊提供的相同。當你向外部利害關係人提供有偏差或選擇性的資料時，他們的建議將沒有多大幫助。盡量不要向他們尋求驗證。

- **責任由你來承擔。** 永遠記住，你是你自己事業的終極利害關係人（投資者 #1）。你不會因為聽從建議而獲得勳章，而是達成成果。

讓議程緊湊

沒有人願意在會議上花費太多不必要時間，因此請做好準備保持緊湊。我提供了一個案例議程在下欄，你可以參考使用。

---

90 天週期審查議程（45 分鐘）

歡迎（開場）

（2 分鐘）

說明本次會議要快速進行以下：

- 進度更新（不間斷）：10 分鐘
- 一般討論（問答）：15 分鐘
- 徵求建議：15 分鐘
- 3P 決定：3 分鐘

進度更新（不間斷）

（10 分鐘）

報告你的進度更新，使用你在前一節所做好的簡報和相關資料。

一般討論（問答）

（15 分鐘）

與會者可以利用這段時間提出有關進度更新的問題，並澄清某些見解如何得出的，包括如何及為什麼你選擇探索多個商業模式變體中的某些。準備好隨時可拿出實驗細節、客戶力畫布和／或指標（如果需要的話）來支持你的任何聲明。

徵求建議

（15 分鐘）

對當前限制的評估尋求一致，並徵求下一個行動提議（堅持、轉向或暫停）的回饋。請記住，就像在 90 天週期啟動會議，這裡的目標不是腦力激盪出新的專門活動，而是讓整個團隊與你商業模式的當前現實保持一致，並開始討論下一個 90 天週期的 OKR。

> **3P 決策**
>
> （3 分鐘）
>
> 在會議的結尾，總結出 3P 決策和排出下一次 90 天週期規劃會議的時程。請記住，你不需要另一個 90 天週期起始會議來與你的團隊成員達成一致，這個會議已經做到了。

史蒂夫召開 90 天週期審查會議

「我看到笑容，所以我猜週期的結果不錯。」瑪莉說。

史蒂夫笑了一下：「比不錯更好。我等不及分享最新狀況了。」

他先快速回顧了當前週期的目標以及模型在週期開始時的樣子。

「你們都知道，我們放棄了軟體開發人員的商業模式，轉而專注於住家建設，最初的早期採用者，關注的是與客戶一起使用 3D 成像的建築師。」

麗莎和喬西微笑並眨了眨眼睛。

「雖然我們一開始很顛頗，但我們在上次衝刺有了大突破。當我們推銷 Altverse 能作為建築師縮短他們與客戶設計週期的一種方式時，我們偶然發現了一項更大的『工作』：客戶教育。」

他停下來喘口氣，然後繼續：「建築師平均花費 30-40 小時來教育新客戶。這包括與他們會面討論設計、向他們展示材料選擇、帶他們購物並幫助他們進行設計選擇。他們有的會明確地列出這些時間並收費，但大多沒列出，這自然會侵蝕他們的利潤。建築師通常把這些時間視為和客戶『做生意的成本』。這是為了確保客戶快速作決定和盡快找出任何大設計問題，以避免之後出更大問題。他還告訴我們他們預留總體費用的 10 到 15% 作為客戶教育費用。我們知道典型的總款項約 $10 萬，所以這部分是 $10,000 至 $15,000。」

史蒂夫看到瑪莉臉上露出笑容，他繼續講：「就在那時，我們放棄了讓公司按月聘用我們的想法，我們將確保他們的客戶始終能夠使用最新的設

計和材料選擇，來獲得他們專案的逼真 3D 圖。雖然我們必須測試它會降低多少教育開銷，但在看到我們的 3D 圖有多真後，建築師們確信它會產生很大的影響。我們定錨了他們的經常費用，並提出了 $1,000 / 客戶 / 月。他們同意與一位即將開始設計階段（三個月）的客戶一起試用服務。我們向其他公司提供了同樣的黑手黨提議，以相同的條件找到了三間公司。」

史蒂夫隨後總結了團隊的下一步行動：「我們的下一步將繼續完成並以禮賓服務 MVP 方式交付給這 4 個客戶。我們準備在 4 到 6 週後讓他們上線，這也符合他們的時間表。有沒有任何問題？」

瑪莉說：「恭喜你們，做得很好。我很好奇——你們是如何發現這個客戶教育的更大工作的？」

「是建築師提出來的。」麗莎回答：「他完全被 3D 成像的真實感所震撼，並告訴我們他認為向客戶展示這個，可以回答他們客戶的許多常見問題。然後他對我們的材料目錄感到好奇。就在那時，史蒂夫起身拍了一張會議室的壁紙照片，更新了模型以在成像中放上它，並將其展示給建築師。他差點從椅子上掉下來。他被說服了，接下來就非常順利。我們將這段放到標準 Demo 中。」

「太棒了！」瑪莉說：「一定要跟這位建築師保持聯絡並好好對待他。他絕對是一個早期採用者，也是你們想要的人。還有什麼想分享的嗎？」

每個人搖搖他們的頭。

「好吧。」瑪莉繼續說：「那我想分享幾件事。首先，我已經向史蒂夫提過這一點，但我也想再次向大家強調，即使接下來將把重點轉移到推出 MVP，你們仍然需要讓客戶工廠保持運轉。」

「妳的意思是繼續簡報推銷和成交更多的建築師？」麗莎問。

「是的。」瑪莉回答說：「但也要在管道和專門活動上，投資於將你們的努力自動化和規模化。請記住，當曲棍球桿曲線開始慢慢上升時，你需要不斷地思考 10 倍牽引力。所以除了推出 MVP 之外，你還需要規模化你的黑手黨提議。」

她讓他們消化一下，然後繼續：「其次，我認為你，史蒂夫，向你之前拜訪過的兩位天使投資人提供同樣的更新並進行一些調整，會是個好主意。」

喬西問：「妳認為我們已經準備好增資了？」

「你可以在時機成熟時做出決定。」瑪莉回答道：「但我認為你已經準備好開始向早期投資者說說你的牽引力故事，尤其是因為你知道你會在未來籌集資金。我也認為是時候讓喬西和麗莎，做出是否全職加入團隊的個人決定。雖然兼職可以實現問題／解決方案的契合，但未來的道路將需要整個團隊的全力投入。」

成長

實現「問題／解決方案的契合」是新創企業中第一個重要的驗證里程碑。從商業模式的角度來看，這表明你已成功證明你的產品有足夠的初始需求以保證進入建構階段，這將讓你踏上「產品／市場契合」（第 2 階段）。

但是，請注意，當你首次推出 MVP 時，很多事情都可能會出錯。當發生這種情況時，很容易滑回到視你的解決方案為產品的狀態。典型的反應是想要建構更多東西——尤其是當它喬裝成客戶功能請求時。簡而言之，你簡單又聚焦的 MVP，很快就會變成一個臃腫的怪物。

雖然傾聽客戶是關鍵，但你必須知道如何傾聽——盲目地推動功能幾乎永遠不是正確答案。你需要繼續一直視你的商業模式為產品（心態 #1），用你一直以來使用的流程繼續向前。

更具體來說，你需要繼續運用 90 天週期，來：

- 定義 90 天目標，使用你的牽引力路線圖

- 識別拉住你的關鍵限制

- 投注在專門活動，以打破這些限制

- 系統性地使用衝刺來測試你的專門活動

- 依證據做出 3P（轉向、堅持、暫停）的決定

旅程之前

正如我們之前所述，從「問題／解決方案的契合」到「產品／市場契合」的過程大約需要 1-24 個月。雖然這看起來很長，但只有 6 到 8 個 90 天週期。在這段期間，如果你使用 10 倍成長率，則你需要將牽引力提高100 倍。

雖然必須將牽引力提高 100 倍的想法讓人懼怕，但從系統的角度進行思考會有所幫助。一次 10 倍跳躍，大約是 2 的三次方（$2^3 = 8$）。由於你有6 到 8 個週期來實現產品／市場契合，你可以將每個週期的任務定義為將你的牽引力加倍——即找到一個 2 倍的成長槓桿。

系統性視角還有助於告訴你在每個週期內採用的成長策略（專門活動）。問題／解決方案契合的關鍵交付成果，是讓你的客戶工廠啟動並運行——即建立可重複的獲取。當你最佳化客戶工廠以實現產品／市場契合時，你可以分階段處理此最佳化過程。

也就是說，我們可以進一步將產品／市場契合之旅分為三個子階段（圖III-1）：

- MVP 推出

- 解決方案／客戶契合

- 產品／市場契合

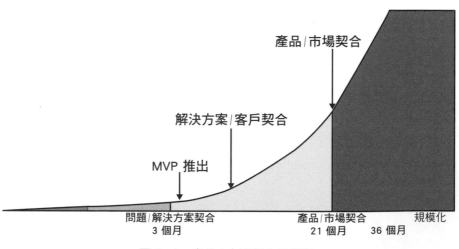

圖 III-1　產品／市場契合子階段

MVP 推出

你的目標是讓你的 MVP 準備好在接下來的 90 天週期推出。這不僅包含讓你的解決方案做好發布準備，還包含不斷向早期採用者學習，以奠定基礎。

解決方案 / 客戶契合

推出後，然後你專注於驗證你的價值交付假設——即確保你的 MVP 確實實現了你的 UVP，並創造了滿意的客戶。此階段的關鍵交付成果是證明你可以重複地啟用和留存早期客戶。

對大多數產品而言，實現解決方案 / 客戶契合通常需要三到六個月的時間。

產品 / 市場契合

一旦你的價值交付假設得到驗證，你的關注點就會轉移至加速成長。你將開始尋找可持續成長的引擎，這可能還需要 6 至 12 個月才能實現。

本書的第三部分深入探討了實現產品 / 市場契合的這三個子階段的實際步驟。在這最後幾章中，我將向你展示如何：

- 準備好推出（第 12 章）
- 創造滿意客戶（第 13 章）
- 尋找你的成長火箭（第 14 章）

第十二章

準備好推出 / 發布

到這個時候，你肯定比幾週前更了解客戶的需求，並且你對 MVP 的定義也更加清晰。不過，請繼續警惕創新者的偏見。在此階段仍然很容易分心，不是建構過多，就是建構錯誤的產品。

除了專注於打造你的 MVP 之外，你還需要專注於其他一些日常事務，以最佳化你的產品推出速度、學習和專注度。

開展大型發布活動或公關技巧不是你要專注的日常事務。試圖為一個未經證實的產品，製造大量的聲量或吸引媒體的關注，是不成熟的最佳化。即使你成功地為你的產品產生了大量的流量，除非你有吸引他們的東西讓他們留下來，否則流量很快會消失。

更好的策略是**將產品推出與行銷發布分開**。你的產品推出最好是用較軟性對早期採用者發布的方法來進行，因你的主要目標是驗證價值交付（即，你是否交付了獨特價值主張）。

只有當你可以**反覆向客戶展示價值交付**時，才有必要開展大規模行銷活動。

本章將說明如何最佳化產品發布以提高速度、學習和專注度。

圖 12-1 顯示了 90 天週期的情況。目標是在 4 個衝刺或更少（2 個月）內建構出 MVP，再花一個衝刺準備推出，然後開始你的搶先體驗推出。但是請注意，這些只是指南，你要花多久可能會因你的特定產品而異。

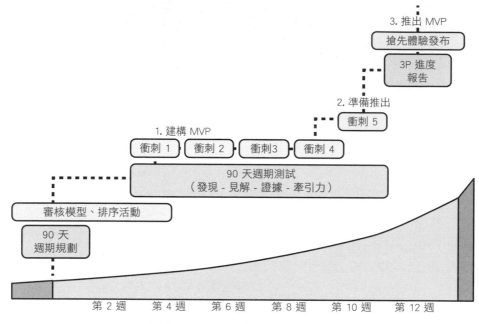

圖 12-1　推出 MVP 典型的 90 天週期

Altverse 團隊準備要推出

在上次會議之後，史蒂夫分別見了麗莎和喬西，開始討論他們作為共同創業者全職加入公司的問題。兩人都渴望加入。然後，史蒂夫提出他根據瑪莉的意見所制定的股權和薪酬計畫。

與此同時，他向兩位天使投資人展示了一份投資建議，並正處於募集小型種子輪的最後階段，這將使他能夠在接下來的 9 到 12 個月內支付 5 人團隊的薪水。麗莎和喬西都同意所有條款並承諾正式加入團隊。

現在他的團隊和路程已經安置好，史蒂夫開始了下一個 90 天的週期。

「我認為我們已經清楚接下來 90 天需要開展的兩項專門活動。」史蒂夫開始說道：「我們需要啟動並運行禮賓服務 MVP，並繼續規模化黑手黨提議。」

「考慮到這些交易的價格點，我認為建立直接銷售專門活動，將是下一個要考慮的最佳方案。」麗莎說。

「我同意。」瑪莉回答：「你們現在可以專注於將所有在可重複銷售過程中學到的東西系統化，我想妳可以負責作這部分，麗莎。我也建議使用客戶關係管理系統，這樣你們就可以從其他後期客戶中篩選出最有前景的早期採用者。」

麗莎點頭表示同意。

「雖然你們應該都知道，但我還是再提一下：接下來的幾個衝刺最重要的事情，是保持專注於讓禮賓服務 MVP 準備就緒，而不要是被『閃亮的東西』分心。」瑪莉補充道。

史蒂夫臉紅了一下，點頭表示同意：「我已經鎖定了我們需要的範圍。在 Demo 期間出現了一些額外的功能請求，但我們可以將它們延後到發布後。」

瑪莉點頭：「聽起來不錯。除了準備好 MVP，你們還會開始建構公司內部使用的儀表板。誠然，你們只從 4 家公司開始，但包括他們的客戶在內，將有 20-30 人使用 MVP，而且這些數字還會繼續增加。你需要看到人們如何使用 MVP 並進行最佳化。」

「難道我們不能與建築師建立定期聯絡確認以獲得回饋？」喬西問。

「這是一定要的，也是我想說的最後一點。」瑪莉回答：「只把你的解決方案扔給客戶很少奏效。你們必須建立一個系統化流程，將這些早期採用者轉換為滿意的客戶。首先是分批或分群推出你的 MVP，預先設定成功指標的預期，並頻繁的聯絡確認。」

「從禮賓服務 MVP 開始對這些應該會很有幫助，我猜？」喬西問。

「當然，你們將是直接面對使用者的介面，但你仍然會驚訝於客戶從舊工作方式轉換到新方法，需要付出這麼多努力。」瑪莉回答道：「但首先，我將寄給你們一些關於如何準備發布的說明。我們將在過程中重新審視『試營運管理』。」

保持你的客戶工廠運作

一旦你確保了第一批早期客戶，就很容易將你的注意力完全轉移到為他們提供價值上，然後結束更廣泛的客戶獲取活動，以便專注於產品開發。這是個錯誤。以下是一些原因：

你的客戶工廠就像飛輪

讓你的客戶工廠初啟動並運行，需要付出很多精力，而保持它的運行需要的精力較少。但如果你讓你的客戶工廠停工，你將不得不在未來花費更多的精力來再啟動它，這會浪費你的時間。

不斷地最佳化你的客戶工廠，需要不斷流入使用者

你的客戶工廠是一個由相互關聯步驟組成的系統，要一起運作。單獨地最佳化系統的任何一個部分，通常最終會損害整個系統的生產力。這就是局部最佳化陷阱。

這就是為什麼你不能停止或忽略某些步驟的原因。為了最佳化客戶工廠的整體生產力，你需要穩定地讓使用者不斷地流經系統。

── 筆記 ──

你的目標是建立「剛好的」流量以支持學習。

建立可重複性是成長的先決條件

你的客戶工廠是一個系統。系統的一個關鍵屬性是它們是可重複的。當工廠管理者設置好工廠機器時，他們首先會在採取任何最佳化步驟之前，建立一個可預測的生產力基準（允許一點點預期公差）。你的客戶工廠也不例外。

如果商業模式不具可重複性，你就不能把它規模化。就算你得到前 10 個客戶，但如果不具可重複性，你就不知道下 10 個客戶將從來哪裡。為了獲得可重複性，你需要讓你的客戶工廠始終保持運行。

找到自動化客戶工廠的方法

一個經常未被充分利用的、可增加牽引力的槓桿，是客戶工廠中的自動化步驟。太多的創業家只關注提高轉換率而忽略了另一個強大的槓桿：週期時間。

提示

將銷售週期減半與將成交率提高一倍效果相同。

尋找機會，用更自動化的接觸點，替換你的獲取和啟用步驟中的任何高接觸互動。但是，每當你從高接觸互動轉成更自動化的接觸點時，請做好轉換率下降的準備，而你的客戶工廠將需要定期管理，以推動可重複的成長。

奔向價值交付

當你過渡到產品開發時，很容易失去時間感。為避免這種情況，關鍵是要專注於達到 MVP1.0 版並消除干擾。以下是有關如何執行的一些提示：

設定一個不可協商的發布日期並堅持下去

擁抱解決方案設計衝刺（第 9 章）中的兩個月 MVP 限制，並更進一步：向早期採用者宣布發布日期，以使自己對外部負責。

對抗範圍蔓延

更多功能會削弱你獨特的價值主張。你已盡最大努力使 MVP 盡可能小；不要用不必要的干擾來稀釋它。

筆記

簡單的產品是很容易了解的。

只建構第一次 *90* 天要使用的範圍

限制範圍的一種有效方法，是只建構第一次 90 天要使用的。三個月通常足以讓客戶對任何產品做出僱用或解僱決定。尋找其他機會將非核心功能推遲到以後。

採用持續交付策略

不要試圖將產品的全部都塞進你的 MVP，擁抱 just-in-time 持續交付策略。持續交付是使用小又短的週期，隨著時間不斷在產品上發布新功能。雖然這是軟體產品中常用的技術，但只要稍加創意和規劃，你也可以在非軟體產品中實施持續交付。

這裡有一些例子：

- 特斯拉推出了第二款車型 Model S，但沒有許多「承諾過的」功能，例如可程式化座椅和自動駕駛。特斯拉小心翼翼地為汽車配備了實現這些功能所需的所有硬體，並在稍後用軟體更新方式交付這些功能。

- Playing Lean 是一種棋盤遊戲，可以教你精實創業原則。遊戲背後的團隊，用向客戶運送新替換包和骰子，來實現持續交付，因為他們的遊戲不斷進行迭代。

避免過早的最佳化

你所有的精力都需要用於加速學習。速度是關鍵。不要浪費任何努力只是為了讓你的伺服器、程式、資料庫等的未來能最佳化。有很高機會，你在推出後不會有規模化問題。在極少數情況下，推出後確實會有規模化問題（但這問題是好的），大多數規模化問題一開始都可以用額外的硬體來修補，而因為此需要而向你的客戶收費是合理的，這也為你爭取時間來更有效地解決問題。

一路上從你的搶先體驗客戶那裡獲得回饋

分享螢幕截圖和 / 或邀請你的客戶參加現場 Demo 活動，以展示你一路上的進度。這對於使其保持興趣和收集搶先體驗客戶回饋都非常有用。

擴大你的客戶工廠指標儀表板

企業應該像水族館一樣運作，每個人都可以看到正在發生的事情。

— *Jack Stack*，《The Great Game of Business》

現在是時候擴展你在第 10 章中創建的公司範圍的儀表板，在你準備發布時把你的產品指標加入。

擁有一個全公司範圍的儀表板，可幫助你的團隊一致於商業模式中最緊迫的熱點或限制。

以下是有關如何建構公司範圍儀表板的一些準則：

不要淹沒在無法操作的資料海洋中

隨著當今可用分析工具數量的激增，衡量大量產品指標變得更加容易。

指標的普遍趨勢是收集和分析盡可能多的資料。我們生活在一個幾乎可以衡量任何事物的世界，但我們並沒有變得明白，而是最終淹沒在無法採取行動的資料海洋中。

如果你曾經使用過 Google Analytics，你就會明白我的意思。使用一小段 JavaScript 程式碼，你可以開始收集數以千計的資料點。一旦你將一些其他工具加到組合中，這些數字就會迅速爆炸。就像太多資訊一樣，資料過多也會喪失活動力。

—— 筆記 ——

你不需要很多數字，只要一些關鍵可操作指標。

從你的客戶工廠指標開始

重新審視你的客戶工廠，並將每個步驟重新對應到你的使用者將對你的產品採取的一個或多個特定操作。

以下的例子，是我們如何為 LEANSTACK SaaS 產品對應到客戶工廠：

a. 獲取：註冊免費帳戶

b. 啟用：完成一個精實畫布

c. 留存：回來使用產品

d. 收益：升級到付費帳戶

e. 推薦：邀請其他人參與其專案

你可能已經注意到，客戶工廠藍圖中的所有步驟，實際上都是巨集事件，標誌著你的客戶採取的最重要行動。這些巨集事件通常由一個或多個其他微小事件組成。例如：在某人註冊 LEANSTACK 帳戶（獲取）之前，他們可能會點擊部落格文章上的連結、訪問登陸頁面並瀏覽該網站。

公司範圍內的儀表板的目的，不是要捕獲每個子步驟，而是要捕獲最重要的客戶生命週期事件。使用較少的指標，不僅可以防止你淹沒在數字中，還可以幫助你專注於你商業模式中的正確熱點（也稱為限制）。

巨集指標有助於確定熱點的大致位置，而微指標有助於確定其確切位置（並在故障排除中發揮作用）。

不要餵養你的虛榮心

很難衡量產品的「真正進展」的原因之一，是我們比較喜歡報告好消息而不是壞消息。我們喜歡向上和向右趨勢的圖表，這本質上並不是壞事，直到我們開始設計只能向上和向右的圖表。

累計次數，像是曾經註冊過你服務的總人數，無論他們是否繼續使用它，就是一個很好的例子。雖然這些數字可能持平，但它們永遠不會下降。這是你擁有虛榮指標的第一個跡象。

公平地說，虛榮指標也不是完全不好。它們可以在行銷網站上發揮巨大作用，以建立社會認同並抵禦競爭。但是，當你將這些指標用作內部進度衡量標準時，它們只會提供一種進步的幻覺，並阻止你面對有關你業務的殘酷事實。

—— 筆記 ———————————————————————————

不是指標本身，而是你如何衡量它，使它成為虛榮心或可操作的指標。

努力於可操作指標

可操作指標，是將特定且可重複的操作與觀察到的結果連結起來的指標。換句話說，你可以推導出因果關係。這樣做的黃金標準，是分批（或分群）衡量你的客戶工廠。

批次的概念用工廠比喻更容易理解。每日運行基準，建立在可重複性原則的基礎上，可幫助工廠管理者快速檢測工廠廠房的問題。當特定批次產生異常結果時，他們不僅知道出了什麼問題，而且還可以快速定位到問題步驟。

你可以採用相同的方法對客戶工廠進行基準測試。你先根據使用者加入的日期（或註冊日期）將他們分為每天、每周和每月的批次。然後，你衡量他們在你客戶工廠進行時的顯著使用者行動。

—— 筆記 ———————————————————————————

科夥（Cohorts），透過將一批使用者與另一批使用者進行對比，來幫助你衡量相對進度。

雖然衡量各個科夥指標，比簡單地將它們作為一個整體來衡量要困難得多，但基於群組的方法可以提供以下好處，這使得付出額外努力是值得的：

批次處理，依共同屬性分類

如果你將你的產品視為一條不斷變化的河流，按加入日期對使用者進行分組，他們對你的產品體驗相似。他們一起建立了一個基準。這種按共同屬性對使用者進行分組的概念，可以擴展到加入日期之外。你可以按性別、獲取流量來源、發布日期、特定功能使用等創建同類群組。

批次使進度更容易視覺化

隨著時間比較不同批次的相對生產量，可以提供同類型的比較。一旦你將資料標準化並將使用者作為同類群組進行追蹤，向上和向右移動的數字就不再是虛榮指標，它們是進度的準確衡量標準。

批次可幫助你了解因果關係

如果你確實看到批次中出現突波，你可以透過檢查批次中發生的變化來找出可能的原因。你的下一項工作是進一步隔離該行動的影響，可能是透過重複該行動並尋找類似的結果。這是拆分測試（也稱為 A／B 測試）的基礎。

在單一頁面上匯總你的指標

雖然有很多很棒的第三方工具，可以用來衡量客戶工廠藍圖中的各個步驟，但我還沒有找到單一個工具可以運用在整個藍圖上。因此，我們在 LEANSTACK 最終使用多種不同的工具，將我們公司範圍內的指標儀表板拼湊在一個頁面上。圖 12-2 顯示了一個例子。

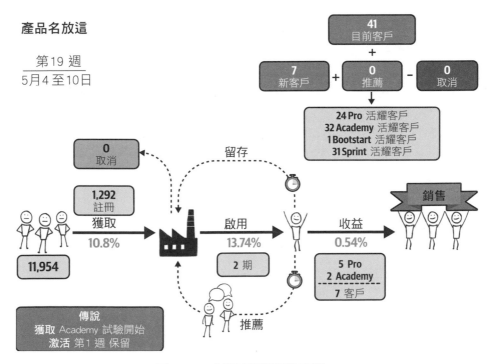

圖 12-2　公司範圍指標儀表板

—— 筆記 ——

你可以在 LEANSTACK 網站上，下載空白的公司範圍指標儀表板範本
（*https://runlean.ly/resources*）。

批次推出你的 MVP

正如我們所討論的，當你首次推出一款產品時，很多事情都可能會出錯
（通幾乎是一定會）。這就是為什麼公開或向全部客戶發布 MVP 通常不
是一個好主意。

一個更有效的策略是分批低調推出你的 MVP，只向你的「最佳」早期採
用者發布初始版本，然後在隨後的每批早期採用者中有系統地完善它。

以下是制定批次推出策略的方法：

精選你的「最佳」早期採用者，作為最初一批早期採用者

　　如果你不能為你最忠實的粉絲提供價值，你憑什麼認為你能夠為陌生
　　人提供價值？根據你在黑手黨提議交付期間確定的最合適人選，精心
　　挑選你的第一批早期採用者。

　　　　—— 筆記 ——

　　　　你不需要很多的使用者來支持你學習，只要少少的好客戶就好。

可以從朋友開始或從友善的早期採用者

　　把產品做對很難，你不需要讓它變得更難。在你的第一批產品中，可
　　以招募你的朋友或你已經認識的人，他們可能有資格成為友善的早期
　　採用者，例如來自其他產品的現有客戶。他們可以幫助你快速找到並
　　解決任何明顯的問題，而不會有丟失名譽的風險。

依動機程度，招募你的下一個最佳組合

　　下一批最好的早期採用者，是那些使用你的產品動機高於平均水準的
　　人。你不是在尋找問東問西最後又不會買的人，而是那些有緊迫感且
　　真的想使用你的產品來實現明確和具體期望結果的人。重新查看你的
　　客戶力畫布筆記以確定這些「下一個最佳」採用者可能是誰。

根據牽引，模型平衡批次大小

　　使用牽引力模型來確定批次大小，以使最終達到或超過牽引力目標，
　　同時保持在團隊和產品的產能限制內──即，不影響價值交付。

Altverse 團隊推出他們的禮賓服務 MVP

在第二個 90 天週期的第 6 週，Altverse 團隊將前兩家建築公司上線。該
團隊還有 12 家其他公司，並且每月穩定地有 3 到 4 家公司註冊進行試運
行。該團隊估計目前禮賓服務 MVP 的生產力限制是 20 家公司。他們決
定以每週一家公司的速度增加客戶。這使他們保持在他們的牽引力目標
之上，同時平衡他們的批次大小與他們當前的能力。這個策略將讓他們
從現在開始持續四到五個月。

與此同時，史蒂夫和喬西致力於最佳化禮賓服務 MVP 中最慢的部分。他
們的目標是在達到該限制之前將交付能力提高一倍。他們有了一個良好
的開端，並著眼於實現下一個目標：讓客戶滿意。

第十三章

讓客戶滿意

所有企業，無論其商業模式類型（B2B、B2C、數位、硬體、服務等），都有一個共同的普遍目標：讓客戶滿意。

讓客戶開心與讓客戶滿意不是一回事。讓客戶開心很容易，只要免費給他們很多東西就好。但這並不會導致有效的商業模式。在另一方面，讓客戶滿意不僅是讓客戶感覺很好。也是關於幫助客戶實現結果（期望的成果）。

這章將告訴你如何做到。

Altverse 團隊學習行為設計

史蒂夫召開下一次團隊會議，強調他們當前的進度：「目前，我們有 8 家建築公司使用 Altverse，迄今為止我們已經交付了 3 個成品模型。」

「我預期有更多。為什麼這麼少？」瑪莉問。

「有一些是對方延誤。」史蒂夫回應：「我們等待他們帶著計畫和規格來。但在我們等待的時候，我利用這時間來建構定價模組。」

「有人向建築師推銷定價模組，或他們自己要求這個嗎？」瑪莉問。

麗莎和喬西搖搖頭。

「那我們為什麼現在要建這個？」瑪莉繼續問。

史蒂夫插話：「我以為我們已經比曲線提早⋯⋯⋯⋯」

「Demo - 銷售 - 建構方法不僅適用於 MVP。」瑪莉打斷道：「從現在開始，採用新 JTBD 每個主要功能前，你都應該驗證。但更重要的，在你能夠反覆完成受僱的第一份工作之前，你不應該承擔任何額外的工作。這是創新者的偏見再次抬頭，史蒂夫。我警告過你這會發生。」

瑪莉等史蒂夫點頭，然後繼續說下去：「速度是關鍵，但重要的是不要在沒有學習的情況下倉促實施。這就是過早的最佳化陷阱，也就是在錯誤的時間專注於錯誤的事情。」

「那麼這時候增加批次大小和吸引更多客戶是對的嗎？」史蒂夫問。

「不。」瑪莉答：「這裡要做的正確事情，是要了解為什麼你現在的客戶沒有按照你預期的方式行事。輕易地加入更多客戶，是強制修正以增加模型的總數，並掩蓋了一些客戶沒有受你產品承諾吸引的事實。他們最終會流失。」

「嗯⋯⋯那我們該如何解決呢？我們不能強迫我們的客戶。」史蒂夫說。

「當然，你不能強迫他們，但你當然可以引導他們。」

「這就是你之前所說的試運行管理的意思嗎？」喬西問。

「對，沒錯。購買後，客戶立即開始有高動機去轉換，但動機的半衰期很短。若不去管理它，它會迅速消散，而慣性將他們帶回熟悉的舊方式——現狀。」

「我以為慣性只應用在獲取前？」麗莎註釋。

「不，慣性是對改變現狀的抗拒。」瑪莉回答：「記得你高中學過的物理：靜止的物體保持靜止，運動的物體保持運動，除非受到不平衡力量的作用。」

麗莎放聲大笑：「那好久了，真不敢相信我還記得牛頓第一運動定律。」

「所以，是的，第一場戰鬥是讓人們走向進步的山頂，但如果客戶以前有舊方法來做工作，你就必須與他們過去用舊方法建立起來的習慣作鬥爭。」瑪莉說：「這就是現狀。」

「當然，這有道理。但是習慣很難改變。我們要如何影響他們？」麗莎問。

「好消息是行為設計是一門科學，是產品設計的一環。獲取是第一步，但讓客戶滿意，需要將你的產品確立為新的現狀。這意味著要致力於啟用和留存。」

滿意客戶的迴圈

一旦你在客戶工廠中建立了某種程度的**可重複獲取**，下一個最重要的步驟就是**啟用**。這就是為你的客戶創建價值所在。當你為客戶創造價值時，他們會回報你——允許你以貨幣化價值的形式收回其中的一部分。但請記住，在多邊商業模式中，貨幣化價值可能與收益不同。

啟用步驟是獲得滿意客戶的地方，通常也被稱為產品的「頓悟時刻」。注意在圖 13-1 中，從啟用步驟出發的箭頭最多。這就是使啟用成為原因步驟的原因。

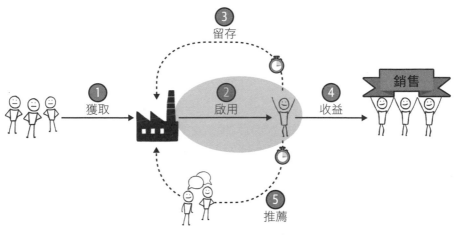

圖 13-1　啟用是原因步驟

因為有創造滿意的客戶，使其：

- 有更多時間與你的產品一起（留存）
- 有更多可貨幣化的價值可捕獲（收益）
- 傳播更多善意（推薦）

反之亦然。

到達啟用步驟後，下一個關鍵步驟不是收益，而是*留存*。即使你在獲取時預先收取了收益，但除非客戶可以從你的產品中獲得價值，否則他們會要求退回。

這就是在客戶工廠圖表中，啟用後才是收益步驟的原因。此外，僅交付一次價值，通常不足以讓你的產品聚有黏著度。你需要透過多次互動反覆向客戶交付價值，以引起*真正的轉換*。

── 筆記 ────────────────────

創新，會造成一種轉換，從舊的做事方式轉換為新的方式。

許多行銷人員在獲取時即宣布勝利，但獲取只是第一戰。今天，客戶在選擇對的解決方案之前，同時試用多個解決方案一段時間，是相當普遍的。這適用於所有產品類型，無論是 B2C 還是 B2B、數位產品還是實體產品。

獲取和留存步驟，放在一起，形式一個滿意的客戶迴圈，如圖 13-2 所示。

有些產品可能只需要幾個滿意客戶迴圈週期，就可以引起轉換。其他的可能需要更多的做法，才能說服客戶完全放棄他們完成工作的舊方式，並採用你的新方式。這是你的產品成為客戶新現狀解決方案的真實*轉換時刻*。

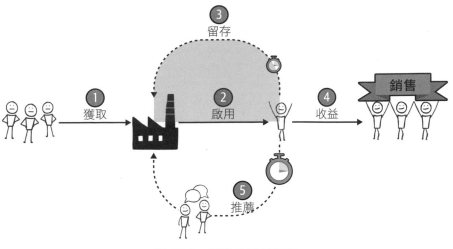

圖 13-2　滿意的客戶迴圈

當你首次推出產品時，最佳化你的滿意客戶迴圈，就是你大部分注意力應該集中的地方。圖 13-3 顯示了 90 天週期的樣子。

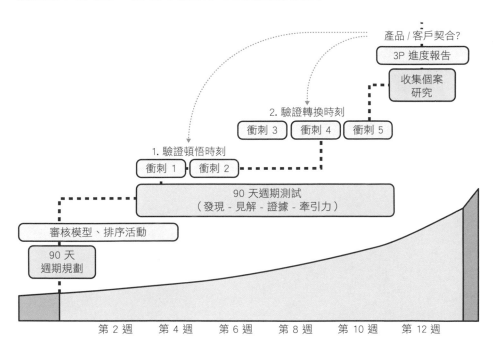

圖 13-3　典型的 90 天週期，為了最佳化你的滿意客戶迴圈

客戶對你產品的初始使用者體驗，需要讓他們啟用，或者得到一個頓悟時刻。啟用後的客戶，會導致後續的回訪（留存），而這些回訪需要不斷加強獨特價值主張的承諾，並讓你的客戶更接近他們期望的成果。此時就是你引起轉換的時候。

計劃使用兩個衝刺讓客戶進入頓悟時刻，三個衝刺讓他們進入轉換時刻，並在最後預留一個衝刺將你的經驗收集到個案研究。再次注意，這些只是準則，你的里程可能會因你的具體產品而異。

在本節中，我將分享一些關於如何最佳化你的滿意客戶迴圈的技巧 —— 但讓我們從不需做的事情開始。

別做功能推手

> 在一個大市場（一個擁有大量真正潛在客戶的市場），會將產品從新創公司中拉出來。
>
> — *Marc Andreessen*，《The Pmarca Guide to Startups》

當你推出一個產品，一種典型的反應是想建構更多東西 —— 尤其是當它喬裝成客戶功能請求時。請記住，客戶也容易受到創新者偏見的影響。大多數客戶的功能請求都是喬裝成問題的解決方案。即使你建造了他們確切所要的，他們經常不會用它，因為它沒有解決到真正的問題。

當你開始加大量新功能到 MVP 上時，你很快就會發現自己回到了舊世界。很快，你簡單而專注的 MVP，就會變成一個臃腫的怪物。

即使你的產品發布後，傾聽客戶的聲音也是關鍵—但你必須知道如何去做。盲目地推出更多功能，幾乎不會是答案。那麼，你如何平衡想要建造更多的本能衝動呢？

執行 80/20 法則

執行 *80/20 法則*，是用於關注最佳化你的滿意客戶週期，一個很好的經驗法則（圖 13-4）。這條法則說，發布後的大部分時間（80%）應該花在衡量和改善現有功能，而不是追求新的閃亮功能。

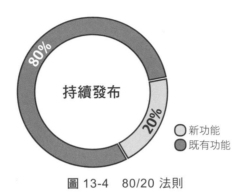

圖 13-4　80/20 法則

預防轉換

獲取之前，創新就是關於引發一種轉換，從既有替代轉向你的產品。獲取之後，創新就是為了確保客戶啟用並預防從你的產品轉到既有替代。

防止轉換的最佳方法，不是用嚴厲的方法鎖定你的客戶或收取高昂轉換成本，而是透過比競爭者更好地完成「工作」。

更好是什麼意思？在問題／解決方案契合過程中，你使用客戶力模型來發掘更好的軸線，以定位你產品的獨特性，與既有替代方案不同（第 9章）。現在是你需要兌現 *UVP* 的承諾了。

超越競爭者的學習

「創新者的禮物」的原則之一，是完美的解決方案是不存在的。問題和解決方案是一枚硬幣的兩面。即便你的新解決方案很出色，一旦推出，也會產生自己的問題。

在推出 MVP 後與客戶保持關係並發展商業模式的關鍵,不是向他們提供更多功能,而是繼續發現你自己產品中的問題,並在競爭者出現之前解決這些問題。

—— 筆記 ——————————————————————————

記住:學習速度是新的不公平優勢。

減少摩擦

> 用原力吧,路克!
>
> —— 歐比王·卡諾比,《星際大戰》

你用發掘既有替代方案的問題的方法,同樣用它來發掘自己產品中的問題 —— 透過使用客戶力畫布。然而,這一次,你要研究早期採用者使用你的產品後,推動或拉動他們達到或遠離期望成果的力量。

雖然一般傾向是加倍關注這些力量,但這些並不是最有效的關注點。你的早期採用者有足夠的動力「註冊」你的產品,這意味著他們的推力與你產品的拉力相結合,足以讓他們克服慣性(即什麼都不做)。

他們現在正往他們想要的成果爬坡。但是上坡需要付出努力,這個地方也是向客戶學習的另一個機會。

獲取客戶後加倍這些力量的最有效方法,是減少阻礙客戶速度的因素(摩擦力),如圖 13-5 所示。

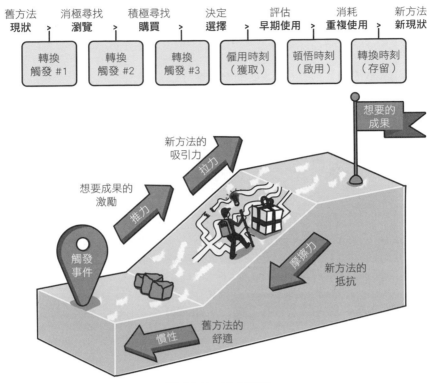

圖 13-5　減少摩擦

減少摩擦比改善產品的使用者體驗更重要

減少摩擦的一種明顯方法，是讓你的產品盡可能易於使用。雖然投資於良好的使用者體驗（UX）是任何產品的關鍵，但這通常只是解決方案的一部分。為什麼？當你的客戶轉而使用你的產品時，他們將從使用舊方式的專家變成使用你新方式的初學者。這使他們踏出其舒適圈。

一開始，你必須應對客戶的焦慮，因為他們用了一種在他們心目中仍未得到證實的新方式。你還必須抗衡他們對舊方式的舒適和熟悉感。

採用任何新事物都需要付出努力。以他們一直以來的方式做事（現狀）需要較少努力，即使它充滿了問題。為什麼？因為你的客戶已經用很多時間使用舊方法來學習忍受問題或實施變通方法。換句話說，你要抗衡他們以前的舊習慣。

因此，讓客戶轉向你的產品，需要同時應對他們對新方式的焦慮和他們對舊方式的習慣。更進一步，如果你設法讓你的客戶對你的產品形成新的習慣，你的產品就會成為他們的新現狀。這是對抗競爭者的**最好的**轉換預防措施。

— 筆記 —

讓客戶從他們的舊方式轉換到你的新方式，需要行為改變。

但如果你曾經嘗試過養成或打破習慣，你就會知道習慣改變是困難的。僅有動機是不夠的。好消息是，習慣如何運作是一門科學，因此可以有系統地最佳化你的滿意客戶循環。

學習「習慣的科學」

我第一次知道習慣迴圈，是在 Charles Duhigg 開創性的著作《The Power of Habit》（Random House 出版）[1]。他將習慣的過程，描述為一個包含三個步驟的迴圈（圖 13-6）：

1. 提示或觸發，促使你採取行動。

2. 例行或特定動作，遵循著提示。

3. 獎勵，讓你知道該行動是否有效以及是否值得在未來重複。

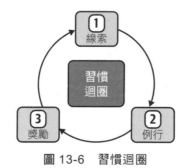

圖 13-6　習慣迴圈

1　譯註：台譯《為什麼我們這樣生活，那樣工作？》

巴夫洛夫（Ivan Pavlov）意外在研究狗的時候發現了這個習慣迴圈，發現了古典制約。古典制約是一種無意識下發生的學習，其中自動制約回應會搭配與特定刺激以產生某種行為。如果你曾經嘗試教你的狗一個新技巧，你很可能就在使用習慣迴圈。

習慣迴圈雖然簡單，但可以用於寵物訓練以外的一些非常有趣的應用。想想 Duhigg 在他的書中分享的 Pepsodent 個案研究：你知道刷牙這件事，是到 1940 年代才成為日常習慣嗎？這不是因為牙膏還沒發明出來，也不是因為人們有健康的牙齒——恰恰好相反。當時美國的牙齒衛生很糟，聯邦政府甚至宣布它是國家安全的風險。牙膏品牌 Pepsodent 的行銷人員 Claude Hopkins 改變了這一切。那麼他做了什麼不一樣的事情呢？

和當時的其他行銷人員一樣，Hopkins 吹捧清潔健康牙齒的好處，這代表了人們期望的成果。但他也認識到，目前的牙齒衛生狀況與預期成果（乾淨的牙齒）之間的差距太大，無法只靠刷牙來彌補——因此他引入了一個中間的獎勵。他讓化學家加入薄荷和檸檬酸到牙膏裡，產生涼快和刺痛的感覺，是其他牌子牙膏沒有的。不只是成分不一樣，更重要的是，提供了獎勵：稍微好一點的口氣（雖然是暫時的）。

這就是加強刷牙行動的頓悟時刻——推動人們下次再刷牙時所需的推動力，明天刷、後天也刷。隨著每次刷牙，他們的牙齒變得越來越健康，每天刷牙的習慣也被固定下來。

雖然習慣迴圈並沒有什麼神奇之處，但將習慣過程分解為三個獨立的步驟（觸發、行動、獎勵）打開了控制這些步驟和設計「行為改變」的大門。

從習慣迴圈到行為設計

行為科學家 BJ Fogg 和他在史丹佛的團隊創了行為設計這個術語，他們研究人類行為已有十多年了。Fogg 在他的《Tiny Habit》（Mariner）一書中總結了行為設計的關鍵模型和方法。

根據 Fogg 的說法，當三件事同時匯聚時，行為就會發生：動機、能力和提示（見圖 13-7）。

$$B = M\ A\ P$$

行為　　當…　　動機 & 能力 & 提示
　　　　發生　　匯聚在同一點

圖 13-7　　Fogg 行為模型

換句話說，當人們收到提示或觸發、有足夠的動機去採取行動，且發現行動是他們能力範圍內的，則行為會發生。

但一次性行為如何變成習慣？透過重複。保持動機、將行動控制在自己的能力範圍內，以及設計正確的提示，都是你可以使用的槓桿。鼓勵重複性的最後一個槓桿，是在行為的結尾，用正確的獎勵來結束——獎勵標記出此行為值得在未來重複。

客戶力模型是一種行為模式

你大概會注意到習慣迴圈、Fogg 行為模型和客戶力量模型都有相似的用語。那是因為客戶力量模型是一種行為模型。它描述了客戶嘗試完成工作的客戶旅程。

它與傳統客戶旅程地圖的不同之處在於，它使用行為觀點來更好地理解客戶為什麼做他們所做的事情（例如，動機、觸發因素、頓悟時刻），而不僅是捕捉他們做了什麼。

在下幾節，你會知道如何使用客戶力量模型，用你的產品設計出理想的客戶旅程圖，並使用行為設計原則來最佳化你的滿意客戶循環。

畫出客戶前進路線圖

雖然一開始，承諾就可能會激發人們有極大期望成果（獲取的時候），一旦你的客戶開始上山，他們可能會發現山太高（即超越他們的能力）。他們也會經常很快發現自己處於未知領域，必須學習一種新方法，而這會引發焦慮。

減少摩擦的第一步，是將一路攻頂改成一系列中介小山峰（圖 13-8）。

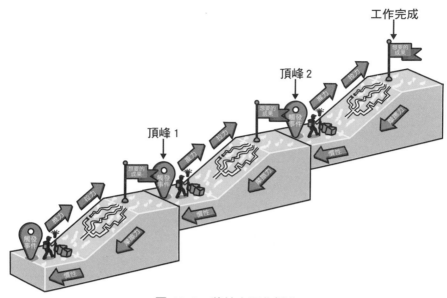

圖 13-8　將較大工作拆分

每個峰頂都代表一個較小的預期成果（頓悟時刻），可以強化你的整體獨特價值主張，並鼓勵你的客戶不斷取得進步。這裡有一些如何建立較小峰頂的準則：

目標在 30 分鐘內傳遞出你的第一個頓悟時刻

當客戶第一次註冊使用你的產品，要讓他們很快達到頓悟時刻是很難的。Pepsodent 牙膏能夠在不到兩分鐘的時間，實現其第一個頓悟時刻，這也是牙醫推薦的刷牙所需時間。雖然這時間可能不適用於所有產品，但請設定目標在 30 分鐘內傳遞你的第一個頓悟時刻，因為這是客戶第一次使用產品的平均時間上限。

更喜歡內在的，甚於外在的獎勵

雖然許多產品使用獎章來使獎勵遊戲化，但這些都是短期激勵因素。關注內在而非外在的獎勵。內在獎勵來自內心，在客戶看到自己朝著他們想要的結果取得進展時。

記住，目標不是完美

在定義你的第一次小峰頂時，會很容易根據你的理想想要成果去訂定。但請基於你的客戶的起始處來定義叫好。第一個小峰頂的目的，是讓你的客戶開始做一些有意義的事情，讓他們比開始時更好。專注於他們可以採取的最小步驟。

讓客戶做到事情，而不是去學如何做

另一個常見的傾向是立即將你的客戶引導至說明手冊。客戶並不是真的想學習如何使用你的產品；他們希望以最少的工作量獲得成果。與其在第一次小峰頂讓他們學到東西，不如在第一次峰頂讓他們做到事情。丟掉指導手冊，換成備忘或快速入門指南，讓他們動身上山。

更喜歡成果，而不是產出

還記得鑽頭的例子？客戶不是想要四分之一英寸的洞，而是想要之後的東西。確保你的第一次小峰頂，能交付預期成果，而不是非預期成果。旨在滿足情感欲求，而不是功能需求。

在每個峰頂逐步往想要的成果向上

在你的第一次小峰頂之後，逐步升級你的下一組峰頂，直到整體工作完成。設計峰頂的一個很好的經驗法則，是使用加倍規則，即掌握每一個新峰頂所花費的時間和精力大約是前一個的兩倍。一個很好的例子是武術的腰帶系統。

限制你的客戶在每個峰頂能做的事

增加當前峰頂不需要的功能，會使路徑混亂並變成認知負荷（即產生了摩擦）。與其讓客戶用還不需要的功能使他們不知所措，不如限制他們可以使用的功能，甚至，如果可能的話，隱藏不必要的功能。

與你的客戶分享前進路線圖

一旦設計好客戶前進路線圖後，請與客戶分享。若能夠清楚地看到實現預期成果的步驟，可以增強信心並幫助你的客戶上峰頂。

你的客戶進度路線圖分享出去後，讓我們接下來將注意力放在，「你要如何利用觸發、能力和獎勵，來幫助你的客戶不斷取得進展，以實現他們想要的成果」。

觸發你的客戶

在你的產品還沒有成為根深蒂固的習慣之前，你不能指望你的客戶自動回來使用它。你必須明確提示他們。

這裡有一些提示的方法：

從設定正確期望開始

當你的客戶第一次開始使用你的產品時，最好提醒他們為什麼要註冊、可以期望什麼以及如何最好地使用你的產品實現他們想要的成果。這可以透過簡短的歡迎訊息或快速入門指南來完成。如果你有客戶進度路線圖，現在也是分享它的時候了。

建議或幫助客戶建立日曆提醒

如果你的產品需要經常使用，請讓你的客戶輕鬆地在他們的日曆上設置提醒或幫助他們設置提醒通知。

分享最好的做法

研究你的最佳客戶如何及何時使用你的產品，並分享這些知識作為有效的技巧和竅門。

客戶完成「待完成工作」，立即提示下一項

好的文案寫作的藝術，是讓讀者想要閱讀下一句話。產品留存也不例外。如果你成功地獲得了你客戶的第一個頓悟時刻，立即慶祝他們的前進（獎勵），然後引導他們走向下一個峰頂。這適用於你的初始峰頂，因為它們較小，但隨著你承擔更大的工作，你需要投資一些額外的提示。

用常態性的聯絡確認接觸點來提示

沒看到就不會想到。要記住的一種有效方法，是實施定期聯絡確認接觸點。方法可以是每日或每週活動報告，透過電子郵件發送給你的客戶，或是每週打一次確認電話。無論採用何種方法，請確保以價值為先。

以行為為目標的電子郵件推動

如果你可以依靠分析，來確定你的客戶在他們的旅程中所處的位置，請使用具行為目標性的電子郵件（生命週期訊息傳遞），來推動他們前進並幫助那些陷入困境的人。

利用現有例行公事

到目前為止，最有效的提示客戶的方式，是將你的產品整合到他們先前既有的例行公事或工作流程中。

幫助你的客戶前進

隨著你的客戶越過最初的小峰頂，複雜性會增加。你需要採取額外的措施，來幫助你的客戶不斷前進。

這裡是一些做到的方法：

降低選擇的悖論

人們很容易認為，為客戶提供更多產品選擇，他們就會擁有更多控制權，但事實恰恰相反。更多選擇會導致更多的不確定性，從而導致焦慮。成為他們的嚮導。給他們提供良好的初始預設值和建議。

允許他們去實驗

為你的客戶提供一個安全的沙盒來進行實驗，減少他們對失敗的焦慮和恐懼。例如：如果鑽頭有取消按鈕，許多第一次鑽牆的屋主就會更敢鑽牆壁。除此之外，電鑽製造商可以邀請新屋主到附近五金店的免費工作室，在那裡他們可以在練習牆上進行實驗。

投資好的使用者體驗（UX）設計

我們的客戶看不到我們所看到的，因為我們離解決方案太近了。投資好的 UX 設計實踐和進行定期的可用性測試。努力使你的產品盡可能直覺——正如 Steve Krug 所說：「不要讓我思考」。

提供高接觸支持

為前幾批客戶提供高接觸支持，不僅可以減少客戶的焦慮，還可以加快學習速度的一種好方法。

—— 提示 ——

最快的從客戶學習的方法是跟他們說話。

當你還沒有很多客戶時，你還可以提供現場訓練、定期會面，並對個別客戶問題做出立即回應。然而，在你的客戶成長到一定程度之後，這種方法無法規模化，這就是為什麼你還需要投資下一步。

不斷地改善你的產品

當你透過高接觸方法，發現產品的問題時，不斷地投資在改善你的產品可用性和文件。制定出只能容忍一次產品錯誤的產品政策。

分享客戶個案研究

展示正在取得進步和／或實現預期成果的客戶，是激勵其他還在旅程初期客戶的好方法。但要注意不要只強調成功的路徑 —— 所有英雄（和客戶）的旅程故事充滿了困難之處。這就是使它們真實可信的原因。

讓回饋更容易

提供多重回饋管道，像是線上對談、電子郵件、電話等，讓你的客戶能跟你聯繫。

加強前進腳步

如前所述，最好的獎勵類型是內在的獎勵，幫助你的客戶看到他們正取得進步的獎勵。以下是關於如何建立其他類型獎勵的一些額外想法：

建立進步指標

建立回饋循環、儀表板和報告，幫助你的客戶體驗他們正在取得的進步。

慶祝客戶成就

花時間認可主要的客戶里程碑，並慶祝他們的成功。慶祝是一種獎勵。

給有意義的禮物

使用有意義的禮物，來獎勵和認可你客戶的進步。有意義的禮物跟你或你的品牌無關，而是跟客戶有關。舉例來說，在 LEANSTACK，我們寄出「Love The Problem」T 恤，送給完成我們商業模式設計課程的客戶，還有「Practice Trumps Theory」帽 T，送給完成我們密集 90 天新創訓練營的人。你無法買到這些物品，它們是努力後的所得。這就是使它們有意義的原因。

Altverse 團隊召開 90 天週期審查會議

在他們第三個 90 天週期結束時，Altverse 團隊發布了六個個案研究，其中包括來自滿意的建築師及更滿意的客戶的大量推薦和有影響力的故事。

該團隊已成功讓 Altverse VR 模型，變成建築師在所有客戶會議中用於制定設計決策的必要報告項目。

已經有一些建築師開始詢問更多功能，團隊正準備推出下一個可以做的工作：價格預估。這將是客戶專案壽命從 3 個月（初始設計階段）延長到 9-12 個月的重要關鍵。

史蒂夫又請了兩名開發人員，並在禮賓服務 MVP 自動化上取得很大進展，將做出模型的時間從一天縮短至不到 30 分鐘。在接下來的 90 天週期內，該團隊預計將這完全自動化。

他們的產品開始口耳相傳，團隊正處理來自世界各地建築公司的 Demo 的詢問。雖然他們需要繼續專注於價值交付，但他們開始著眼於尋找可重複和可規模化的成長引擎。

第十四章

尋找成長火箭

一旦你開始在客戶滿意循環中看到可預測的可重複性（也就是說，當你的初始客戶區隔繼續經常使用該產品，並朝著他們期望的成果取得進展時，如客戶確認訪談、儀表板等），表示是時候將你的焦點轉移為成長了。藉由「成長」建立可規模化的管道或成長火箭。

到目前為止，為了獲取和價值交付，你一直依賴相當頻繁的（無法規模化的）互動，優先考慮學習速度而不是可規模化）。但是，為了繼續實現你的 90 天牽引力模型目標（這應該會變得越來越具有挑戰性），你需要開始尋找更可規模化的客戶路徑。雖然你可能有在你的精實畫布上，概述了一些可能的可規模化管道選項，你需要識別出要加倍投入哪些管道，才能讓你進入產品 / 市場契合並超越。

確定可規模化管道或成長火箭可能需要多個週期過程，這就是為什麼我建議儘早開始。本章概述了如何做到的大致過程。

Altverse 團隊學習成長火箭

在他們最近的 90 天週期審查結束時，在史蒂夫就下一個週期的目標、假設和關鍵限制使團隊保持一致之後，瑪莉提出了以下建議：「在下一個週期，除了關注你的限制，也就是繼續提高留存率，我建議你們分配 20%的時間來尋找主要成長火箭。」

「成長火箭？」麗莎問。

「是的，」瑪莉回答。「我們經常把曲棍球桿曲線畫成平滑的曲線，但如果你繪製一家新創公司的實際成長曲線，你會發現事實並非如此。它由一系列樓梯跳躍組成。許多人認為新創企業和太空船之間很相似，可以把你的任務想成將太空船送到火星。你只用一枚火箭無法做到這點。你需要在旅程中的不同點發射多階段火箭。每枚火箭負責讓你的船從曲棍球桿曲線中的一處跳躍到下一階。」

「我喜歡這個比喻。」史蒂夫插話道：「那麼，如果這裡的每枚火箭都代表一個客戶獲取管道，那麼客戶工廠適合在哪裡？」

瑪莉笑了：「我就知道你會喜歡。如果火箭的設計是為了創造客戶，客戶工廠就是火箭引擎的內部工作。每枚火箭都有自己的引擎和推進劑，或燃料。雖然到目前為止，我們一直將商業模式視為單一客戶工廠，但實際上有許多不同的客戶工廠或火箭引擎在起作用。」

「我能了解。」麗莎說：「我們目前正在使用直接銷售、活動事件和一些推薦來獲取客戶。這些管道中，每一個的表現都大不相同。我猜這些就是火箭和各自有客戶工廠引擎的意思？」

「妳說對了。」瑪莉回應。

「我懂引擎和客戶工廠的關係了。」史蒂夫說：「這個比喻中的推進劑是什麼？」

「推進劑是提供火箭引擎能量的燃料。」瑪莉解釋：「所有引擎都需要能量才能運轉，不同的發動機需要不同類型的燃料。創業初期最常用的燃料是創業者的時間或汗水，但正如你所知，這是最昂貴、不可再生的燃料。隨著時間，金錢或資本或你的使用者和客戶，都可以用來為這些引擎提供燃料。」

「我想回到妳之前說過的話。」喬西說道：「你提到找到一個『主要成長火箭』，這意味著只有一個火箭。這是什麼意思？擁有更多的成長火箭不是更好嗎？」

瑪莉停下來看喬西是否說完：「因為升空需要很大的能量，所以通常需要多枚火箭才能讓火箭離地。這是透過一枚或多枚短程助推火箭完成的。把這些助推火箭想成精實畫布上不可規模化的管道，例如使用來自親友的熱情推薦來尋找客戶。它們的範圍有限，且一旦這些助推火箭燃盡，就會被彈出以減輕火箭的重量。然後新的助推器火箭替代原本的。你需要這些助推火箭來升空，但它們無法帶你去火星。試圖最佳化助推火箭中的引擎使其效能超過某個臨界點後，將開始產生遞減……」

史蒂夫插話道：「這些助推火箭的目標是幫助太空船實現脫離速度，而主要的成長火箭是將酬載帶到火星的嗎？」

「是的，雖然理想中你需要在達到脫離速度之前，弄清楚並測試你的初級成長火箭。對於新創公司，將脫離速度視為曲棍球桿曲線中的轉折點，或實現產品／市場契合。到那時你應該已經開始最佳化你的主要成長火箭，因為它會推動你一段時間。」瑪莉回答道。

史蒂夫接續問了幾個問題：「即使在離開地球引力的拉力之後，要到火星的路還很長。期待只有一個主要成長火箭能帶你到達那裡是合理的嗎？而且要如何選擇對的主要成長火箭？」

「這有兩個不同的問題。我從第一個開始回答。」瑪莉回應道：「是的，當大多數新創公司開始規模化時，他們幾乎總是從一個成長火箭中獲得大部分成長。隨著時間，有一些公司可能會加上一個額外的成長火箭，但同我們過去所談的原因，你會想從一個開始：因為要限制你在 90 天週期內開展的活動數量，以使你的團隊一致並聚焦。」

瑪莉停下來讓他仔細想想，然後繼續回答史蒂夫的第二個問題。

「對新創企業來說，尋找主要成長火箭特別具挑戰性的原因有二。首先，新創公司創業者通常看到的是一系列火箭或成長方法要部署。就像糖果店裡的小孩，他們認為得到越多越好並開始堆疊火箭。但請記住，太多的火箭會增加太空船的重量。這使得實現逃逸速度變得更難，而不是更容易。新創公司在成長過程中遭遇挫折的第二個也是更重要的原因是，它們往往未能認識到將成長火箭與助推火箭區分開來的關鍵特徵：**可持續性**。」

「可持續性，妳是指可再生的？」史蒂夫問。

「是的。」瑪莉說：「還記得《星際爭霸戰》嗎？星艦企業號透過反物質曲速引擎獲得動力，這是一種太空中高效的旅行方式，這些星艦有能力從太空收集燃料，甚至在船上產生反物質。先暫時不管科學的可能性，這裡的要點是，你的主要成長火箭需要在其引擎中，有一個飛輪或成長循環，以使其自身能夠可持續。」

「成長循環？」麗莎想知道：「這是不是就像拿現有客戶收益再投資於購買廣告，以獲取新客戶一樣？」

「完全正確。」瑪莉回答：「但是，必須滿足某些條件才能將循環視為可持續，例如：從客戶那裡賺到的錢比你在廣告上花費的錢還多。」

「我們最初的想法是推出一個可公開瀏覽的客戶專案目錄，妳覺得如何？」喬西問：「我猜大方向概念是，為 VR 模型，創造一個 Houzz 或 Pinterest。」

「是的，這是使用者內容驅動成長火箭的一個很好的例子，它也可能是可持續的，因為你利用了現有客戶的作品，來驅動新客戶的獲取。這個例子很好，它也可以很容易地花幾個 90 天週期來開發和測試，這就是為什麼你要早點開始──從現在開始。」瑪莉補充道。

史蒂夫看了看手錶，準備結束會議：「我想我們沒時間了。一如既往，這一切都非常有啟發性，瑪莉。我想我們都需要幾天時間，另外提出一些主要成長火箭提案。我們將把賭注押在下一個 90 天週期中最有希望的事情上……我猜我們會開始用一些較小專門活動和衝刺來測試它？瑪莉，你有什麼額外的指導嗎？」

瑪莉微笑：「我當然有。正寄到你的收件箱。」

火箭成長模型

火箭成長模型，就像是把推出新產品比喻作發射火箭。讓我們從其組成剖析開始。火箭由三個基本部分組成：

- **酬載**，攜帶著全體人員或貨物。把它想成你的核心產品。

- 一枚或多枚**助推火箭**，將火箭船送入太空。把它想成你最初的無法規模化的客戶獲取管道。

- **太空船**，通常由單個成長火箭提供動力，然後將酬載運送到目的地。將這成長火箭想成你主要的可規模化客戶獲取管道。

每枚火箭，無論是助推火箭還是成長火箭，都包含自己的引擎和推進劑（燃料）。由於火箭引擎的工作是獲得高度（牽引力），因此其內部工作可用客戶工廠（AARRR）中的步驟來描述。要使火箭引擎有動力，需要來自推進劑（燃料）的能量。不同類型的火箭使用不同類型的推進劑（時間、金錢、內容、使用者等）。

火箭的射程決定於其引擎的效率和推進劑的類型。雖然加載推進劑很誘人，但要注意額外的燃料會增加你火箭船的重量，通常會使你減速。這就是為什麼在給定某種推進劑的情況下，最大化火箭射程的最佳方法，是從最佳化引擎效率（客戶工廠）開始。

但最佳化引擎效率有其局限性，這意味著超過某個點後，火箭的射程將取決於推進劑的量。每枚火箭最終都會燒毀…………除非你設計出一種再生推進劑的方法。這就是成長火箭和助推火箭之間的主要區別。

—— 筆記

成長火箭在其引擎設計中，利用飛輪（成長循環）來再生推進劑，從而推動可持續成長（牽引力）。

火箭的發布

與產品發布一樣，火箭的發布是多階段的，包括以下步驟：設計、驗證、和成長。

讓我們看看每個階段，並釐清我們在旅程所處的位置（圖 14-1）。

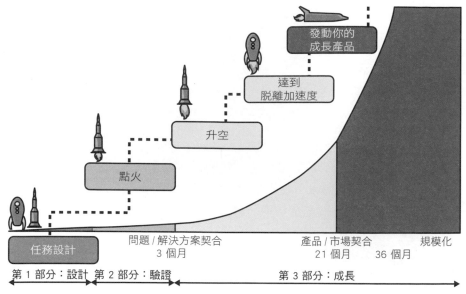

圖 14-1 發射火箭的階段

第 1 部分：設計（任務設計）

這是你定義你的任務的地方（我們在第 1 章到第 5 章中討論過）：你要去哪裡（例如：火星）、你的酬載（UVP）是什麼、你需要多少階的火箭（不可規模化的管道）、你將如何為你的太空船提供動力（可規模化管道）等。任務設計塑造了你將建造的火箭船類型，就像商業模式設計塑造了你將建造的產品類型一樣。

第 2 部分：驗證（點火）

在嘗試升空之前，你需要驗證你的設計假設，以確保：

- 如果你建出它，人們會來（欲求性）。

- 它是值得建構的（可望成功性）。

- 它能完成旅程（可行性）。

為此，你首先要縮小範圍以實現升空（MVP），然後用你的第一個助推火箭（黑手黨提議專門活動），開始學習、設計和測試不同的火箭規格（使用提議）。該助推火箭由客戶工廠引擎驅動，主要由汗水（創業者時間）提供動力。

你在此的目標，是建立可重複的點火（獲取）——即實現問題 / 解決方案契合。

第 3 部分：成長

最後的成長階段，分為三個子階段：升空、實現脫離速度、發射你的成長火箭。

升空。驗證好助推火箭點火後，你準備好你的太空船要發射。由於升空需要最大的能量，因此你通常需要堆疊額外的助推火箭，以使你的太空船離開地面。這些助推火箭在早期階段也主要由汗水提供動力，並幫助你在短時間內加速牽引力。

助推火箭的例子像是：

- 早期的直接銷售

- 活動事件

- 公關

實現脫離速度。一旦你的太空船升空，你就需要將你的注意力轉向最佳化你的助推火箭引擎（客戶工廠），以在它們燒完之前最大化它們的射程（牽引力）。你先專注於最佳化你的核心客戶滿意度循環，然後根據需要，放置額外的助推器火箭，並重複此過程。這裡的目標是實現脫離速度（即產品 / 市場契合）。

發射你的成長火箭。當你開始達到脫離速度時，你需要為之後更長的旅程做好準備。這是你開始搜尋你的主要成長火箭的時候，將使用可持續的飛輪或成長循環為你接下來的旅程提供動力。在下一節，我將介紹三個成長循環的類型。

三個成長循環的類型

根據《The Lean Startup》（精實創業）一書的作者 Eric Ries 的說法，可持續成長的特點是一個簡單的規則：

> 新客戶來自過去客戶的行動。

透過重新審視我們之前對商業模式的定義，可以很容易地看出這是如何運作的，它描述了你如何創造、交付和從客戶那裡捕獲價值。可持續成長來自於將你從現有客戶那裡捕獲的部分價值，重新投資於新客戶獲取。

你通常會從現有客戶那裡捕獲三種類型的價值（資產）：

- 錢（收益）
- 內容和資料（留存和參與的副產品）
- 推薦

透過將這些資產再投資於新客戶獲取，你可以建立一個可以自我維持的成長循環。讓我們來看看不同類型的成長循環。

收益成長迴圈

收益成長迴圈，將現有客戶產生的收益進行再投資，以推動新客戶的獲取（見圖 14-2）。金錢或資本是這裡的推進劑，用於購買廣告或僱用人員來開展這些專門活動。

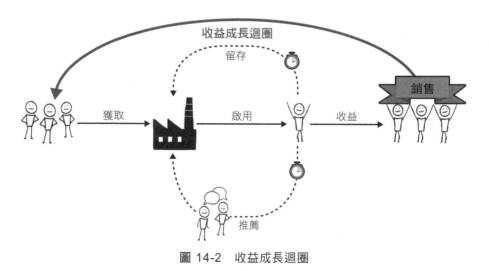

圖 14-2　收益成長迴圈

一些常見建構此類成長火箭的方法，包括：

- 成效行銷（例如：Facebook 廣告、Google 廣告、紙本廣告、電視廣告）
- 銷售（例如：對外推播銷售、集客式銷售）
- 公司生成內容（例如：公司新訊、社群媒體貼文）

用於推動這類成長火箭的資金，可能來自成長資本（投資者），但隨著時間需要能透過客戶收入來支付，以使引擎可持續發展。

通常有兩個條件用於測試該引擎的可持續性：

1. LTV > 3 x CAC
2. 恢復 CAC 的月數 < 12 月

其中：

- LTV = 客戶終生價值
- CAC = 獲取客戶成本

第一個條件旨在讓商業模式中有足夠的差額，來實現利潤和其他營運費用。第二個條件涉及現金流。如果你無法在合理的時間內，收回獲取客戶的成本，你手頭上將沒有現金可以進行再投資以實現成長。

留存成長迴圈

客戶工廠中的核心留存迴圈，或滿意客戶迴圈，用於將客戶帶回你的客戶工廠（圖 14-3）。雖然這對於讓客戶滿意並最大化客戶生命週期非常重要，但僅此一項並不能創造可持續的成長迴圈。

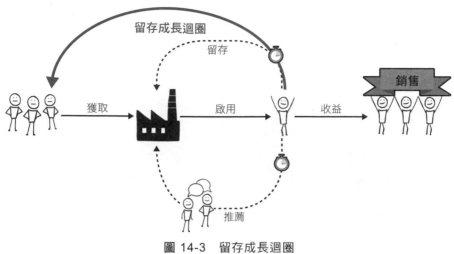

圖 14-3　留存成長迴圈

如果你能夠利用現有客戶使用產生的衍生資產，來吸引新客戶，則可以
將留存迴圈轉為可持續成長迴圈。內容和資料通常是這裡常見的推進劑。
建構此引擎的一些方法包括：

- 使用者生成內容（例如：YouTube、Pinterest）
- 評論（例如：Yelp）
- 資料（例如：Waze）

推薦成長迴圈

最後一種成長迴圈是建立在推薦之上的，你可以利用現有使用者，將新
使用者吸引到你的客戶工廠（圖 14-4）。滿意的使用者 / 客戶是這裡的推
進劑。

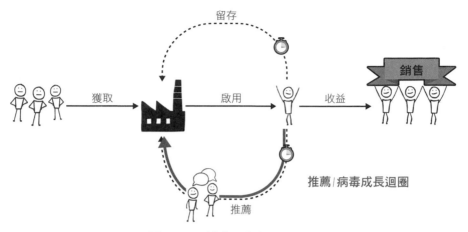

圖 14-4　推薦 / 病毒成長迴圈

可以透過很多方式建構推薦成長迴圈，例如：

- 口耳相傳

- 推薦方案

- 邀請朋友 / 團隊 成員

有些人使用**病毒式**來定義這類型的迴圈，但實際上這只是推薦成長迴圈中的一個特例，使其可持續。

要讓產品被視為具**病毒性**，它需要有大於 1 的病毒係數（K），等同於超過 100% 的平均推薦率。換句話說，每個使用者平均應該至少推薦一個其他使用者到你的客戶工廠。很容易看出病毒式是最快的成長方式，但也是最難建立的方式。

有兩個指標用於衡量推薦成長循環：

病毒性係數（K）

這是根據每個使用者平均推薦的新使用者數量來衡量的。當 K > 1 時，產品呈病毒式成長。

病毒性週期時間

這是進行推薦所需的平均時間。你的目標是使這段時間盡可能短。

使用推薦成長迴圈，來推動其主要成長火箭的產品，通常具有內在具病毒性 —— 也就是說，產品的本質是分享，例如：Facebook、Twitter 或 Snapchat。

也就是說，雖然許多產品沒有像病毒一樣傳播開來，但它們仍然透過高推薦率作為額外的成長火箭來補充其主要成長火箭，從而極大地利用這種成長迴圈。

你能擁有多個成長火箭嗎？

正如你可能想到的那樣，從理論上講，一個商業模式中可以有多個成長迴圈。但是建立一個可行的單一成長迴圈已經夠具有挑戰性了。雖然可以同時考慮甚至測試多個成長火箭，但加倍投入單個成長火箭會給你帶來最高的回報。

找到你的主要成長火箭

是什麼阻止你的業務成長 10 倍？

—— *David Skok*，Matrix Partners 公司的合夥人

尋找主要成長火箭通常是一個多週期過程，就像驗證系統活動一樣，通常涉及：

- 列出成長火箭候選
- 驗證你的成長火箭
- 最佳化你的成長火箭

前兩個步驟通常可以放入一個 90 天週期中，不是驗證成長火箭無效並尋找另一個，就是承諾加倍此成長火箭。

讓我們來看看這些步驟。

列出成長火箭候選

請記住，打造成長火箭需要兩件事：

- 可再生推進劑
- 高效引擎

透過以下方式開始挑選可能的成長火箭候選人：

選擇可再生推進劑

重新審視三類型推進劑（收益、內容／資料、和推薦），然後選擇可用於建構可持續成長迴圈的那個。

例如：

- 如果你有一個直接的商業模式（你的使用者就是你的客戶），你可以將收益再投資於成效行銷。
- 如果你的產品價格夠高，你可以將收入再投資於建立銷售團隊。
- 如果你的使用者創建了可以公開的有趣或有價值的內容，你可以使用這些內容來吸引新使用者。
- 如果你的產品具有內在的病毒性，你可以使用推薦來推動成長

分析你目前的引擎效率

分析你當前的客戶工廠指標，並利用你現在所處的位置與你需要到達的位置之間的差距，來選擇能夠勝任該任務的合適的成長火箭候選人。

例如：

- 對於收益成長循環，首先要衡量你的單位經濟效益（LTV 和 CAC）。檢查你是否在滿足前面提到的利潤和投資回收期條件的驚人距離內，以使成長火箭可持續。
- 對於內容成長循環，嘗試評估此內容對新使用者的價值，使用 Google 關鍵字規劃等工具來了解某些關鍵字的搜尋量。
- 對於推薦成長循環，尋找你的產品已經發生的高口碑（>40%）基礎的證據。

驗證你的成長火箭

在 90 天週期的剩餘 10 週內，設計實驗並透過衝刺測試你的關鍵假設，以驗證你選擇的成長火箭的可行性。

例如：

- 如果你選擇成效行銷，請運行一些廣告專門活動並驗證你的 CAC 和投資回收期假設。

- 如果你選擇銷售，請聘請一位客戶主管並驗證你的爬升時間、CAC 和成交率假設。

- 如果你選擇使用者生成內容，請設計一個實驗來公開展示其中的一些內容並衡量參與互動。

- 如果你選擇病毒式，請運行一些減少分享摩擦的實驗，看看它是否會提高你的病毒式傳播係數和 / 或縮短你的病毒式傳播週期時間。

10 週後，對你的成長火箭做出 3P（堅持、轉向、暫停）決定。

最佳化你的成長火箭

如果你成功地驗證了一個可能的成長火箭候選，加倍努力於最佳化你的成長火箭引擎。

由於許多成長火箭需要大規模的最佳化（客戶工廠調整）、訓練（例如：直接銷售）、甚至產品建構（例如：自動生成內容頁面、啟動推薦方案等），你可能希望形成一個專門負責這項方案的小型團隊。

在 90 天的進度審查中衡量和報告你的進度。

史蒂夫給瑪莉一個她無法拒絕的提議

Altverse 推出已經 18 個月了，該團隊距離實現牽引路線圖的產品 / 市場契合度不遠了。他們成功地運用客戶內容（VR 模型）建構了一個可持續成長的火箭，將許多新的屋主和建築師推向他們的平台。在瑪莉的建議下，史蒂夫一直在向創投推銷。他與瑪莉會面告知她最新狀況。

「來，讓我秀給妳看。」史蒂夫說著，一邊走向他辦公室的 Eames 椅子拍了幾張照片。幾秒鐘後，一張 Eames 椅子出現在史蒂夫辦公室的大螢幕上投影的 VR 模型中。

「哇，太棒了。」瑪莉評論：「它甚至在完全相同的地方。」

「是的。我們使用了一堆小技巧，來將現實世界的物件在地理空間上與 VR 虛擬世界相匹配。」史蒂夫笑著回答：「這與我昨天向創投公司展示的 Demo 相同。在他們離開辦公室後的一個小時內，我的收件箱裡就有了一份投資意向書。」

「我明白為什麼。」瑪莉回答：「這使你超越住家建設，並將零售家具店納入商業模式的第二步。這裡很容易就有 10 倍成長的故事。」

「是的。但妳了解我。我還是很緊張，我認為我無法獨自做到這一點。」

「嘿，不要低估自己。我記得當初你談到你的平台定價 $50 / 月，用於無限數量得專案，而 ARPU 為 $600 / 年。到目前為止，你在建築師的 ARPU 是多少？」

「我們的典型交易規模是每年 $60,000，其中一些交易規模開始達到六位數。」

「我也這麼想。你已經走了很長一段路，史蒂夫。我為你取得的成就感到非常驕傲。」

史蒂夫笑說：「是的，我猜。但引入創投是一項嚴肅的工作，我認為我需要建立一支經驗豐富的管理團隊。」

「哦，那不用說。你在公司的某個階段……」

史蒂夫打斷了瑪莉的話：「這就是為什麼我希望妳接任 CEO。」

「什麼？」瑪莉脫口而出。

「沒有妳我們就不會在這裡。回想起來，我不敢相信妳對我們有這麼多耐心，但也同樣無情，我甚至還記得這一路上妳罵我們的話。」

史蒂夫看到瑪莉微笑著臉紅了一點，然後繼續說道：「我可以借用妳的智慧告訴我如何建立一個 A+ 管理團隊，但我認為如果是請妳建立一個，會容易得多。」

「嗯，我無話可說。我沒想到會這樣。但是，我承認我很受寵若驚並且很高興被考慮。我在一旁敬畏地看著你的進步，也很想參與其中。」瑪莉說。

「那就這麼定了。」史蒂夫說：「我們可以稍後搞定手續。我會把投資意向書發給妳，讓創投知道我們有一位新 CEO。」

「你的意思是新 CEO 和新 CTO。」瑪莉糾正他。

史蒂夫笑了。「我想妳是對的，老闆。」

第十五章

結語

我在這本書的一開始有說，沒有任何方法論能保證成功，但我承諾了一個可重複且實用的產品建構過程——一個可以提高成功機率的過程。

我希望你可以感覺到我有信守承諾。

這本書只是開始。要知道更多的戰術性技術、工具、深入的內容，請加入 LEANSTACK 學院（*https://academy.leanstack.com*），內有志同道合的創業家和創新者社群。

沒有比現在更好的時候來實現你的「好主意」了。感謝閱讀，祝你成功！

我總結了本書以下關鍵要點，作為結尾宣言。

啟動宣言

1. 創業家到處都是

雖然創業者可能看起來不同，說不同的語言，但世界比以往任何時候都更「平」。我們正在經歷一場全球創業復興，這可以從過去五年全球大學創業計畫、創業加速器和企業創新孵化器的爆炸式成長中看到。

我們全都想著同樣的事物，恐懼著同樣的事物。

2. 車庫創業家的樣子已改變

創業家不再只是「車庫裡的傢伙」。他們可以在各行各業中被找到。這種突然飆升的原因可歸因於幾個關鍵因素，例如：

學生債務飆升

美國學生債務總額最近突破了 1 萬億美元。我們仍在以不斷增加的學費，訓練下一代成為工人，但好工作變得越來越難找。更多學生在大學（甚至高中）時反而尋求創業教育和經歷——有些人渴望建立下一個 Facebook，而有些人只想更好地讓自己準備好。

無終身就業

隨著終身就業和養老金的保障消失，越來越多的人想得到主導權，自己控制自己的命運。副業新創公司正在崛起。

大公司需要創新，或是被破壞

過去十年來，破壞式創新的步伐一直在加快。甚至以前的破壞者也開始被新來者推翻。這放大了內部創業者日益重要的作用。

3. 沒有比現在開始更好的時間了

真正讓創業精神在全球範圍內加速，是因為歷史中第一次，大家多多少少都接觸相同的工具、知識和資源，這要歸功於網路、全球化以及開源和雲端運算支持的技術。開展一項新業務比以往任何時候都更便宜、更快速，現在是開始的最佳時機。

這對我們所有人來說都是一個難得的機會——但地平線上可能仍有烏雲。

4. 大多產品仍然會失敗

雖然我們製造的產品比以往任何時候都多，但可悲的現實是這些產品的成功率沒有太大變化。開展新業務的可能性仍然很大，不幸地是，這些產品中的大多數仍然失敗了。

這真的是問題。我們投入了大量的時間、金錢和精力 在這些產品上。特別是對於初次創業的人來說，這些失敗在情感上和經濟上都是真正的挫折。

5. 一堆產品失敗的原因

這裡有 12 種想法會失敗的常見原因：

- 缺少資金
- 團隊太弱
- 產品太弱
- 時機太差
- 沒有客戶
- 競爭
- 缺少重點
- 缺少熱情
- 不好的地點
- 無盈利
- 精疲力盡
- 法律問題

6. 產品失敗最大的理由

但上述這些背後，失敗的一個核心原因是：**我們就是建構了沒人想要的東西。**

所有其他的都是這種殘酷現實的次要表現或合理化。為什麼會這樣？我將創業家對其解決方案的獨特熱情，歸因於導致失敗的主要原因。正是創新者的偏見，使我們愛上了我們的解決方案，並讓「把我們的寶寶生出來」成為我們唯一的使命。

我們急於建構，但建構優先的方法是落後的。它會落後，是因為你不能在沒有預先存在問題的情況下強行賦予解決方案。

7. 產品失敗的第二大理由

要有開始才會有失敗。產品失敗的第二大原因，是他們甚至從未開始。我們花太多時間分析或計畫，或為不開始找藉口，例如：我們要先寫好商業計畫書、或尋找投資者、或搬到矽谷。

8. 你不需要獲得允許才開始

回到十年前，新創是昂貴的。獲取軟體授權來建構你的產品，或建立與你團隊會面的辦公空間，都需要資本投資。世界已經變了。今天，所有這些東西都是免費的。

所以今天的問題不是「我們能不能建造這個？」，而是「我們應不應該建造這個？」

你不需要很多錢、人或時間來回答這個問題。相反，你只需要牢記以下幾點。

9. 愛上問題，而不是愛上你的解決方案

這需要根本上思維的轉換。你的客戶不關心你的解決方案；他們關心的是實現自己的目標。找出妨礙他們實現目標的問題或障礙，然後再識別出正確的解決方案去建構。

對你的解決方案比對客戶的問題更有熱情，是一個問題。

10. 不要寫商業計畫

寫商業計畫書要花的時間太長，而且沒有人會讀完全部。改成創建一頁式的商業模式。只需要 20 分鐘，而不是 20 天。人們會忍不住讀完並分享他們的想法。這才有收穫。

花更多的時間建構，而不是規劃你的事業。

11. 你的商業模式才是產品

如果你的商業模式無法有收益，就不會有商業。收益就像氧氣。雖然你不為氧氣而活，但你需要氧氣才能生存。你改變世界的想法是一樣的。在匆忙建構之前，請確保你前面步驟識別出的問題，是值得解決可有收益貨幣化的問題。

能否有貨幣化收益的最好證據，是花在既有替代方案上的錢。

12. 聚焦在時間，不是時機

你無法控制你想法的時機好不好，但你能控制你花在想法上的時間多長。與金錢和人等可以上下波動的資源不同，時間只會越用越少。

時間是你最稀缺的資源。明智地花費它。

把所有東西都用時間規劃出來。截止日期的力量，在於它會到期，前提是沒有世界末日。預定一個與你的團隊會面時間，來分享你的結果，並討論你如何在截止日期後繼續前進。設置另一個截止日期然後繼續。這是讓自己負責的最好方法。

13. 不是加速，而是減速

最佳化時間不表示要快速地完成一切，而是要放慢腳步專注於對的事物。柏拉圖的 80/20 法則在此依然適用。你最大的結果常常來自少少的關鍵行動。你的工作是要排序出風險最高的，忽略其他的，直到其他工作變成風險最高的。

14. 不要虛假驗證，而是牽引力

功能的數量、團隊規模或銀行存款，都不是衡量進展的正確標準。只有一個指標很重要 —— *牽引力*。牽引力是你從客戶那裡獲取可貨幣化價值的速度。

不要問別人他們怎麼看你的想法。只有客戶才是最重要的。也不要問客戶他們對你的想法的看法。請試著衡量他們的作為。

15. 移除你字典裡的失敗

快速失敗的迷因，就是視失敗為所學。然而，失敗的後果是如此嚴重，以至於大多數人都非常努力地避免、粉飾或逃避失敗。這會適得其反——你需要做的是從你的字彙中刪除「失敗」。這裡有三步方法避免大爆炸式的失敗，並用迭代學習代替它們：

- 將你的重要想法或策略分解為小型、快速、附加的實驗。

- 使用分階段部署，從小規模到大規模實踐你的想法。

- 加倍關注好的想法，默默地拋棄你不好的想法。

當你做這三件事時，你並沒有失敗，而是朝著更大的目標修正了方向。對你的想法要殘酷，但要對自己有信心。

16. 是時候付諸行動了

世界上不乏問題。作為一名創業家，你與大多數人不同。你渴望尋求解決方案。你所要做的就是將你的注意力轉移到正確的問題上，而你離開這個世界時會比你進入它時更好。這難道不是最重要的嗎？

不要浪費這一刻。是時候拂去深藏在內心深處的想法並採取行動。是時候重新啟動、升級並開始動手了。

請加入我們的 LEANSTACK 學院（*https://academy.leanstack.com*）。

參考與後續閱讀

以下書籍（排名不分先後）對我於持續創新框架的思考以及本書中提出的許多想法有很大幫助：

- 《How to Measure Anything》，Douglas Hubbard 著，（Wiley 出版）
- 《教練》，Eric Schmidt、Jonathan Rosenberg 和 Alan Eagle 著，（John Murray 出版）
- 《This Is Marketing》，Seth Godin 著，（Portfolio 出版）
- 《Building a StoryBrand》，Donald Miller 著，（HarperCollins Leadership 出版）
- 《Storytelling Made Easy》，Michael Hauge 著，（Indie Books 出版）
- 《Turning Pro》，Steven Pressfield 著（Black Irish 出版）
- 《創新的用途理論》，Clayton Christensen、Taddy Hall、Karen Dillon 和 David Duncan 著（Harper Business 出版）
- 《順著需求做銷售》，Bob Moesta 著（Lioncrest 出版）
- 《What Customers Want》，Tony Ulwick 著（McGraw Hill 出版）
- 《When Coffee and Kale Compete》，Alan Klement 著（CreateSpace 出版）
- 《跨越鴻溝》，Geoffrey A. Moore 著（Harper Business 出版）
- 《FBI 談判協商術》，Chris Voss 著（Harper Business 出版）

- 《Badass: Making Users Awesome》，Kathy Sierra 著（O'Reilly 出版）
- 《挑戰顧客，就能成交》，Matthew Dixon 和 Brent Adamson 著（Portfolio 出版）
- 《精實創業》，Eric Ries 著（Crown Business 出版）
- 《The Four Steps to the Epiphany》，Steve Blank 著（Wiley 出版）
- 《獲利世代》，Alex Osterwalder 和 Yves Pigneur 著（Wiley 出版）

索引

※ 提醒您：由於翻譯書排版的關係，部份索引名詞的對應頁碼會和實際頁碼有一頁之差。

關於作者

Ash Maurya 寫了兩本暢銷書,《Running Lean》和《Scaling Lean》,也創建了廣受歡迎的一頁式商業建模工具 - 精實畫布 (Lean Canvas)。

Ash 在世界各地為企業家和內部創業家提供了許多最好、最實用的建議,因此受到讚譽。在尋求更好更快地建立成功產品的方法的推動下,Ash 開發了一個持續創新框架,該框架綜合了精實創業、商業模式設計、待完成工作和設計思考的概念。

Ash 也是商業部落格的領導者,他的貼文和建議曾出現在《Inc.》、《富比士》和《財星》雜誌上。他定期在世界各地舉辦研討會,場場座無虛席,並擔任 TechStars、MaRS、Capital Factory 等多家加速器的導師,也在麻省理工學院、哈佛大學和 UT Austin 等多所大學擔任客座講師。Ash 是多家新創公司的顧問委員會成員,也為新成立的公司提供顧問服務。

Ash 住在德州的奧斯汀市。

出版記事

封面插圖由 Kenn Vondrak 繪製。

精實執行｜精實創業指南 第三版

作　　者：Ash Maurya
譯　　者：王薇君
企劃編輯：蔡彤孟
文字編輯：詹祐甯
特約編輯：王子旻
設計裝幀：陶相騰
發 行 人：廖文良

發 行 所：碁峰資訊股份有限公司
地　　址：台北市南港區三重路 66 號 7 樓之 6
電　　話：(02)2788-2408
傳　　真：(02)8192-4433
網　　站：www.gotop.com.tw
書　　號：A723
版　　次：2023 年 10 月初版
建議售價：NT$580

國家圖書館出版品預行編目資料

精實執行：精實創業指南 / Ash Maurya 原著；王薇君譯. -- 初版.
-- 臺北市：碁峰資訊, 2023.10
　　面；　　公分
　　譯自：Running Lean, 3rd Edition
　　ISBN 978-626-324-643-0(平裝)
　　1.CST：創業　2.CST：商業管理　3.CST：職場成功法
494.1　　　　　　　　　　　　　　　　　　112016264